XIAO FANG ZHI SHI WEN DA

消防知识问答

大连通广消防工程有限公司 ◎ 组织编写

李　强 ◎ 主编

辽宁人民出版社

图书在版编目（CIP）数据

消防知识问答 / 大连通广消防工程有限公司组织编写；李强主编. -- 沈阳：辽宁人民出版社，2025.6.
ISBN 978-7-205-11563-0

Ⅰ. TU998.1-44

中国国家版本馆CIP数据核字第2025R1T264号

出版发行：辽宁人民出版社

   地址：沈阳市和平区十一纬路25号 邮编：110003

   电话：024-23284325（邮 购） 024-23284300（发行部）

   http://www.lnpph.com.cn

印 刷：辽宁新华印务有限公司

幅面尺寸：170mm×240mm

印 张：17.5

字 数：338千字

出版时间：2025年6月第1版

印刷时间：2025年6月第1次印刷

责任编辑：郭 健

封面设计：留白文化

版式设计：姜中壹 张晓丹

责任校对：吴艳杰

书 号：ISBN 978-7-205-11563-0

定 价：86.00元

编 委 会

顾 问

张临新　　储　毅

主 编

李　强

副主编

黄胜财

编 者

曲承强　　张立波　　厉英伟　　周迎新

侯春风　　毛庆东　　戚喜成　　储　凡

席菀馨　　马英伟　　杜英涛　　赵伟光

刘书祺　　凌　敏　　韩继东　　王洪涛

序　言

大连通广消防工程有限公司成立于 1995 年，经过 30 年的发展，业务涉及消防工程施工、消防安全评估、消防设施维护保养、消防设施检测、特殊消防设计、消防验收技术服务、全过程消防咨询、消防产品销售、智慧消防及物联网开发应用等消防领域，作为消防一体化供应商，为客户提供消防全程托管服务。

公司是辽宁省消防协会副会长单位，辽宁省应急技术创新中心依托单位，拥有消防设施工程专业承包一级、电子与智能化工程专业一级、消防安全评估一级、消防设施维护保养检测一级等资质，人员编制齐全，结构合理，技术能力突出，拥有管理人员、专业技术人员和消防专家组成的团队。公司负责起草多部地方消防标准，参与国家消防标准的编制与修订。公司以"客户至上、质量为本、诚实守信"的服务理念，依靠严格的质量保证体系，不断为用户提供高品质的服务。

改革开放后，国家经济突飞猛进，城市高层建筑如雨后春笋般拔地而起，遍地开花，并且建筑高度越来越高，体量越来越大。为适应这一变化，国家消防技术标准经过多次的修订，已发展成为既有全文强制的通用规范，又有推荐性的专项规范。大连通广消防工程有限公司见证了这一历史过程，并在实践中总结了大量的宝贵经验，在公司倡议下，本着为消防安全事业贡献力量的初心，组织公司业务骨干编写了本书。

本书主要由燃烧机理、建筑防火、消防设施、主要术语四个方面内容组成，燃烧机理部分包括：燃烧三要素和爆炸三要素，燃烧的活化能理论、过氧化物理论及连锁反应理论，固体、液体、气体的燃烧形式，闪点、燃点和自燃点的概念，燃烧和爆炸范围，蒸气云爆炸和 BLEVE（沸腾液体扩散蒸气爆炸）等内容，该部分内容通过燃烧机理讲解燃烧的本质，为读者掌握建筑防火知识打下理论基础。建筑防火部分包括：厂房的火灾危险性类别，厂房和仓库的平面布置，厂房和仓库的安全疏散，民用建筑高度和层数的计算，民用建筑分类和耐火等级，民用建筑总平面布局，民用建筑平面布置，民用建筑防火分区和防火分隔，民用建筑安全疏散和避难，建筑构件和管道井，疏散楼梯间和疏散楼梯，防火门、防火窗和防火卷帘，天桥和连廊，建筑保温和外墙装饰，消防车道，消防救援场地和消防救援口，消防电梯，消防设施的设置，供暖、通风和空气调节，电气等内容，该部分内容按照国家消防技术标准要求进行讲述，用通俗易懂的语言对建筑防火的原理进行解释。消防设施部分包括：消火栓系统、自动喷水灭火系统、水喷雾灭火系统、细水雾灭火系统、泡沫灭火系统、气体灭火系统、干粉灭火系统、探火管灭火装置、火灾自动报警系统、消防应急广播系统、消防电话系统、防排烟系统、应急照明和疏散指示系统、消防供配电、消防电源监控系统、电气火灾监控系统、防火门监控系统、消防阀门等内容，该部分讲述了各个系统的组成、控制方式及动作原理。

大连通广消防工程有限公司组织编写的本书，专业性强，言简意赅，通俗易懂，希望成为消防工作者的良师益友。

中国消防协会建筑防火专业委员会委员
辽宁省消防应急专业技术创新中心副主任
辽宁省消防协会副会长
大连通广消防工程有限公司董事长

张临新

2025 年 6 月

目 录

第一部分　燃烧理论

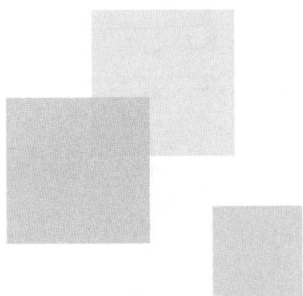

1. 什么是燃烧的活化能理论？

答：我们知道燃烧是一种化学反应，物质间发生化学反应的首要条件是相互碰撞。在标准状态下，单位时间单位体积内气体分子相互碰撞约 10^{23} 次。但互相碰撞的分子不一定发生反应，只有少数具有一定能量的分子相互碰撞才会发生反应，这种分子称为活化分子。活化分子所具有的能量要比普通分子超出一定值，这种超过分子平均能量的定值可使分子活化并参加反应。使普通分子变成活化分子所必需的能量称为活化能。例如：氢与氧反应的活化能是 25 kJ/mol，在 27℃时，仅有十万分之一次碰撞有效，因此不能引起燃烧反应，而当有明火接触时，原始状态分子吸收能量后，使活化分子增多，有效碰撞次数增加，便会发生燃烧反应。

2. 什么是燃烧的过氧化物理论？

答：气体分子在各种能量（热能、辐射能、电能、化学反应能等）作用下可被活化，被活化的氧分子形成过氧化键 $-O-O-$，这种基团加在被氧化物的分子上而形成过氧化物。此种过氧化物是强氧化剂，能氧化较难氧化的物质。氢气与氧气在反应时，先生成过氧化氢，而后是过氧化氢与氢气生成水，其反应式如下：$H_2+O_2 \rightarrow H_2O_2$，$H_2O_2+H_2 \rightarrow 2H_2O$。有机过氧化物通常可看作过氧化氢的衍生物，即在其中有一个或两个氢原子被烷基所取代而形成 $H-O-O-R$。所以，过氧化物是可燃物质被氧化的最初产物，是不稳定的化合物，它能在受热、摩擦等条件下分解甚至引起燃烧或爆炸。如蒸馏乙醚的残渣常由于形成的过氧乙醚而引起自燃或爆炸。在饱和碳氢化合物中，甲烷最稳定，只有在 400℃ 以上的温度下才能发生氧化，而乙烷在此条件下已强烈氧化。乙烷在 300℃、正辛烷在 250℃ 时就已经发生氧化，一般芳香烃的氧化温度比饱和碳氢化合物的要高，如苯在 500℃ 以上时才发生氧化反应。

3. 什么是燃烧的连锁反应理论？

答：分子间的作用，不是两分子直接作用得出最后产物，而是活化分子自由基与另一个分子起作用，作用结果产生新基，新基又迅速参与反应，如此连续下去形成一系列的连锁反应。连锁反应通常分为直链反应和支链反应两种。氢气和氯气的反应是典型的直链反应。直链反应的基本特点是：每一个活性粒子（自由基）与作用分子反应后，仅生成一个新的活性粒子，自由基（或原子）与价饱和的分子反应时自由基不消失；自由基（或原子）与价饱和的分子反应时活化能很低。氢气和氧气的反应是典型的支链反应。在支链反应中一个活性粒子（自由基）能够生成一个及以上活性粒子中心。任何连锁反应都由三个阶段构成，即链的引发、链的传递（包括支化）和链的终止。链的引发需要外来能源激发，使分子键破坏，生成一个自由基。链的传递（包括链的支化）即自由基与分子反应，在这种连锁发展过程中生成的中间产物——自由基，称为连锁载体或活化中心。链的终止，就是使自由基消失的反应。例如：1211灭火剂（CF_2ClBr）的灭火原理就是利用连锁反应的理论。当1211接触火焰时，受热分解产生溴离子，由于溴离子能够与燃烧反应产生的氢自由基相结合，使氢自由基与氧的连锁反应中断，从而使燃烧反应停止，火焰熄灭，最后达到灭火的目的。

4. 液体燃烧的机理是什么？

答：可燃液体在一定温度下能蒸发出可燃蒸汽，有时还能发生化学分解产生新的可燃性气体，这些可燃蒸汽或可燃性气体在一定条件下会发生燃烧。不同液体的燃烧过程可分为下列不同情况：（1）氧渗入：氧分子渗透到液体的表面，与液体分子化合，产生的燃烧产物在高温作用下飞离液体，暴露出的新液面继续与氧气接触。（2）喷吹和冲击波破碎：由喷管喷出的液滴与氧化合，这时由于液体分散，表面积加大，燃烧速度也较快。在燃烧过程中，热膨胀还会把液滴进一步冲碎而加快燃烧。若液滴中包含有水分，这水分被火焰加热而发生爆炸性蒸发，将液滴炸碎，从而使液滴分子与氧气接触更充分，燃烧就变得更完全，大大提高了燃烧效率，这就是燃油掺水（乳化）能够省油的道理。（3）蒸发：形成可燃蒸汽而燃烧。例如酒精喷灯把酒精预热蒸发后再进行燃烧。（4）热分解：有些复杂化合物经过热分解的中间过程后，再同氧气化合燃烧，例如蜡烛的石蜡大分子，在火焰温度烘烤下发生分解，产生相对分子量较小的可燃气后与氧化合。

5. 气体的燃烧形式有哪几种?

答：气体的燃烧形式可分为扩散燃烧和预混合燃烧。扩散燃烧，是指可燃性气体流入大气中时，在可燃性气体和助燃性气体的接触面上所发生的燃烧。可燃性气体从高压容器及其装置中泄漏喷出后燃烧，以及由喷管喷出的煤气在空气中点燃都是典型的扩散燃烧的例子。扩散燃烧受可燃性气体与空气或氧气之间的混合扩散速度影响，可燃性气体的扩散速度越快或者气体的紊流越严重，燃烧速度也就越快。预混合燃烧，是指可燃性气体和助燃性气体预先混合成一定浓度范围内的混合气体引起的燃烧。它是一种由点火源产生的火焰在混合气体中向前传播的现象，即所谓的火焰传播。在这种情况下，已燃气体和未燃气体的交界面有火焰产生，并进行着复杂的化学反应，出现高温和强光。此时，火焰在未燃的混合气体中传播的速度称为燃烧速度。已燃烧的气体因高温而使体积膨胀，使未燃气体沿着火焰行进的方向流动，所以，从外部见到的火焰速度大都呈加速状态，而未燃气体的流动与燃烧速度之和便是火焰速度。预混合气体在大气中着火时，因为燃烧气体能自由膨胀，所以在火焰速度较慢时，几乎不产生压力波及爆炸声响；而当火焰速度很快时，将可能产生压力波及爆炸声，此种情况称为爆燃，但它仍远比在密闭容器中产生的压力要低很多；但当火焰速度进一步加快时，则可向爆轰转变而形成强大的冲击波，给周围环境造成巨大的破坏。在密闭容器内的混合气体一旦着火，火焰便在整个容器内迅速传播，使整个容器中充满着高压气体，内部压力在短时间内急剧上升。但如果不形成爆轰，其最高压力一般不超过初压的 10 倍。气体火灾与爆炸灾害大部分是由预混合燃烧引起的。

6. 什么是爆炸极限或燃烧极限?

答：可燃性气体正好完全燃烧所需的氧气量称为理论氧含量。当空气中可燃性气体浓度低于理论混合比时，生成物虽然相同，但燃烧速度变慢，至某一浓度下，火焰便不再传播；若可燃性气体浓度高于理论混合比，其碳元素不能氧化成二氧化碳而只能氧化成一氧化碳，这便是不完全燃烧，这时火焰的传播速度变慢，直到某一浓度上没有火焰传播。像这样使火焰不再传播的浓度极限，称为爆炸极限或燃烧极限。当混合物中可燃性气体浓度接近理论混合比时，燃烧最快或最剧烈；当浓度比理论混合比浓度减少或增加时，火焰蔓延速度会降低，当浓度低于或高于某一极限值时，火焰便不再蔓延。可燃性气体或蒸汽与空气组成的混合物能使火焰蔓延的最低浓度，称为该气体或蒸汽的爆炸下限；同样，能使火焰蔓延的最高浓度，称为该气体或蒸汽的爆炸上限。爆炸下限与爆炸上限之间的范围称为爆炸范围。浓度在下限以下或上限以上的混合物，不会着火或爆炸。

7. 影响爆炸极限的主要因素有哪些？

答：（1）可燃性混合物的初始温度。初始温度越高，则爆炸极限范围越大。因为系统温度升高，其分子内能增加，使原来不燃的混合物成为可燃、可爆系统，所以初始温度升高使爆炸危险性增大。（2）环境压力。一般情况下，压力增大，爆炸极限扩大，这是因为系统压力增高，其分子间距更为接近，碰撞概率增高，因此使燃烧的最初反应和反应的进行更为容易。如果压力降低，则爆炸极限范围缩小，待压力降到某个值时，其下限与上限重合，将此时的压力称为爆炸的临界压力；若压力降至临界压力以下，系统便成为不爆炸系统。因此，在密闭容器中进行减压操作，甚至使系统压力降低至临界压力以下对安全生产非常有利。（3）惰性介质及杂质。混合物中所含惰性气体越多，爆炸极限的范围则越小，惰性气体的浓度提高到一定值后，可使混合物不爆炸。对于有气体参与的反应，微量杂质对反应也有很大影响，可以使爆炸极限的范围增大或减小。（4）容器。对于圆柱形容器，管子直径越小，爆炸极限范围越小，火焰蔓延的速度也越小。当管径（或火焰通道）小到一定程度时，火焰即不能通过。这一直径（或间距）称为临界直径或最大灭火间距。当管径小于最大灭火间距时，火焰因不能通过而熄灭，利用这一原理可制成隔爆型电气设备。燃烧是自由基产生一系列连锁反应的结果，只有当新生自由基多于消失的自由基时，燃烧才能继续进行。但随着管道直径的减小，自由基与管道壁的碰撞概率相应增大；当尺寸减少到一定程度时，因自由基（与器壁碰撞）销毁多于自由基产生，燃烧反应便不能进行。（5）点火源。一般情况下，点火源能量越大、持续时间越长，则爆炸极限范围越宽。各种爆炸性混合物都有一个最低引爆能量，这一般在接近理论混合比时出现。除了上述因素外，光对爆炸极限也有影响。在黑暗中氢气与氯气的反应十分缓慢，但在强光照射下会发生连锁反应导致爆炸。甲烷与氯的混合物，在黑暗中长时间都不会发生反应，但在日光照射下会引起强烈的反应，如果两种气体的比例适当，还会发生爆炸。另外，表面活性物质对某些介质也有影响，如在球形器皿内，且处于530℃时，氢气与氧气完全无反应，但是如果向器皿中插入石英、玻璃、铜或铁棒，则会发生爆炸。

8. 如何理解可燃性气体的自燃点？

答：可燃性混合气体在温度条件适宜时会自行着火。从热力学来分析，可燃性混合气体的自行着火是混合系统内的化学反应和传递形式所造成的热扩散平衡问题，而着火是由发热速度大于散热速度致使温度上升所引起的。如某物质在温度低于某一数值时，散热速度大于发热速度，便不会着火；高于某一数值时则引起着火，该极限温度称为自燃温度，也称自燃点。

9. 什么是气体分解爆炸？

答：可燃性气体发生爆炸需要适量的空气或氧，但有些气体即使没有空气或氧，同样可以发生爆炸。例如，乙炔若被压缩至200KPa以上，即使没有空气或氧，遇到火星也能引起爆炸，因此乙炔不能加压液化后储存，而是在装满石棉等多孔物质的钢瓶中，使多孔物质吸收丙酮后将乙炔压入。这种爆炸是物质的分解引起的，称为分解爆炸。除乙炔外，其他一些分解反应为放热的气体也有同样的性质，如：乙烯、氧化乙烯、氧化乙炔、四氟乙烯、丙烯、臭氧、NO、NO_2等。

10. 什么是着火、自燃、闪燃？

答：着火：可燃物质受到外界火源的直接作用而开始的持续燃烧现象叫着火。例如，用火柴点燃柴草，就会引起着火。自燃：可燃物质没有受到外界火源的直接作用，但当受热达到一定温度，或由于物质内部的物理（辐射、吸附）、化学（分解、化合等）或生物（细菌、腐败作用等）反应过程所释放的热量积聚起来达到一定的温度，发生的自行燃烧的现象叫自燃。例如，黄磷暴露在空气中就会发生自燃。闪燃：当火焰或炽热物体接近一定温度下的易燃或可燃液体时，其液面上的蒸气与空气的混合物会产生一闪即灭的燃烧，这种燃烧现象叫闪燃。

11. 燃烧三要素和化学爆炸三要素是什么？

答：发生燃烧现象必须具备三个条件：要有可燃物质、氧或氧化剂、点火源。没有可燃物，燃烧就失去了基础；没有氧或氧化剂，就构不成燃烧反应；但是有了可燃物质和氧化剂，若没有点火源把物质加热到燃点以上，燃烧反应就不能开始。所以，这三个条件是燃烧现象必备的三要素，三者缺一不可，且此三者必须同时存在，互相接触，相互作用，才可以产生燃烧。化学爆炸三要素是：反应的快速性、反应的放热性、生成气体产物。反应的快速性是爆炸反应区别于燃烧反应最重要的标志。例如：每千克煤燃烧可放热 9200kJ，而每千克硝化甘油爆炸可放热 6300kJ，但前者反应所需的时间为数分钟，而后者则可以在几微秒的时间内完成。虽然这两个反应都会放出大量的热量，生成大量气体，但前者反应速度慢，气体产物可以扩散而不致形成高压，也就不能形成爆炸。如果反应不具备放热性，则前一层物质爆炸后，不能激发下一层物质的爆炸，这样反应便不能连锁地进行下去。例如：1mol 硝酸铵在低温加热的情况下，生成 1mol 氨气和 1mol 硝酸，需要吸收 170.5kJ 的热量；1mol 硝酸铵在雷管引爆的情况下，会生成 1mol 氮气、2mol 水和 1/2mol 氧气，同时放出 126.5kJ 的热量。同是硝酸铵的分解，前者不具备爆炸性，后者才有爆炸性。爆炸对周边介质做功是通过高温高压的气体迅速膨胀来实现的。因此，在反应过程中，生成大量气体是发生爆炸的一个重要因素。例如铝热反应：$2Al+Fe_2O_3 \rightarrow Al_2O_3+2Fe+830kJ$，此反应的热效应很强，足以将产物加热到 3000℃的高温，而且反应也很快，但由于没有形成气体产物，没有做功的介质，也就不可能将热量转变为功，因此，不具备爆炸性。所以，快速性、放热性和生产气体产物是决定化学爆炸过程的三要素。放热为爆炸变化提供了能量，快速性则是有限的能量集中在小容积内为产生大功率的必要条件，反应生成的气体则是能量转化的工作介质，它们都与爆炸物的做功能力有密切的关系。

12. 燃烧的种类一般有哪几种？

答：可燃气体、液体或固体在空气中燃烧时，其燃烧形式一般有五种，即扩散燃烧、预混燃烧、蒸发燃烧、分解燃烧和表面燃烧。扩散燃烧：如氢气、乙炔等可燃气体从管口等处喷向空气时的燃烧，就是由于可燃气体分子和空气分子相互扩散、混合，在浓度达到可燃极限范围时，形成的火焰使燃烧继续下去的现象。预混燃烧：是指可燃气体预先同空气（氧气）混合，遇引火源产生带有冲击力的燃烧。例如，氧乙炔气焊。预混燃烧一般发生在封闭体系中或在混合气体向周围扩散的速度小于燃烧速度的敞开体系中，燃烧放热造成产物体积迅速膨胀，压力升高。蒸发燃烧：如酒精、乙醚等易燃液体的燃烧，就是由于液体蒸发产生的蒸气被点燃起火后，形成的火焰温度进一步加热液体表面，从而促进它的蒸发，使燃烧继续下去的现象。分解燃烧：很多固体或非挥发液体，它们的燃烧是由热分解产生可燃气体来实现的。如木材和煤，大多是由于分解产生可燃性气体再进行燃烧的。表面燃烧：当可燃固体（如木材）燃烧到最后，分解不出可燃性气体时，就会剩下炭和灰烬，此时没有可见火焰，燃烧转为表面燃烧。金属的燃烧也是一种表面燃烧，无汽化过程，燃烧温度较高。

13. 什么是闪点？

答：在一定的温度下，可燃液体蒸发出来的蒸气与空气组成的混合气，在与火焰接触时能闪出火花，但随即熄灭。这种瞬间燃烧的过程称为闪燃，发生闪燃的最低液体温度叫作闪点。在闪点温度下只能闪燃而不能连续燃烧，这是因为在闪点温度下的可燃液体蒸发较慢，蒸气量较少，闪燃后即将蒸气烧尽。闪点对可燃液体的防火工作意义很大，根据物质闪点可以区别各类可燃液体的火灾危险性。例如煤油的闪点是 40℃，它在室温（一般为 15℃左右）情况下与明火接近是不能立即燃烧的，因为这个温度比闪点低，蒸发出来的油蒸气很少，不能闪燃，更不能燃烧。只有把煤油加热到 40℃时才能闪燃，继续加热到燃点温度时，才会燃烧。这就是说，低于闪点温度时，在液面上不会形成足够的油蒸气与空气的可燃混合气，遇到火源的瞬间作用也不会燃烧，只有在闪点温度以上才有着火的危险。

14. 什么是燃点?

答:可燃液体被加热到超过闪点温度后,其蒸气和空气的混合气与火焰接触并能发生连续 5s 以上的燃烧的最低液体温度,称为该可燃液体的燃点或着火点。在燃点时能形成稳定燃烧,是因为在燃点下的液体蒸发速度比闪点时的稍快,蒸气量足以维持连续不断的燃烧。在连续燃烧的最初瞬间,火焰周围的液体温度可能刚刚达到燃点,但随后温度不断升高,促使蒸发进一步加快,火势逐渐扩大,形成稳定的连续燃烧。燃点比闪点通常高 5℃—20℃,闪点在 100℃ 以下时,两者往往相差不大。在没有闪点数据的情况下,也可用燃点表示物质的火灾危险性。

15. 什么是自燃点?

答:可燃物质在没有明火作用的情况下发生的燃烧叫作自燃,发生自燃时的温度叫自燃点。除已隔绝空气的可靠密封物外,可燃物质的储存温度必须严格控制在自燃温度以下,必要时要采用低温储存。若生产装置中的温度高于物料的自燃温度,则在装置的出入口和可能泄漏的地方,要采取相应的安全措施。闪点是由液体表面的蒸气压力决定的,几乎只取决于构成条件,其测量值的精度常常按物理常数处理即可。自燃点和燃点还必须给出能量条件才能决定,所得结果因能量的给予方式不同而相差很大,因此,燃点和自燃点没有闪点那样精确。热源越大,燃点和自燃点越低。

16. 易燃和可燃液体的化学结构和物理性质与火灾危险性的关系是什么?

答:易燃和可燃液体的沸点越低,其闪点也越低,火灾危险性也越大。易燃和可燃液体的相对密度越小,其蒸发速度越快,闪点越低,火灾危险性也就越大。但相对密度越小,自燃点却越高,例如各种油类的相对密度由低至高依次为:汽油、煤油、轻柴油、重柴油、蜡油、渣油,其闪点依次升高,而自燃点依次降低。大部分易燃和可燃液体,如汽油、煤油、苯、醚、酯等,是高电阻率的电介质,都有摩擦产生静电从而发生火灾的危险。醇类、醛类和羧酸电阻率低,其静电火灾危险性很小。同一类有机化合物中，一般是相对分子质量越小的，火灾危险性越大（闪点越低），但燃点越高。如在醇类化合物中，甲醇的火灾危险性要比相对分子量较大的乙醇、丙醇的大。在脂肪族碳氢化合物中，醚的火灾危险性最大，醛、酮、酯类次之，酸类最小。在芳香族碳氢化合物中，以氯基、氢氧基、氨基等基团取代了苯环中的氢而形成的各种衍生物，其火灾危险性都是较小的，取代的基团数越多，则火灾危险性越小。含碳酸基的化合物不易着火；相反含硝基的化合物则容易着火，且所含基越多，爆炸危险性越大。由于不饱和羧酸构成的可燃液体（如干性植物油）分子中具有不饱和的共轭链结构，在室温下易被空气中的氧气所氧化，并逐渐积累热量，因此，具有自燃能力。这些不饱和羧酸的不饱和程度越大，自燃能力也越强，存放时的火灾危险性也越大。此外，饱和碳氢化合物的自燃点相对于它的不饱和碳氢化合物的自燃点高，如从高到低为乙烷、乙烯、乙炔。正位结构的自燃点低于其异构物的自燃点，如从低到高为正丙醇、异丙醇。

17. 什么是池火灾？

▌ 答：由罐或防火堤盛着的液体燃烧产生的火灾称为池火灾。池火灾的大小是由单位时间有多少燃料被点燃来决定的。由池火灾产生的火焰，其火焰高度一般接近容器直径的两倍。这就是说，池火灾的规模不仅取决于液体燃料的量，而且取决于液体燃料的面积，液体燃料的面积越大，则火灾规模越大。因此，要减小火灾，必须防止液体燃料面积扩大。

18. 固体物质燃烧的原理是什么？

▌ 答：固体物质燃烧的过程一般是先受热熔化，然后蒸发汽化，再分解、氧化，直到出现有火焰的燃烧。有些易于升华的物质，受热后即蒸发，可以不经过熔化而直接变为气体分子被氧化而燃烧。某些金属粉末如镁粉、铝粉等，遇火源能与氧气直接化合而燃烧，不会产生气体和火焰，只发生灼热的火光，燃烧时的温度可达 1000℃以上；在高温下还能与水反应放出氢气；在粉尘状态下，还能发生爆炸。某些固体燃料达到自燃温度时，会分解出可燃性气体与空气发生氧化而燃烧。这类物质的自燃点温度一般较低，例如纸张和棉花的燃烧就属此类，它们的自燃点温度分别是130℃和140℃。也有一些固体燃料如焦炭，是氧气扩散到焦炭里面，固态碳素直接与氧起反应，这种形式的燃烧需要较高的温度，例如焦炭的自燃温度为700℃。木炭燃烧虽然也属于固态碳素与氧直接反应的燃烧，但因木炭的显微结构是海绵状的，内部布满气孔，使燃料与空气的接触面变得非常大，氧分子能够大量扩散到炭里，很容易发生自动扩展的氧化反应，因此，它开始燃烧的温度只有350℃，比焦炭的低很多。

19. 可燃物质的自燃点与哪些因素有关系？

答：大气压力越高，氧化反应速度越快，自燃点也越低。如苯在100kPa压力下的自燃点温度为680℃，在1000kPa下的自燃点温度为590℃，在2500kPa下为490℃。大气中的氧含量增多，可燃物质的自燃点降低。可燃物中加入钝化剂时能够提高自燃点，加入活性催化剂就能够降低其自燃点。可燃物粉碎得越细，自燃点就越低。

20. 粉尘爆炸的机理是什么？

答：粉尘爆炸是由于粉尘粒子表面与氧发生反应所引起的。供给粒子表面热能，使其温度上升；粒子表面的分子由于热分解或干馏作用，变为气体分布在粒子周围；这种气体与空气混合而生成爆炸性混合气体，进而发火产生火焰；这些火焰产生热，加速了粉尘的分解。如此循环往复，放出气相的可燃性物质与空气混合，继续发火传播。由此可见，粉尘爆炸实质上是气体爆炸。因此，可以认为粉尘本身包含有可燃性气体。促使粒子表面温度上升的原因不只是热传导，热辐射起的作用更大，这是与气体爆炸的不同之处。

21. 与气体爆炸相比粉尘爆炸有哪些特点？

答：必须有足够数量的尘粒飞扬在空气中才可能发生粉尘爆炸。而尘粒飞扬与颗粒大小及气体扰动速度有关。只有直径小于10μm的颗粒才能在运动气流中长时间悬浮，形成爆炸尘云。更大的颗粒扬起后，只能在空中短暂停留，随后很快沉降。粉尘燃烧过程比气体燃烧过程复杂，有的粉尘要经过粒子表面的分解或蒸发阶段。即使是直接氧化的颗粒，也只有一个表面向中心延烧的过程。因而感应期（即接触火源到完成化学反应的时间）长，可达数十秒，是气体的数十倍，这样就有可能用装置快速探测爆炸的苗头，进而抑制爆炸的发生。粉尘爆炸的起始能量大，达 10MJ 的量级，为气体爆炸的近百倍。粉尘的燃烧速度和爆炸压力虽然比气体的小，但燃烧的时间长，产生的能量大，其产生破坏和烧毁的程度要大得多。发生爆炸的时候，会有燃烧的颗粒飞散，如果飞到可燃物或人体上，会使可燃物局部严重碳化或使人体严重烧伤。粉尘爆炸有二次爆炸的可能性，爆炸产生的冲击波又使其他堆积的粉尘悬浮在空气中，而飞散的火花和辐射热成为点火源，引起二次爆炸。与气体相比，粉尘容易引起不完全燃烧，因而在生成气体过程中有大量的一氧化碳存在。此外，有些爆炸性粉尘（如塑料）自身分解出毒性气体。

22. 影响粉尘爆炸的因素有哪些？

答：点火源，随点火源的强弱差异，爆炸浓度下限有 2—3 倍的变化，火源越强时，爆炸浓度下限越低，即容易达到爆炸的浓度条件。（1）燃烧热，燃烧热越高的粉尘，其爆炸下限越低，爆炸威力越大；燃烧速度，燃烧速度高的粉尘，最大爆炸压力越大。（2）粒度，多数爆炸性粉尘的粒度在 $1\mu m$—$150\mu m$ 范围内，粒度越细，越易飞扬，而且粒度细的比表面积大，反应容易，所需点燃能量小，所以容易点燃，因此，限制小颗粒粉尘的产生，或设法使小颗粒凝聚成大颗粒，对防止爆炸是有一定作用的，否则，要对细颗粒爆炸性粉尘的浮游空间采用灌注抑爆气体等防爆措施。（3）含氧量，在粉尘爆炸方面是个敏感的因素。随着空气中含氧量的增加，爆炸浓度范围也扩大。纯氧中的爆炸浓度下限下降到只有空气中的 1/3—1/4，而能够发生爆炸的最大颗粒尺寸则增大到空气中相应值的 5 倍。惰性粉尘和灰分，惰性粉尘和灰分的吸热作用会影响爆炸。例如煤粉中含有 11% 的灰分时还能爆炸，但当灰分达到 15%—30% 时，就很难爆炸了。根据这个原理，可在煤巷顶部设岩粉斗（又称岩粉棚）。一旦发生爆炸，岩粉斗受爆炸波作用而翻转，将岩粉撒下，可以抑制煤粉的二次爆炸。（4）空气中含水量，空气中含水量越高或含水量越高的粉尘（金属粉尘除外）不容易发生爆炸和火灾。（5）可燃气体含量，当粉尘与可燃气体共存时，爆炸下限相应下降，且最小点火能量也有一定程度的降低，所以说，可燃气体的出现大大增加了粉尘爆炸危险性。（6）温度和压力，当温度升高和压力增加时，爆炸浓度范围扩大，所需点燃能量下降。

23. 什么是氧化剂？

答：在无机化学反应中，可以由电子的得失或化合价的变化来判断氧化还原反应。但在有机化学反应中，由于大多数有机化合物都是以共价键组成的，它们分子内的原子间没有明显的电子得失，很少有化合价的变化，所以，不能用电子的得失或化合价的变化来判断有机化学反应是否为氧化—还原反应。但是在有机化学反应中的氧化还原反应，都和氧的得失或氢的得失有关。所以，在有机化学反应中，常把与氧的化合或失去氢的反应称为氧化反应，而将与氢的化合或失去氧的反应称为还原反应，把在反应中失去氧或获得氢的物质称为氧化剂，把获得氧或失去氢的物质称为还原剂。

24. 火灾是如何分类的？

答：根据可燃物的类型和燃烧特性，可以将火灾定义为6个不同的类别：A类火灾、B类火灾、C类火灾、D类火灾、E类火灾和F类火灾。A类火灾是固体物质火灾，B类火灾是液体火灾或可熔化固体物质火灾，C类火灾是气体火灾，D类火灾是金属火灾，E类火灾是物体带电燃烧的火灾，F类火灾是烹饪器具内的烹饪物火灾。

25. 热屏障产生的原因是什么？

答：随着烟雾上升，温度不断下降，浮力也会逐渐降低。如果屋顶因为太阳或其他热源导致顶层空气加热，就会在顶层形成一个较高温度的热空气层（热屏障），这个空气层的密度可能比火灾烟雾低，会阻挡烟雾上升，烟雾无法触发布置在顶层的感烟火灾探测器。这个被加热的空气层就是热屏障。为了解决热屏障的问题，安装感烟火灾探测器时，探测器的下表面至顶棚或屋顶必须要有一定距离，以减少热屏障的影响。在人字形屋顶和锯齿形屋顶，热屏障的作用特别明显。温度的辐射不同于烟气的扩散，感温火灾探测器通常受热屏障的影响较小，所以感温探测器总是直接安装在顶棚上（吸顶安装）。

26. 烟气分层和对流产生的原因及影响是什么？

答：对于一些高大空间的场所，随着烟雾上升，温度不断下降，浮力也会逐渐降低，达到一定高度时，烟雾温度与空气温度基本相同，这时烟雾不再具有往上升的热浮力，会在该高度向外扩散形成烟层，由于烟层离顶部太高，不能使用常规的点型感烟火灾探测器。这就是我们所说的烟气分层现象。规范规定，高度超过 12m 的场所，就不能采用常规的点型（感烟）火灾探测器。对于空间高度超过 12m 的情况，可以考虑采用其他类型的感烟火灾探测器，比如线型光束感烟火灾探测器或吸气式感烟火灾探测器。线型光束感烟火灾探测器可以安装在烟气对流层的下方，适用于没有遮挡的大空间场所。吸气式感烟火灾探测器可以检测高大空间中的低浓度烟雾，同时通过空气采样管的竖向布置，可以从垂直方向上采样探测。

第二部分

建筑防火

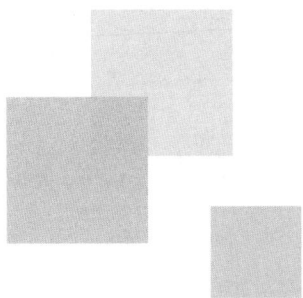

一、建筑防火概述

27. 何谓建筑防火？

答：广义上，建筑防火是一门研究在建筑规划、设计、建造和使用过程中，为预防建筑发生火灾、减少建筑火灾危害所需技术和方法的科学。狭义上，建筑防火是合理确定建筑中被动防火系统、主动防火系统、安全疏散与避难系统的设防水平，并通过科学的消防安全管理，实现建筑消防安全目标的活动。

28. 建筑防火设计的消防安全目标是什么？

答：在建筑设计中，采用必要的技术措施和方法来预防建筑火灾和减少建筑火灾危害、保护人身和财产安全，是建筑设计的基本消防安全目标。在设计中，设计师既要根据建筑物的使用功能、空间与平面特征和使用人员的特点，采取提高本质安全的工艺防火措施和控制火源的措施，防止发生火灾，也要合理确定建筑物的平面布局、耐火等级和构件的耐火极限，进行必要的防火分隔，设置合理的安全疏散设施与有效的灭火、报警与防排烟等设施，以控制和扑灭火灾，实现保护人身安全，减少火灾危害的目的。

29. 何谓建筑主动防火系统？

答：建筑主动防火系统是根据建筑内火灾发生、火灾和烟气的发展与蔓延特性，由提高建筑的灭火、控火能力，改善人员安全疏散与避难条件的各种技术措施构成的体系。包括建筑内外的消防给水系统、灭火设施、火灾自动报警设施和防烟排烟设施等。通过预防、控制或扑救火灾、减小热作用等减小火灾危害的技术措施。是在建筑发生火灾后，确保建筑内人员生命和财产安全的重要防火技术措施。其主要作用有：通过及早探测火情，使建筑发生火灾后能尽早报警和采取措施进行人员疏散、开展灭火行动，通过在建筑内设置的自动灭火设施及时灭火、控火、排除火灾产生的烟和热，以将火灾控制在一个较小的状态或空间内，减小火灾的热和烟气对建筑结构、疏散人员、消防救援人员的危害。

30. 何谓建筑被动防火系统？

答：建筑被动防火系统是根据建筑中可燃物燃烧的基本原理，由防止可燃物燃烧条件的产生或削弱其燃烧条件的发展、阻止火势蔓延的各种技术措施构成的体系。通过控制建筑内可燃物数量和类型、提高建筑物的耐火等级和材料的燃烧性能、控制和消除点火源、采取分隔措施阻止火势蔓延等方式来实现防火的目标。建筑被动防火的主要作用是：将火势及烟气限制在起火的较小空间内，减少生命及财产损失；防止建筑结构的局部破坏或整体垮塌；防止火势蔓延至相邻区域或阻止火势从邻近区域蔓延过来；尽可能阻止和消除建筑内形成发生火灾的条件。

二、消防救援设施

以下内容包括：消防救援窗、应急排烟窗、应急排烟排热设施、消防电梯、消防专用通道等方面的相关问题。

31. 消防救援窗的设置位置有何要求？

答：消防救援窗宜结合可供消防车登高操作的场地，在建筑内的疏散走道、公共卫生间等公共区域对应的外墙上设置。

32. 建筑未设置消防车登高操作场地的立面是否需要设置消防救援窗？

答：消防车登高救援是灭火救援的方式之一，还有其他的灭火救援方式，未来也可能发展新的灭火救援技术。因此，不要求设置消防车登高操作场地的建筑，以及按照标准要求设置消防车登高操作场地的建筑，在其不面向消防车登高操作场地的外墙上，均要设置可供消防救援人员进入的窗口，即消防救援窗。

33. 避难层和避难间是否需要设置消防救援窗？

答：建筑中的避难层和避难间至少应有一面外墙面向消防车登高操作场地

或灭火救援场地。该要求主要为方便救援人员向滞留在避难层和避难间内的人员提供救助。因此，避难层和避难间的外墙上应设置可供消防救援人员进入的窗口。

34. 具有双层幕墙结构的外墙如何设置消防救援口？

答：具有双层幕墙结构的外墙，当两层幕墙间的空腔宽度较大时，应在内外幕墙上分别设置消防救援口，并设置专用的耐火平台从消防救援口连通至建筑内部。在消防救援口周围应采取防止烟气经双层幕墙之间的空腔危及救援人员安全的防火分隔措施。

35. 应急排烟窗的作用是什么？

答：设在设置机械加压送风系统楼梯间的顶部或最上一层外墙上的常闭式窗户称为应急排烟窗。尽管设置机械加压送风系统的封闭楼梯间和防烟楼梯间在建筑发生火灾时可以防止烟气进入楼梯间内，但仍难以阻止火场的烟气在人员疏散，特别是在灭火救援过程中进入楼梯间内。设置应急排烟窗，可以在必要时打开，尽快排出楼梯间内的烟气，是保障消防救援人员安全的重要建筑技术措施之一。应急排烟窗主要供消防救援人员在火灾发展的中后期使用。

36. 为什么要设置应急排烟排热设施？

答：无可开启外窗的地上建筑或部位在其每层外墙和（或）屋顶上设置的排出场所发生火灾时产生的烟气、热量的设施称为应急排烟排热设施。设置应急排烟排热设施的场所均需设置机械排烟系统，但是机械排烟系统在排烟过程中很容易受到火灾或烟气高温的作用而停止运行。一般来说，当排烟管道内的烟气温度高于280℃时，相应部位的排烟防火阀将会自动关闭并同时联动排烟风机停止运行。此时，室内火灾仍可能在持续发展中，火灾的烟气产生量还将不断增加，室内温度持续升高，导致建筑结构持续受到高温作用，烟气向建筑内其他空间不断蔓延，极大地影响消防救援效果，威胁消防救援人员的安全，必须在灭火的同时尽快排出建筑内的火灾烟气和燃烧释放的热量。

37. 什么样的建筑需要设置消防电梯?

答：高度大于 33m 的住宅、高度大于 32m 的二类高层公共建筑及一类高层公共建筑、5 层及 5 层以上总建筑面积大于 3000m² 的老年人照料设施、埋深大于 10m 且总建筑面积大于 3000m² 的地下室应设置消防电梯。消防电梯应分别设置在不同的防火分区内，且每个防火分区不应少于 1 部。

38. 住宅与其他非住宅功能竖向组合建造的建筑，当住宅部分要求设置消防电梯而非住宅部分不要求设置消防电梯时，住宅部分的消防电梯是否需要在非住宅部分层层停靠?

答：住宅与非住宅功能竖向组合建造的建筑，住宅部分和非住宅部分的消防电梯不应共用。住宅部分和非住宅部分均需要设置消防电梯时，要分别独立设置。当非住宅部分位于住宅下部且不要求设置消防电梯、住宅部分要求设置消防电梯时，住宅部分设置的消防电梯在非住宅部分的楼层可以不设置层门，不停靠。

39. 建筑内不同防火分区的消防电梯是否可以共用?

答：标准规定消防电梯应设置在不同的防火分区内，且每个防火分区不应少于 1 部。因此，建筑内不同防火分区的消防电梯原则上不应共用。对于设置在地下的设备用房、非机动车库等区域内的防火分区，上下楼层防火分区大小和数量不一样，以及受首层平面布置等因素限制难以每个防火分区分别设置消防电梯时，可以在相邻两个防火分区共用一部消防电梯，但应分别设置消防电梯前室，且共用消防电梯的防火分区数量不应超过 2 个。

40. 如何理解消防电梯前室短边尺寸不应小于2.4m的规定?

答：为了满足消防救援人员在前室实施救助的需要，《建筑设计防火规范》（GB50016—2014）规定消防电梯前室短边的尺寸不应小于 2.4m，该尺寸为建筑楼层上正对消防电梯门部位的尺寸。消防电梯井两侧及其连接走道等区域的尺寸，可以小于 2.4m。

41. 建筑首层连接消防电梯至室外的通道上是否可以开设其他门洞？

答：我国建筑防火标准中的防火设防技术要求都是基于一座建筑在同一时间只发生 1 次火灾来确定。即当首层发生火灾时，不再考虑上部楼层发生火灾，而上部楼层发生火灾并需要使用消防电梯时，首层不考虑同时发生火灾。因此，在该连接通道上允许开设门洞，开向通道的门可以采用普通门，当然能采用防火门更好。

42. 消防电梯排水井的排水泵是否需要按照消防用电负荷供电？

答：消防用电负荷是指消防用电设备的用电功率。消防用电设备包括消防控制室设备、消防水泵、防排烟风机、消防电梯、应急照明及疏散指示标志和电动的防火门窗、防火卷帘、阀门等设备。消防电梯排水井的排水泵虽不属于消防设备，但它是保证消防电梯在灭火救援过程中正常运行的重要设备，应按照消防用电负荷来供电。

43. 消防电梯是否可以采用无机房电梯？

答：无机房电梯是不需要建筑物提供专门机房用于安装电梯驱动器、控制器等设备的电梯。无机房电梯的驱动器和控制器直接安装在井道内，不设置专门的电梯机房，电梯的安全性和可靠性较有专用机房的电梯低。消防电梯是在建筑发生火灾后保障应急救援的设施，无论是电梯本身，还是电梯井和机房的防火、防烟、防水等均有专门的要求，且要求具有较高的可靠性和安全性。因此，无机房电梯不应用作消防电梯。

44. 按照标准需要设置消防电梯的建筑，当不同楼层的用途或功能不同且防火分区的最大允许建筑面积不一样时，可能导致建筑中有的楼层每个防火分区均有消防电梯，而部分楼层的部分防火分区需要增设消防电梯的情形。如何处理此情形？

答：问题中所述情形，在多种功能的高层民用建筑内是存在的，一般需要在无消防电梯保障的区域增设消防电梯，也可以通过调整消防电梯的设置位置，使消防电梯位于相邻两个防火分区的防火分隔处，并设置两个独立的消防电梯前室来保证每个防火分区均有至少1部消防电梯可供灭火救援使用。

45. 消防电梯在避难层是否需要设置前室？

答：消防电梯在避难层应设置前室，消防电梯不应直接开向避难区。消防电梯一般应经过疏散走道连通避难区域，走道隔墙的耐火极限不应低于2h。目的是防止火灾烟气经过消防电梯竖井蔓延至避难层。

46. 消防电梯是否需要在商业服务网点停靠？

答：规范要求消防电梯能每层停靠。商业服务网点位于住宅建筑的下部，最多2层，不使用消防电梯也可以满足灭火救援的需要，而且每个商业服务网点相互之间是不连通的，即使住宅部分的消防电梯通至商业服务网点，其作用也不大，反而可能破坏商业服务网点与住宅之间防火分隔的完整性，降低防火分隔的有效性。因此，设置消防电梯的住宅建筑，不要求消防电梯在商业服务网点内开门和停靠。

47. 消防专用通道的概念？

答：在建筑火灾时专门用于消防救援人员从地面进入建筑的通道或（和）楼梯间。主要指设置在地铁车站公共区的消防专用通道，也包括其他类似功能的消防专用通道，比如消防电梯前室在首层直通室外的专用通道等。

三、建筑总平面布局

以下包括：防火间距、消防车道、消防车登高操作场地等方面的相关问题。

（一）防火间距

48. 防火间距的概念？

答：防火间距是防止着火建筑在一定时间内引燃相邻建筑，便于消防救援的空间间隔。

49. 影响建筑物防火间距的主要因素有哪些？

答：工业建筑的防火间距，主要与建（构）筑物的火灾危险性类别、耐火等级、建筑高度等相关；民用建筑的防火间距，主要与建筑物的耐火等级、建筑高度等相关。

50. 为什么建筑高度大于100m的民用建筑防火间距符合相关标准中允许减小的条件也不允许减小？

答：对于建筑高度大于100m的民用建筑，由于灭火救援和人员疏散均需要建筑周边有相对开阔的场地，因此，建筑高度大于100m的民用建筑与相邻建筑物的防火间距，即使相邻建筑之间采取设置防火墙等允许减小防火间距的措施，也不能减小。本规定同样适用于工业建筑、汽车库、修车库、停车场等建（构）筑物及场所。

51. 化学易燃物品的室外设备与所属厂房及与其他厂房外设备的防火间距如何确定？

答：化学易燃物品的室外设备与所属厂房的防火间距可依工艺要求确定。化学易燃物品的室外设备当采用不燃烧材料制作时，可视为一二级耐火等级建筑，与其他厂房室外设备的防火间距不应小于10m。

52. 在计算防火间距时敞开式外廊、阳台和室外楼梯应如何考虑？

答：采用不燃烧材料，没有人员停留和通过，不具备随意堆放物品的平台、装饰腰线等，可以不纳入防火间距计算。敞开式外廊、阳台属于可能有人的场所也可能堆放物品，应纳入防火间距计算。室外疏散楼梯是竖向安全疏散通道，视为人员疏散的安全区域，安全距离应予保证，应纳入防火间距计算。

53. 建筑物防火间距不足时对相邻面开窗是怎么要求的？

答：建筑物防火间距不足，全部不开设门窗洞口又有困难的情况。允许每一面外墙开设门窗洞口面积之和不大于该外墙全部面积的 5% 时，防火间距可缩小25%。门窗洞口应错开、不应正对，以防止火灾通过开口蔓延至对面建筑。

（二）消防车道

54. 消防车道的设置要求？

答：消防车道与建筑之间不应设置树木、架空管线等影响消防车操作的障碍物。消防车道距建筑物的距离不宜小于 5m，车道坡度不宜大于 10%。

55. 如何确定消防车道的转弯半径？

答：消防车的转弯半径：普通消防车 9m，登高消防车 12m，特种消防车16—20m。消防车道的转弯半径应按照消防车的转弯半径确定。

56. 哪些建筑需要设置环形消防车道？

答：高层民用建筑，超过 3000 个座位的体育馆，超过 2000 个座位的会堂，占地面积大于 3000m² 的商店、展览馆等单多层公共建筑应设置环形消防车道。高层厂房，占地面积大于 3000m² 的甲、乙、丙类厂房和占地面积大于 1500m² 的乙、丙类仓库，飞机库应设置环形消防车道，确有困难应至少沿两个长边设置消防车道。

57. 如何理解消防车道距离建筑外墙不宜小于5m？

答：建筑设置消防车道，一是用于保证在灭火救援时消防车能够快速通过并接近火场；二是对于那些不要求设置消防车登高操作场地的建筑，可以兼作灭火救援场地。消防车道与建筑外墙的距离既要考虑消防车通行和停靠救援时的操作空间要求，防止建筑在着火过程中上部坠落物对救援车辆和救援人员的伤害，也要考虑不同建筑立面设计的实际需要和建筑用地中部分区域的局限情况。因此，为保证消防救援需要，建筑周围设置的消防车道要尽量距离建筑外墙不小于5m，对于局部仅用于通行的消防车道，可以根据实际条件在保证消防车安全通行的情况下设置，不是必须保证消防车道距离建筑外墙不小于 5m。

58. 用于人员疏散安全区的步行街是否需要考虑消防车通行？

答：用于人员疏散安全区的步行街需要考虑消防车通行。此步行街的坡度和端部的开口大小应满足消防车通行的需要。当步行街因高差大而需要设置台阶连接时，应在不同高程的步行街区段设置满足消防车进出要求的开口。

59. 消防车道的设置有哪些要求？

答：沿建筑物设置环形消防车道或沿建筑物的两个长边设置消防车道，有利于在不同风向条件下快速调整灭火救援场地和实施灭火。对于大型建筑，更有利于众多消防车辆到场后展开救援行动和调度。少数高层建筑，受山地或河道等地理条件限制时，允许沿建筑的一个长边设置消防车道，但需结合消防车登高操作场地设置。

60. 哪些部位需要设置消防车道？

答：工业与民用建筑周围、工厂厂区内、仓库库区内、城市轨道交通的车辆基地内、其他地下工程的地面出入口附近，均应设置消防车道。

61. 为什么占地面积大于3000m²的公共建筑应至少沿建筑的两条长边设置消防车道，而住宅建筑可以至少沿一条长边设置消防车道？

答：建筑进深是指建筑前后外墙之间的深度。建筑进深直接影响灭火救援效果，消防车的灭火救援进深最好控制在 50m 内，对于进深超过 50m 的建筑，宜具备两侧同时扑救的条件，应在建筑两侧设置消防车道。一定占地面积的公共建筑应至少沿建筑的两条长边设置消防车道，这是考虑较大占地面积建筑的进深较大，可能影响消防车救援，而要求在建筑的两条长边设置消防车道。对于住宅建筑，受制于通风采光条件，通常不会有较大的进深，因此允许只在一个长边设置消防车道。

（三）消防车登高操作场地

62. 消防车登高操作场地的设置要求？

答：高层建筑应至少沿一个长边或周边长度的 1/4 且不小于一个长边长度连续布置消防车登高操作场地，该范围内的裙房进深不应大于 4m。消防车登高操作场地的宽度不应小于 10m，与建筑物之间不应设置妨碍消防车操作的树木、架空管线及车库出入口。场地应能承受重型消防车的压力。场地与建筑物之间的距离不宜小于 5m 且不应大于 10m，坡度不宜大于 3%。

63. 多层建筑为何不要求设置消防救援场地？

答：现行国家标准对在建筑周围设置消防车道和消防车登高操作场地均有明确要求，对消防救援场地的设置没有明确规定。多层建筑的高度均不大于 24m，大多数情况下不需要利用举高消防车、云梯消防车等需要较大展开作业面的救援车辆，灭火救援可以直接利用消防车道作为消防救援场地。因此，相关标准没有明确要求多层建筑设置消防救援场地，但对于一些大型的公共建筑，火灾时到场的车辆数量和种类多，仍需设置必要的消防救援场地。

四、建筑平面布置与防火分隔

以下内容包括：平面布置、防火分区、防火分隔等方面的相关问题。

（一）平面布置

64. 办公室、休息室是否可以设置在丁戊类厂房和戊类仓库内，如果可以，办公室、休息室与车间或库房之间是否需要采取防火分隔措施？

答：可以。办公室、休息室设置在丁戊类厂房和戊类仓库内不要求采用防火隔墙进行分隔但仍应为相对独立的区域，不应通过车间、库房区域疏散。

65. 物流建筑的防火设计应符合哪些规定？

答：物流建筑的防火设计应符合下列规定：当建筑功能以分拣或加工为主时应按厂房的规定，其中仓储部分按中间仓库确定；当建筑功能以仓储为主或难以区分主要功能时应按仓库的规定，当分拣作业区采用防火墙与储存区完全分隔时，作业区和储存区分别按照厂房和仓库的有关规定。

66. 冷库的库房与加工间、氨压缩机房贴邻建造时应采取何种防火措施？

答：冷库的库房与加工间贴邻建造时，应采用防火墙分隔，当确需连通需采用防火隔间进行连通。当冷库的库房与氨压缩机房贴邻时，应采用不开门窗洞口的防火防爆墙分隔。

67. 托儿所、幼儿园用房应如何设置？

答：《幼儿园建设标准》（建标175—2016）和《托儿所、幼儿园建筑设计规范》（JGJ39—2016）都有规定，托儿所、幼儿园不得设置在高层建筑内，3个班以上应为独立的建筑，3个及3个班以下可以设置在多层建筑的一、二、三层，并应设置独立的安全出口。托儿所用房应布置在首层。

68. 电影院设置在其他建筑内有何要求？

答：《电影院建筑设计规范》（JGJ58—2008）规定观众厅疏散门应采用甲级防火门，并应向疏散方向开启。电影院设置在其他建筑内时应采用耐火极限不低于 2h 的防火隔墙和甲级防火门与其他区域分隔，至少应设置一部独立的疏散楼梯，该楼梯仅供电影院使用，不得与其他场所共用。

69. 老年人照料设施和歌舞娱乐放映游艺场所确需布置在地下或地上四层及四层以上时有何要求？

答：老年人照料设施和歌舞娱乐放映游艺场所确需布置在地下或地上四层及四层以上时，一个厅室的面积不应大于 200m²，布置在地下时只能布置在地下一层，且埋深不应大于 10m。老年人照料设施每个厅的使用人数不能超过 30 人。老年人照料设施不应布置在楼地面设计标高大于 54m 的楼层上。

70. 歌舞娱乐放映游艺场所厅室之间及与其他部位之间的防火分隔如何设置？

答：歌舞娱乐放映游艺场所厅室之间及与其他部位之间应采用耐火极限不低于 2h 的防火隔墙和防火门进行分隔。厅室均应独立设置，不允许多个房间组合为一个厅，按照面积不大于 200m² 来设置。相邻厅室隔墙不应开设门窗洞口，厅室的门应开向疏散走道。该场所与其他部位连通的门是指通过疏散走道通向建筑内其他部位的门。

（二）防火分区

71. 防火分区面积大小设定的基本原则是什么？

答：防火分区的作用是：防止火灾向建筑的其余部分蔓延，把火灾控制在局部区域内。一般采用防火墙、楼板及其他防火分隔设施（比如防火卷帘、防火分隔水幕等）将建筑分隔成多个防火分区。不同使用性质的建筑防火分区面积大小不同（比如工业建筑和民用建筑），同一使用性质不同火灾危险性，不同高度的建筑防火分区面积大小不同。火灾危险性大的防火分区面积小，高层建筑比多层建筑防火分区面积要小。

72. 甲乙类厂房和仓库是否可以通过设置自动灭火系统的方式增加防火分区的最大允许建筑面积和每座仓库的最大允许占地面积？

答：甲乙类厂房和仓库不宜采用设置自动灭火系统的方式增加防火分区的最大允许建筑面积和每座仓库的最大允许占地面积。确有需要时应采用适用高效的自动灭火系统。

73. 煤均化库防火分区最大允许建筑面积在设置了自动消防炮灭火系统后是否允许扩大？

答：煤的燃烧表现与一般可燃固体的燃烧有较大不同，煤在自然状态下燃烧速度缓慢，明火较小，但热值大，燃烧深度大。至今尚无特别有效的自动灭火设施。《建筑设计防火规范》（GB50016—2014）已将煤均化库每个防火分区的最大允许面积调整为12000m²（丙2类是1500m²），即使设置自动消防炮灭火系统后也不允许扩大。

74. 甲乙类场所在设置了自动灭火系统后，防火分区的最大允许建筑面积是否允许扩大？

答：甲乙类场所，大多数表现为先爆炸后燃烧，火势发展蔓延迅速。国家标准未明确要求设置自动灭火系统，即使设置了自动灭火系统，由于其发生燃烧和爆炸所表现的特性，防火分区的最大允许建筑面积也不应扩大。

75. 物流建筑储存区的防火分区最大允许建筑面积和最大允许占地面积有何放宽？

答：除自动化控制的丙类高架仓库外，当分拣等作业区采用防火墙与储存区完全分隔，丙类建筑（可燃液体和棉麻丝毛及泡沫塑料物品除外）的耐火等级不低于 1 级，丁戊类建筑的耐火等级不低于 2 级，建筑内全部设置火灾自动报警系统和自动喷水灭火系统，储存区的防火分区最大允许建筑面积及最大允许占地面积可以增加 3 倍。

76. 商店营业厅、展览厅为单层建筑或设置在多层建筑的首层，防火分区的最大允许建筑面积为什么可以增加到10000m²？

答：当商店营业厅、展览厅为单层建筑或设置在多层建筑的首层，其他楼层仅用于火灾危险性较营业厅或展览厅小的其他用途时，考虑到人员疏散和灭火救援均具有较好的条件，将防火分区的最大允许面积增加到 10000m²。但疏散距离不应超过规定，且中庭不应和地下室相通。

77. 采用敞开楼梯间的建筑，计算防火分区面积时上下楼层的面积是否需要叠加计算？

答：对于规范允许采用敞开楼梯间的建筑，敞开楼梯间可视为不同楼层的有效防火分隔措施，在计算防火分区时敞开楼梯间可以不作为上下层连通的开口考虑，不同楼层仍可以划分为独立的防火分区。

78. 体育馆和剧场的观众厅在确定防火分区大小时的处置方式是怎样的？

答：《建筑防火通用规范》（GB55037—2022）允许体育馆和剧场的观众厅防火分区最大允许建筑面积可适当增加。此适当增加的要求并不是没有限制，也不是一定要限制一个最大值。而是要根据建筑功能的实际需要，在保证人员疏散安全的基础上，在采取针对性防火技术措施后，合理确定观众厅的大小。一般需要对此防火设计所采取的技术措施的可行性、有效性和合理性开展专项的研究和评估。

79. 剧场的舞台与观众厅是否可以划分为同一个防火分区？

答：剧场的舞台与观众厅可以划分为同一个防火分区，但它们之间所采取的防火分隔措施可以使舞台区与观众厅达到两个独立防火分区的防火效果。舞台与观众厅不能完全按照不同防火分区划分的原因，主要考虑到舞台和观众厅有时难以完全独立设置安全出口。但火灾危险性差异较大，又确实需要进行防火分隔。这种情况还包括图书馆的书库可以与阅览室合并设置防火分区。

（三）防火分隔

80. 当汽车库与坡道上均设置自动喷水灭火系统时，坡道出入口处是否需要设置防火分隔设施？

答：《汽车库、修车库、停车场设计防火规范》（GB50067—2014）规定：除敞开式汽车库、斜楼板式汽车库外，汽车库内的汽车坡道两侧应采用防火墙与停车区隔开，坡道的出入口应采用水幕、防火卷帘或甲级防火门与停车区隔开。当汽车库与坡道上均设置自动喷水灭火系统时，坡道出入口处可不设置防火分隔设施。汽车库坡道是一个独立于汽车库外的防火区域，平时无可燃物，其面积可以不计入停车区防火分区面积。

81. 裙房与主体之间是否必须设置防火分隔设施？

答：裙房与主体之间不要求必须设置防火分隔设施，主体与裙房在同一楼层可以划分为同一防火分区，裙房的防火要求应按照主体建筑的高度确定。当裙房与主体之间设置了防火墙，裙房的防火分区面积及疏散楼梯间的形式可以按单、多层建筑的要求设置。

82. 主力店与步行街连通应采取何种措施？

答：主力店与步行街的连通应通过防火隔间连通，不应直接连通。在开口部位宜采用防火门，不宜采用防火卷帘和防火分隔水幕分隔。

83. 歌舞娱乐放映游艺场所，是否可以将多个房间组合在一起而形成总建筑面积小于200m²的分隔区域，来规避每个房间都需要采用耐火极限不低于2h的防火隔墙和乙级防火门？

答：歌舞娱乐放映游艺场所，不应将本来需要采用耐火极限不低于 2h 的防火隔墙和乙级防火门分隔的房间（即厅、室），组合在一起而形成总建筑面积小于 200m² 的分隔区域（大房间）。这样做违背了通过防火分隔将火灾控制在着火房间，减少人员伤亡的本意。

84. 相邻商业服务网点之间的门窗洞口是否需要防火分隔？

答：商业服务网点的设防标准是根据每个商业服务网点为一个独立的防火单元确定的。因此，相邻商业服务网点外墙上的开口之间在横向和竖向均应采取防火分隔措施。外墙上相邻横向开口之间的墙体宽度不应小于 1m。当上下层为不同的商业服务网点时，上下层的开口之间应设置高度不低于 1.2m 的窗间墙或出挑宽度不小于 1m 的防火挑檐。

85. 在公共建筑内设置的客、货电梯，是否需要与其他区域采取防火分隔措施？

答：为了防止火灾及其烟气通过电梯井道蔓延至其他楼层，公共建筑内的客、货电梯要尽可能设置电梯候梯厅，避免直接设置在受火势和烟气影响大的区域。在不影响客梯和货梯正常使用的情况下，要尽可能采用防火隔墙和乙级防火门将候梯厅与其他区域分隔。

86. 商店建筑中设置附属库房需要采取什么防火分隔措施？

答：为满足民用建筑的使用功能，可以在民用建筑内设置附属库房，为商店经营服务的附属库房不应直接设置在营业厅或商铺内，与其他区域应采用耐火极限不低于 2h 的不燃性防火隔墙和耐火极限不低于 1h 的不燃性楼板分隔，隔墙上需要相互连通的门应采用乙级防火门。当库房独立划分防火分区时，应符合相应类别火灾危险性库房防火分区的要求。

87. 数字影院的放映室是否需要按照电影放映室、卷片室的要求与其他部位分隔？

答：数字影院的放映室主要采用了数字播放器播放影片，其火灾危险性比传统胶片（硝化纤维胶片）电影的放映室低，但与观众厅属于不同火灾危险性和不同用途的区域，仍应按照要求采用耐火极限不低于 1.5h 的防火隔墙与其他部位分隔。当放映室内可燃物较少时，其观察孔和放映孔可不采取防火分隔措施。

88. 住宅建筑的储藏室是否需要按照民用建筑内附属库房的要求采取防火分隔措施？

答：位于住宅建筑套内的自用储藏室可视具体情况采取相应的防火分隔措施；对于建筑面积较大、存放可燃物品较多的储藏室，应采取防火分隔措施与其他区域分隔。对于在住宅建筑公共区（如公共地下室）设置的储藏室，应按照民用建筑内附属库房的要求采取防火分隔措施。

89. 别墅内的机动车车库是否需要采取防火分隔措施？

答：附设在别墅内的机动车车库，无论建筑的耐火等级高低，均应采用耐火极限不低于 2h 的不燃性防火隔墙和耐火极限不低于 1h 的不燃性楼板与其他区域分隔，墙上的门、窗应采用甲级或乙级防火门、窗。

90. 在两座防火间距符合要求的建筑之间设置运送煤的栈桥、皮带廊等是否需要采取防火分隔措施？

答：在建筑之间设置运送可燃物的栈桥、皮带廊等时，栈桥和皮带廊及其所运输的可燃物都可能导致火势从一座建筑蔓延至另一座建筑。因此，无论相邻建筑的间距是否符合规定，在栈桥、皮带廊等与建筑物连接的洞口处均应采取防止火灾蔓延的措施，如设置防火分隔水幕。

91. 当天桥、连廊与建筑中的敞开外廊连通时，需要进行防火分隔吗？

答：天桥、连廊与建筑中的敞开式外廊连通时，由于敞开式外廊具有较好的自然通风排烟条件，难以导致烟气蔓延，但是在连通处是否需要防火分隔，要综合天桥或连廊的跨度和构造材料的燃烧性能、天桥或连廊上是否存在火灾危险性用途等情况确定。在天桥、连廊与建筑物中的敞开式外廊连通处，当天桥或连廊两侧建筑的防火间距满足要求时，可以不进行防火分隔；当防火间距不满足要求时，需要根据上述情况综合考虑后确定是否需要进行防火分隔。

92. 当同一建筑内设置两种及两种以上使用功能时，不同使用功能之间是否需要进行防火分隔？

答：当在同一建筑物内设置两种或两种以上使用功能的场所时，如住宅与商店的上下组合建造，幼儿园、托儿所与办公建筑或电影院、剧场与商业设施合建等，不同使用功能区或场所之间需要进行防火分隔，以保证火灾不会相互蔓延。

93. 为什么病房楼的防火分区还需结合护理单元做进一步的防火分隔？

答：病房楼内的大多数人员行为能力受限，比办公楼等公共建筑的火灾危险性高。病房楼的每个防火分区还需结合护理单元根据面积大小和疏散路线做进一步的防火分隔，以便将火灾控制在更小的区域内。一般每个护理单元的护理床位数为40—60床，建筑面积约1200—1500m²，个别达2000m²，包括护士站、重症监护室和活动间等。

94. 住宅与其他功能场所组合在同一座建筑时的防火要求有哪些？

答：住宅与其他功能场所空间组合在同一座建筑内时，需在水平与竖向采取防火分隔措施与住宅部分分隔，并使各自的疏散设施相互独立，互不连通。在水平方向，一般应采用无门窗洞口的防火墙分隔；在竖向，采用楼板分隔并在建筑立面开口位置的上下楼层分隔处采用防火挑檐、窗间墙等防止火灾蔓延。住宅部分的安全疏散楼梯、安全出口和疏散门的布置与设置要求，室内消火栓系统、火灾自动报警系统等的设置，可以根据住宅部分的建筑高度，按照规范有关住宅建筑的要求确定，但住宅部分疏散楼梯间内防烟系统的设置应根据该建筑的总高度确定；该建筑与邻近建筑的防火间距、消防车道和救援场地的布置、室外消防用水量计算、消防电源的负荷等级确定等，需要根据该建筑的总高度按照公共建筑的要求确定。

95. 放映室的观察孔和放映孔与观众席之间是否需要进行防火分隔？

答：过去的电影放映室主要以硝化纤维胶片等易燃材料放映影片，极易发生燃烧，或断片时使用易燃液体丙酮接片子而导致火灾，且室内电气设备又比较多。因此，该部位要与其他部位进行有效分隔。对于放映数字电影的放映室，当室内可燃物较少时，其观察孔和放映孔也可不采取防火分隔措施。

五、建筑构造

以下内容包括：防火墙和防火隔墙、幕墙、竖井、防火门、防火窗、防火卷帘、防火玻璃、保温等方面的相关问题。

（一）防火墙和防火隔墙

96. 防火墙、防火隔墙的概念？

答：防火墙是防止火灾蔓延至相邻建筑或相邻水平防火分区且耐火极限不低于 3h 的不燃性墙体，是建筑内防火分区的主要水平分隔设施。防火隔墙是建筑内防止火灾蔓延至相邻区域且耐火极限不低于规定要求的墙体，主要用于同一防火分区内不同功能或不同火灾危险性区域之间的分隔，是建筑内防火单元的主要水平分隔设施。防火隔墙应为不燃性墙体，确有困难时，木结构建筑和四级耐火等级建筑中的防火隔墙允许采用难燃性墙体。

97. 防火墙上是否允许开口？

答：除国家规范标准明确不允许开口的防火墙外，其他防火墙上可开设满足建筑功能需要的开口，但应采取能阻止火势和烟气蔓延的措施，如采用甲级防火窗、甲级防火门、防火卷帘、防火阀、防火分隔水幕等防火分隔设施。

98. 建筑中哪些场所或部位应采用耐火极限不低于2h的防火隔墙和乙级防火门与其他部位分隔？

答：医疗建筑中的手术室、产房、重症监护室、贵重设备室等，敷设在其他建筑内的儿童场所、歌舞娱乐放映游艺场所及老年人照料设施应采用耐火极限不低于2h的防火隔墙和乙级防火门窗与其他部位分隔。建筑内下列部位应采用耐火极限不低于2h的防火隔墙和乙级防火门与其他部位分隔：甲乙类生产部位和使用丙类液体部位；厂房内有明火和高温的部位；甲乙丙类厂房（仓库）内火灾危险性不同的房间；民用建筑中的附属库房和剧场后台的辅助用房；建筑内的厨房；附设在建筑内的机动车库。

99. 为什么设置在其他建筑内的电影院需要采用防火隔墙与其他部位分隔？

答：当电影院设置在其他建筑内时，考虑到在使用时，人员通常集中精力于观演中，对周围火灾可能难以及时知情，在疏散时与其他场所的人员也可能混合。因此，要采用防火隔墙将这些场所与其他场所分隔，疏散楼梯尽量独立设置，不能完全独立设置时，也至少要保证一部疏散楼梯，仅供该场所使用，不与其他用途的场所或楼层共用。

100. 厨房是否都需要采用防火隔墙与其他部位分隔？

答：现代厨房形式多样，功能各异，在一些饮食建筑中，整体分隔确有困难者可仅分隔明火加工区域，比如，《饮食建筑设计标准》（JGJ64—2017）第4.3.10条规定，厨房有明火的加工区应采用耐火极限不低于2h的防火隔墙与其他部位分隔，隔墙上的门、窗应采用乙级防火门、窗。对于采用电加热的无明火的敞开式、明档类厨房，可以不受此限制。

101. 防火隔墙是否可以设置在耐火极限不低于防火隔墙的楼板上？

答：防火墙应尽量设置在耐火极限不低于防火隔墙耐火极限的框架、梁或承重墙上。但是根据我国标准对同一耐火等级建筑不同形式受力构件耐火极限规定的原则，防火隔墙可以设置在相同耐火极限的楼板上。不过，在建筑结构受力的合理性上应尽量避免这样布置，并应对相应的楼板进行受力性能校核。

102. 房间隔墙与防火隔墙的区别是什么？

答：防火隔墙是在建筑内为防止火灾蔓延至相邻区域，设置在不同火灾危险性区域之间且具有较高耐火性能的墙体。房间隔墙是为满足建筑内部使用功能要求而设置在不同房间之间的分隔墙体，房间隔墙不一定是防火隔墙。防火隔墙需要采用不燃性材料，而房间隔墙的燃烧性能可以根据其所在建筑的耐火等级确定，三、四级耐火等级建筑的房间隔墙可以采用难燃性材料。

（二）幕墙

103. 幕墙建筑的防火要求是什么？

答：采用幕墙的建筑，主要因大部分幕墙存在空腔结构，这些空腔上下贯通，在火灾时会产生烟囱效应，如不采取一定分隔措施，会加剧火势在水平和竖向的迅速蔓延，导致建筑整体着火，难以实施扑救。幕墙与每层楼板、隔墙处的缝隙，要采用具有一定弹性和防火性能的材料填塞密实。设置幕墙的建筑，其上、下层外墙上开口之间的墙体或防火挑檐仍要符合要求。

104. 避难层的外墙是否可以采用幕墙？

答：国家相关标准没有禁止在避难层部位的外墙采用幕墙，但当采用幕墙时，应采取防止火势和烟气通过幕墙或幕墙与建筑外墙的空腔侵入避难区的措施，并满足方便消防救援人员从外部进入避难区的要求。对于建筑高度大于 250m 的建筑，根据《建筑高度大于 250 米民用建筑防火设计加强性技术要求（试行）》（公消〔2018〕57 号）的要求，在避难区对应位置的外墙处不应设置幕墙。

105. 建筑幕墙的层间封堵应符合怎样的规定？

答：（1）幕墙与建筑窗槛墙之间的空腔应在建筑缝隙上、下沿处分别采用矿物棉等背衬材料填塞且填塞高度均不应小于 200mm；在矿物棉等背衬材料的上面应覆盖具有弹性的防火封堵材料，在矿物棉下面应设置承托板。（2）幕墙与防火墙或防火隔墙之间的空腔应采用矿物棉等背衬材料填塞，填塞厚度不应小于防火墙或防火隔墙的厚度，背衬材料的两侧表面均应覆盖具有弹性的防火封堵材料。（3）承托板应采用钢制承托板，且承托板的厚度不应小于 1.5mm。承托板与幕墙、建筑外墙及承托板之间的缝隙，应采用具有弹性的防火材料封堵。（4）防火封堵的构造应具有自承重和适应缝隙变形的性能。

（三）竖井

106. 各种管道井的门应采用何种门？

答：电缆井、管道井、排烟道、排气道和垃圾道等竖井应分别独立设置，井壁上的检查门应采用丙级防火门。《建筑防烟排烟系统技术标准》（GB51251—2017）规定送风井和排烟井的门应采用乙级防火门。

107. 住宅建筑管道井的检查门设置位置有什么要求？

答：每个单元不超过 3 户的住宅建筑，当户门直接开向前室时，允许管井的检查门开设在前室内，检查门应采用乙级或甲级防火门。当住户超过 3 户时，住户应通过走廊进入前室，应将管井的检查门开设在走廊内，不应设置在前室内，除送风和排烟系统的管井外，检查门可以采用丙级防火门。

108. 为什么疏散楼梯的位置要远离电梯井？

答：电梯井是烟火竖向蔓延的通道，火灾和高温烟气可借助该竖井蔓延到建筑中的其他楼层，会给人员安全疏散和火灾的控制与扑救带来更大困难。因此，疏散楼梯的位置要尽量远离电梯井或将疏散楼梯设置为封闭楼梯间。

109. 电气竖井是否可以作为电气设备间放置强弱设备？

答：建筑中的电缆井等电气竖井具有一定的火灾危险性，且火灾隐蔽，不易及时发现，当电气竖井火灾发现时，火灾往往已发生较大范围的蔓延。故每层应采取防火分隔和防火封堵措施，并使每个竖井相互独立，不宜兼作电气设备间。确需作为电气设备间时，要尽量设置自动灭火设施和火灾自动报警系统，采取相应的散热和通风措施。

（四）防火门

110. 防火门按耐火性能分为哪几类？

答：防火门按耐火性能分为：隔热防火门（A类）、部分隔热防火门（B类）、非隔热防火门（C类）。隔热防火门，在规定时间内，能同时满足耐火完整性和隔热性要求的防火门。部分隔热防火门，在小于等于0.5h内，满足耐火完整性和隔热性要求，在大于0.5h后满足耐火完整性要求的防火门。非隔热防火门，在规定的时间内，能满足耐火完整性要求的防火门。虽然防火门按耐火性能分类的型式很多，但在实际应用的主要是甲级（A1.5h）、乙级（A1.0h）和丙级（A0.5h）这三类防火门。

111. 什么是防火门监控系统？

答：防火门监控系统可以监控常闭式防火门，当防火门关闭不到位时及时报警；防火门监控系统可以接收火灾自动报警系统的信号，联动关闭常开式防火门并反馈关闭信息。防火门监控系统主要由监控器、监控分机、监控模块、电动闭门器、电磁释放器、门磁开关（一体式门磁开关）组成。防火门监控系统用于显示并控制防火门的开启和关闭。常开式防火门依靠电磁释放器和电动闭门器保持打开状态。防火门监控器通过监控模块启动电磁释放器。防火门在机械闭门器作用下自动关闭，同时通过门磁开关、监控模块，向防火门监控器反馈关闭信号。在实际使用中，通常使用电动闭门器，电动闭门器接收监控模块的信号，关闭防火门，并反馈防火门的关闭状态。电动闭门器包含了机械闭门器、电磁释放器和门磁开关的功能，安装使用更加方便。常闭防火门打开时，门磁开关通过监控模块向防火门监控器发出开门信号，防火门监控器接收到信号以后，发出报警，防止防火门关闭不到位的情况。在实际应用中，通常使用监控模块和门磁开关一体化的产品（一体化门磁开关），安装管理更加方便。带推杆的防火门，一般自带有报警输出端口，直接接入防火门监控系统的监控模块，不需要另外设置门磁开关。

112. 防火门的设置有何要求？

答：防火门应采用常闭防火门。设置在建筑内经常有人通行处的防火门可以采用常开防火门，常开防火门在火灾时能自行关闭，并应具有信号反馈的功能。防火门应具有自行关闭的功能，双扇防火门应具有按顺序自行关闭的功能。防火门关闭后应具有防烟性能。防火门应能在内外两侧手动开启。

113. 开向室外安全区域的门是否需要采用防火门？

答：开向室外安全区域的门无须采用防火门。但专项规范有要求的除外。比如：《烟花爆竹工程设计安全标准》（GB50161—2022）规定危险品仓库的门宜为防火门。首层直通室外的门位于室外楼梯2m范围内时，此门应采用防火门。当两座建筑的防火间距不足时，外墙上的门窗应采用防火门窗。

114. 消防控制室、消防水泵房、锅炉房、变压器室、变配电室和发电机房等设备用房直通室外的门是否需要采用防火门？

答：消防控制室、消防水泵房、锅炉房、变压器室、变配电室和发电机房等应采用防火墙或防火隔墙与其他区域分隔，防火墙或防火隔墙上的门应为甲级或乙级防火门。当这些设备房的门直通室外时，是否采用防火门要视设备房的火灾危险性、周围环境条件和门洞上部的开口情形确定，一般可以不采用防火门。但下列情况需要设置防火门：变配电室、变压器室、发电机房等火灾危险性较大的设备房；与相邻建筑的防火间距不符合标准规定的设备房；设备房门口上一层的外墙具有开口且未设置防火挑檐等防护措施的设备房。

115. 采用机械加压送风系统的封闭楼梯间，当在首层采用扩大的封闭楼梯间时，封闭楼梯间在建筑的首层出口是否需要设置防火门，以满足楼梯间的正压送风要求？

答：封闭楼梯间不能自然通风或自然通风条件不满足时，应设置机械加压送风系统或采用防烟楼梯间。采用设置机械加压送风系统进行防烟的封闭楼梯间，在建筑的首层采用扩大的封闭楼梯间通向室外时，为满足楼梯间内的正压值，应在封闭楼梯间的出口处设置防火门或密闭性能可以满足楼梯间送风正压值的门。

116. 疏散楼梯间直通室外的门是否需要采用防火门？

答：建筑中的封闭楼梯间和防烟楼梯间均应设置防止烟气进入楼梯间以及前室的门。进入楼梯间和前室的门一般应采用乙级或甲级防火门，如高层工业建筑、高层民用建筑、人员密集的多层公共建筑、人员密集的多层丙类厂房、甲类厂房和乙类厂房。对于建筑高度大于 250m 的建筑，进入楼梯间和前室的门均应为甲级防火门。除上述建筑外的其他建筑，楼梯间的门可以根据具体情况采用防火门或双向弹簧门。疏散楼梯间直通室外的门，当直通室外地面时，一般不要求采用防火门，但当建筑间的防火间距不足而又必须在相应部位开设门洞时，仍要求采用乙级或甲级防火门；当直通屋面时，一般可以不采用防火门，但屋面设置设备房等房间且防火间距或防火分隔不符合要求时，仍要求采用乙级或甲级防火门；对于设置加压送风防烟系统的楼梯间，也可以不采用防火门，但应保证门的密闭性能可以满足楼梯间送风的正压值。

117. 商业服务网点的每个分隔单元之间以及与住宅部分是否可以通过防火门连通？

答：商业服务网点的每个分隔单元之间以及与住宅之间（包括与住宅的疏散楼梯间或首层门厅等），均应采用耐火极限不低于 2h 的防火隔墙和 1.5h 的不燃性楼板完全分隔，不允许通过防火门或防火卷帘连通。

118. 建筑直通室外和屋面的门应采用防火门还是普通门？

答："直通室外的门"是指直通室外安全区域的门，直通室外安全区域的门可以采用普通门，但当室外属于非安全区域时，要采用防火门。例如：两座相邻建筑的防火间距不足，要求相邻较高建筑的外墙采用甲级防火门、窗，是因为两座建筑减少防火间距后，彼此相邻的区域属于非安全区域，可能造成火灾在两座建筑间蔓延，也可能对疏散人群造成伤害，有必要在开口部位采用甲级防火门、窗。"直通屋面的门"是指疏散楼梯间等直通屋面安全区域的门，直通屋面安全区域的门可以采用普通门，但当屋面区域处于非安全状态时，仍应采用防火门。例如，当疏散楼梯间直通屋面的门距离屋顶设备用房的开口部位较近时，可能受到设备用房火灾的侵害，此时设备用房的开口有必要采用防火门、窗，楼梯间直通屋面的门采用防火门。当楼梯间直通室外和屋面的门采用普通门时，应满足楼梯间功能要求。比如，当疏散楼梯间设置有机械正压送风系统时，直通室外和屋面的门应可自动关闭并满足楼梯间送风压力要求。

119. 消防电梯和普通电梯的机房和高层建筑疏散楼梯间出屋面的门是否需要采用防火门？

答：电梯机房和高层建筑疏散楼梯间出屋面的门，由于直接开向室外，一般不会受到外部高温烟气和火势的作用，机房本身的火灾对屋面的影响也较小，且不太可能导致火势蔓延，因此这些门正常情况下不需要采用防火门，但是当出屋面的门附近存在其他火灾危险性的场所且防火间距不足时，应采用甲级或乙级防火门。

120. 天桥、连廊与建筑物的连通处必须采用防火门进行防火分隔吗？

答：在天桥、连廊与建筑物的连通处应采取防火分隔措施，一般是在连通处设置甲级或乙级防火门，如果连通处不作为安全出口可以采用防火卷帘。对于采用不燃材料建造且不摆放可燃物的敞开式天桥，当天桥两侧建筑的防火间距符合要求时，开口处可以不采用防火门。

121. 为什么竖井检查门开向住宅建筑的前室时应采用乙级防火门？

答：前室属于室内安全区域，前室安全是人员疏散的基本保证，竖向井道具备较大的火灾传播风险，不应在前室等部位开设电气竖井、管道井等竖井检查门。住宅户门不宜直接开向前室，确有困难规范允许每层开向同一前室的户门不大于3樘。对于户门直接开向前室的情形，可能不会设置疏散走道，因不超过3户，风险相对较低，可允许在这类住宅的前室开设电气竖井、管道井等竖井检查门。但竖井检查门的耐火性能应由丙级提升到乙级。

（五）防火窗

122. 什么是防火窗以及如何使用防火窗？

答：防火窗，能起隔离和阻止火势蔓延的作用，同时具备通风（限可开启式防火窗）、采光功能。在防火间距不足的两建筑物外墙上，需要采光、通风时，可以采用防火窗；在建筑内防火墙或防火隔墙上需要采光、通风或观察时，可以采用防火窗。防火窗可分为固定式和可开启式。窗扇启闭控制装置控制窗扇的开启、关闭，具有手动控制启闭功能，且至少具有易熔合金件或玻璃球等热敏感元件自动控制关闭的功能（达到一定温度时，防火窗自动关闭）。启闭控制方式可以附加有电动控制方式。按耐火性能，防火窗包括隔热防火窗和非隔热防火窗等多个耐火等级。实际应用中，防火窗通常是指隔热防火窗（A类），在规定的时间内，能同时满足耐火隔热性和耐火完整性要求，主要有甲级（1.5h）、乙级（1.0h）和丙级（0.5h）这三类防火窗。防火窗的玻璃应采用防火玻璃，防火玻璃的耐火性能应符合对应类别的防火窗条件。

123. 为什么避难间和避难区外墙上的窗应采用耐火性能不低于乙级防火窗？

答：不同于建筑内其他场所，避难间和避难层的避难区需要同时防范内部火灾危害和外部火灾危害（包括相邻建筑和上、下楼层的火灾烟气危害等），其外窗应采用防火窗。即使采用自然通风方式防烟的避难间和避难区，通风窗也应采用防火窗。当温度达到一定值时，应自动关闭防火窗，防范来自外部的高温及烟气侵害。

（六）防火卷帘

124. 防火卷帘有哪几种？

答：根据《防火卷帘》（GB14102—2005）定义，防火卷帘可分为钢质防火卷帘、无机纤维复合防火卷帘、特级防火卷帘。钢质防火卷帘，是指钢质材料做帘板、导轨、座板、门楣、箱体等，并配以卷门机和控制箱所组成的能符合耐火完整性要求的卷帘。无机纤维复合防火卷帘，是指用无机纤维材料做帘面（内配不锈钢丝或不锈钢丝绳），用钢质材料做夹板、导轨、座板、门楣、箱体等，并配以卷门机和控制箱所组成的能符合耐火完整性要求的卷帘。无机纤维复合防火卷帘，实际上已经停用。特级防火卷帘，是指用钢质材料或无机纤维材料做帘面，用钢质材料做导轨、座板、夹板、门楣、箱体等，并配以卷门机和控制箱所组成的能符合耐火完整性、隔热性和防烟性能要求的卷帘。钢质防火卷帘也称为普通防火卷帘，包括符合耐火完整性要求的钢质防火卷帘，以及符合耐火完整性要求和防烟性能要求的钢质防火、防烟卷帘。普通防火卷帘不能满足隔热性能要求，需要增加独立的防护冷却系统保护（或水幕冷却系统保护），才能应用于防火分隔部位。特级防火卷帘是符合耐火完整性、隔热性和防烟性能要求的卷帘，主要包括无机特级防火卷帘和水雾式钢质特级防火卷帘。特级防火卷帘可以应用于防火分隔部位，局部代替防火墙或防火隔墙。按帘面数量，防火卷帘可分为单帘和双帘，属于双帘形式的主要有无机特级防火卷帘，属于单帘形式的主要有钢质防火卷帘或水雾式钢质特级防火卷帘。按启闭方式，防火卷帘可分为垂直卷、侧向卷和水平卷。其中垂直卷又包括卷筒式和提升式。卷筒式是目前的主流形式，帘片跟随卷轴转动，平时收纳在包厢内，火灾时自动下降。提升式卷帘是将帘面以折叠的方式提升，也称为折叠提升式，通过钢丝绳将帘面折叠收纳在包厢内，火灾时自动下降，这类卷帘可呈弧度或转角安装，且可以适应较大跨度。侧向卷式防火卷帘的帘面从侧向启闭，将帘面收纳在侧面的包厢内，火灾时自动关闭。水平卷式防火卷帘，从水平方向启闭。值得注意的是：侧向或水平封闭式及折叠提升式防火卷帘，在使用上会受到规范和管理性文件的限制。

125. 防火卷帘用水量是如何计算的？

答：防火卷帘的消防用水量，主要是指水雾式防火卷帘的水雾冷却用水量，以及防火卷帘的防护冷却系统用水量。对于采用钢制防火卷帘的场所，如采用的防火卷帘仅符合耐火完整性要求和防烟性能要求，则需要设置防护冷却系统。防护冷却系统是由闭式洒水喷头、湿式报警阀组等组成的闭式系统，发生火灾时用于冷却防火卷帘、防火玻璃等防火分隔设施。当采用防护冷却系统保护防火卷帘、防火玻璃等防火分隔设施时，系统应独立设置，防护冷却系统的设计流量应按计算长度内喷头同时喷水的总流量确定，持续喷水时间不应小于系统设置部位的耐火极限要求，喷头设置高度不超过 4m 时，喷水强度不应小于 0.5L/（s·m），当超过 4m 时，每增加 1m，喷水强度应增加 0.1L/（s·m）。当设置场所设有自动喷水灭火系统时，计算长度不应小于自动喷水灭火系统作用面积的长边长度；当设置场所没有设置自动喷水灭火系统时，计算长度不应小于任意一个防火分区内所有需要保护的防火分隔设施总长度之和。通常情况下，防火分隔部位均采用特级防火卷帘，特级防火卷帘是符合耐火完整性、隔热性和防烟性能要求的卷帘，主要包括无机特级防火卷帘和水雾式钢质特级防火卷帘。水雾式钢质特级防火卷帘由厂家成套提供设备，其用水量的计算相对简单，以厂家的认证检验报告为准。

126. 采用防火卷帘替代防火墙或防火隔墙有何要求？

答：防火卷帘分为钢质防火卷帘和无机复合双轨双帘防火卷帘等。防火墙或防火隔墙上的较大开口可以采用防火卷帘替代。但应符合下列规定：疏散楼梯间、疏散楼梯间的前室或合用前室、消防电梯前室、避难走道及其前室、疏散走道两侧的隔墙不应采用防火卷帘；建筑高度大于250m的民用建筑中的防火墙或防火隔墙不应采用防火卷帘整体或局部替代；不应采用侧向或水平封闭式及折叠提升式防火卷帘；需要借用相邻防火分区进行疏散，两个防火分区之间的防火墙上不应设置防火卷帘；需要防火分隔的部位长度不大于30m时防火卷帘的宽度不应大于10m，大于30m时防火卷帘的宽度不应大于该部位长度的1/3且不应大于20m；防火卷帘应具有火灾时靠自重关闭的功能；防火卷帘的耐火极限不应低于设置部位墙体的耐火极限。

127. 为什么要尽量减少防火卷帘的使用？

答：防火卷帘主要用于需要进行防火分隔的墙体，特别是防火墙、防火隔墙上因生产、使用等需要开设较大开口而又无法设置防火门时的防火分隔。在实际使用过程中，防火卷帘存在着防烟效果差、可靠性低等问题以及在部分工程中存在大面积使用防火卷帘的现象，导致建筑内的防火分隔可靠性差，易造成火灾蔓延扩大。因此，设计中不仅要尽量减少防火卷帘的使用，而且要仔细研究不同类型防火卷帘在工程中运行的可靠性。

128. 在建筑内自动扶梯周围设置的防火卷帘是否有长度限制？

答：自动扶梯周围设置的防火卷帘没有长度限制。每层自动扶梯防火卷帘围护范围内应设置逃生门，门的净宽度不应小于0.8m，以免影响在扶梯上未及时疏散的人员及时逃生。

129. 疏散楼梯间和前室的隔墙是否可以采用防火卷帘？

答：疏散楼梯间和前室属于人员疏散的室内安全区，应采用耐火极限不低于 2h 的防火隔墙与其他区域分隔，不应采用防火卷帘，不宜采用防火玻璃隔墙。

130. 两步降防火卷帘门是否可以替代疏散门和安全出口门？

答：两步降防火卷帘门，即具有两步关闭性能的防火卷帘，考虑人员疏散时间和防火卷帘的不确定性，不得以此类防火卷帘替代疏散门和安全出口门。

131. 甲类厂房和甲、乙类仓库防火分区之间可以采用防火分隔水幕或防火卷帘吗？

答：除甲类厂房外，规范允许厂房防火分区采用防火分隔水幕或防火卷帘等进行分隔。仓库内防火分区之间的水平分隔必须采用防火墙进行分隔，不能用其他分隔方式替代，这是根据仓库内可能的火灾强度和火灾延续时间，为提高防火分隔的可靠性确定的。特别是甲、乙类物品，着火后蔓延快、火势猛烈，其中有不少物品还会发生爆炸，危害大。要求甲、乙类仓库内的防火分区之间采用不开设门窗洞口的防火墙分隔，且甲类仓库应采用单层结构。

132. 当人员需要通过相邻防火分区疏散时相邻两个防火分区之间的防火分隔是否可以采用防火卷帘？

答：当人员需要通过相邻防火分区疏散时，相邻两个防火分区之间要严格采用防火墙分隔，不能采用防火卷帘、防火分隔水幕等措施替代。

133. 为什么乙类厂房和丙类仓库的防火墙上尽量不要设置防火卷帘？

答：防火卷帘一般用于防火墙、防火隔墙上尺寸较大且在正常使用情况下需保持敞开的开口，其耐火性能不应低于防火分隔部位的耐火性能要求。当乙类厂房和丙类仓库的防火墙上需要设置防火卷帘时，耐火极限不应低于 4h，而防火卷帘产品标准中所规定的防火卷帘最高耐火极限为 3h。因此，乙类厂房和丙类仓库的防火墙上尽量不要设置防火卷帘，确有需要时，应取得国家认可授权检测机构出具的耐火极限不低于 4h 的检验报告。

134. 为什么疏散楼梯间及其前室与其他部位的防火分隔不应采用防火卷帘？

答：疏散楼梯间及前室、疏散走道，均应采用固定围护结构，以强化人们的日常印象，有利于紧急情况下的安全疏散，不得采用防火卷帘、防火分隔水幕等防火分隔措施。另外，防火卷帘的控制受制于火灾报警区域的合理划分和火灾自动报警系统、防火卷帘控制器等的稳定性、可靠性相对较低，也不应作为室内安全区域的分隔设施。

（七）防火玻璃

135. 什么是防火玻璃以及如何使用防火玻璃？

答：防火玻璃具有良好的透光性能和防火性能。主要应用于防火分隔的洞口及中庭等部位，并可部分代替防火墙或防火隔墙。按结构防火玻璃可分为复合防火玻璃和单片防火玻璃。复合防火玻璃（FFB），由两层及两层以上玻璃复合而成或由一层玻璃和有机材料复合而成，并满足相应耐火性能要求的特种玻璃。单片防火玻璃（DFB），由单层玻璃构成，并满足相应耐火性能要求的特种玻璃。按耐火性能可分为隔热型防火玻璃（A 类）和非隔热型防火玻璃（C 类）。隔热型防火玻璃，耐火性能同时满足耐火完整性和耐火隔热性要求的防火玻璃。非隔热防火玻璃，耐火性能仅满足耐火完整性要求的防火玻璃。在建筑内防火分隔部位，当采用防火玻璃时，应采用与防火分隔部位相同耐火等级的 A 类防火玻璃，当采用 C 类防火玻璃时，应设置自动喷水灭火系统（即防护冷却系统）进行保护。在建筑内上、下层相连通的开口部位（中庭、自动扶梯等），当采用防火玻璃时，应采用耐火极限不低于 1h 的 A 类防火玻璃；当采用耐火极限不低于 1h 的 C 类防火玻璃时，应设置自动喷水灭火系统进行保护。同样，在（有顶棚的）步行街两侧建筑的商铺，其面向步行街一侧的围护构件，当采用防火玻璃时，也应符合以上规定。在建筑外墙上、下开口之间，当设置实体墙和防火挑檐确有困难时，可设置 C 类防火玻璃墙，高层建筑的防火玻璃墙的耐火完整性不应低于 1h，多层建筑的防火玻璃墙的耐火完整性不应低于 0.5h。

136. 当采用防护冷却系统保护防火卷帘、防火玻璃墙等防火分隔设施时，应符合哪些规定？

答：系统应独立设置。喷头设置高度不应超过 8m；当设置高度为 4—8m 时，应采用快速响应洒水喷头；喷头设置高度不超过 4m 时，喷水强度不应小于 0.5L/（s·m）；当超过 4m 时，每增加 1m，喷水强度应增加 0.1L/（s·m）；喷头设置应确保喷洒到被保护对象后布水均匀，喷头间距应为 1.8—2.4m；喷头溅水盘与防火分隔设施的水平距离不应大于 0.3m；持续喷水时间不应小于系统设置部位的耐火极限要求。

137. 为什么防火卷帘和防火玻璃仅可应用于防火墙局部洞口？

答：防火墙任一侧的建筑结构或构件以及物体受火作用发生破坏或倒塌并作用到防火墙时，防火墙应仍能阻止火灾蔓延至防火墙的另一侧。很明显，防火卷帘、防火玻璃等非承重防火分隔构件无法满足防火墙性能要求。因此，防火卷帘、防火玻璃等仅可应用于防火墙局部洞口。

138. 是否可以采用防火卷帘和防火玻璃墙替代防火墙？

答：防火墙的耐火极限应满足耐火完整性、隔热性和承载能力的要求。防火墙应直接设置在建筑的基础上，或建筑中耐火极限不低于防火墙耐火极限的框架、梁等承重结构上，不应直接设置在耐火极限不低于防火墙耐火极限的楼板上。防火墙的构造应使其能在火灾中保持足够的稳定性能，并发挥隔烟阻火作用，不会因高温或邻近结构破坏等作用而引起防火墙的倒塌或被破坏。在大部分场所中，可以采用防火卷帘或 A 类防火玻璃墙局部替代。

139. 用于保护防火卷帘或防火玻璃墙的自动喷水灭火系统能否与建筑内其他区域的自动喷水灭火系统共用一个系统？

答：用于保护防火卷帘或防火玻璃墙的自动喷水灭火系统不能与建筑内其他区域的自动喷水灭火系统共用一个系统。其他区域的自动喷水灭火系统的持续喷洒时间按 1h 设计，而用于保护防火卷帘或防火玻璃的自动喷水灭火系统的持续喷水时间需要按照防火分隔部位的耐火时间决定。并且，两种用途的自动喷水灭火系统的用水量、工作压力、喷水强度也是不一样的。

140. 采用防火玻璃墙代替防火墙或防火隔墙时，有何要求？

答：防火玻璃墙是由防火玻璃、镶嵌框架和防火密封材料组成，在一定时间内满足一定耐火性能要求的非承重墙。防火玻璃按照其耐火性能可分为隔热型防火玻璃（A 类）和非隔热型防火玻璃（C 类）。防火墙可以局部采用防火玻璃墙替代，不宜全部采用防火玻璃墙；防火隔墙可以整体采用防火玻璃墙替代；建筑高度大于 250m 的建筑，不应采用防火玻璃墙整体或局部替代防火墙或防火隔墙。防火墙应采用 A 类防火玻璃墙，不应采用 C 类防火玻璃墙。防火隔墙也应采用 A 类防火玻璃墙，当隔墙另一侧无可燃物或者采用 C 类防火玻璃墙不会因热辐射作用引燃另一侧的可燃物时，可以采用无防护冷却系统保护的 C 类防火玻璃墙；否则，C 类防火玻璃墙应采用防护冷却系统保护。

（八）保温

141. 除设有人员密集场所的建筑、老年人照料设施外，与装饰层之间无空腔的外墙外保温系统的保温材料燃烧性能是如何规定的？

答：与装饰层之间无空腔的外墙外保温系统：住宅多层不应低于 B2 级，高层不应低于 B1 级，超高层不应低于 A 级；其他建筑多层不应低于 B2 级，不超过 50m 不应低于 B1 级，超过 50m 不应低于 A 级。设置 B1、B2 级保温材料时，窗户的耐火完整性不应低于 0.5h，并应每层设置高度不小于 300mm 的防火隔离带。

142. 外墙外保温系统中保温材料的燃烧性能为B1或B2级的建筑，要求其外窗的耐火完整性不低于0.5h，此规定对窗框、胶条、玻璃有何要求？

答：除采用 B1 级保温材料且建筑高度不大于 24m 的公共建筑或采用 B1 级保温材料且建筑高度不大于 27m 的住宅建筑，其外窗可以不要求耐火完整性不低于 0.5h 外，其他建筑的外墙外保温系统采用 B1 级或 B2 级燃烧性能的保温材料时，外窗的耐火完整性均不应低于 0.5h。此规定要求窗框、密封胶条和窗玻璃等一体的耐火完整性能均应符合《镶玻璃构件耐火试验方法》（GB/T12513—2006）规定的测试方法和判定标准。常用塑钢窗、断桥铝合金窗难以满足此耐火性能的要求。

143. 对于有特殊使用功能或性能要求的场所（如室内滑雪），建筑保温材料如何确定？

答：室内滑雪等低温冰雪娱乐场所，建筑的外墙多采用内保温系统，其保温系统中保温材料的燃烧性能及保温系统的构造应按照人员密集场所的要求确定。对于一些采用不燃性保温材料难以满足功能和性能要求的场所，在当前尚无专项标准的情况下，可以参照冷库的内保温技术要求确定，但应按照国家有关规定经专项论证或评审。

144. 建筑的外保温系统采用燃烧性能为B1或B2级的保温材料时，应在保温材料的表面设置保护层，当在外墙上干挂石材时是否还需做防护层？

答：当保温材料与干挂石材之间无空腔时，该石材可以视为保温系统的防护层。当保温材料与干挂石材之间有空腔时，应在保温材料外按照要求设置防护层。实际上，在外墙上干挂石材时，总是会在石材与保温系统之间存在一定的间隙，因此，应在保温材料的表面设置防护层。

六、安全疏散与避难设施

以下内容包括：安全出口、疏散距离、疏散宽度、疏散门、疏散楼梯、避难层、避难间、避难走道等方面的相关问题。

（一）安全出口

145. 疏散出口与安全出口的区别是什么？

答：疏散出口，建筑中在火灾时供人员逃离着火区域或建筑的出口，包括安全出口和房间疏散门。安全出口，供人员安全疏散用的楼梯间和室外楼梯的出入口或直通室内、室外安全区域的出口。安全出口是疏散出口的一种形式，常见的安全出口有：（1）通向室内安全区域的出口，主要包括：敞开楼梯间入口、封闭楼梯间入口、防烟楼梯间及前室入口、避难走道及前室入口、室外疏散楼梯入口等。（2）直接通向室外安全区域的出口，主要包括：房间直通室外的出口、疏散走道直通室外的出口和疏散楼梯间直通室外的出口、符合条件的连廊和天桥出口、符合条件的下沉广场出口等。（3）符合条件的上人屋面和平台，当满足室外或室内安全区域的条件时，通向上人屋面和平台的出口，可视为安全出口。（4）实际应用中，还存在其他形式的安全出口，比如，在一定条件下利用通向相邻防火分区的甲级防火门作为安全出口等。

146. 安全出口的设置数量有何规定？

答：公共建筑内每个防火分区或一个防火分区的每个楼层安全出口的数量应经计算确定且不应少于 2 个。除儿童场所外，面积不超过 200m² 人数不超过 50 人的单层公共建筑或多层公共建筑的首层，可以设置一个安全出口。

147. 同一房间或防火分区相邻2个出口应如何布置？

答：要求同一房间或防火分区内的出口布置，应能使同一房间或同一防火分区内最远点与其相邻 2 个出口中心点连线的夹角不小于 45°，以确保相邻出口用于疏散时安全可靠。

148. 商业服务网点的疏散楼梯和安全出口应如何设置？

答：商业服务网点：当首层的建筑面积大于 200m² 时，首层需要设置 2 个安全出口，二层可以通过 1 部楼梯到达首层；当首层和二层的面积都不大于 200m² 时，首层可以设置 1 个安全出口，二层可以通过 1 部楼梯到达首层；当二层的面积大于 200m² 时，二层需要设置 2 部疏散楼梯，首层需要设置 2 个安全出口。

149. 儿童场所的疏散楼梯和安全出口应如何设置？

答：儿童指 12 周岁及以下，幼儿指 3—6 岁，婴幼儿指 3 岁以下。《托儿所、幼儿园建筑设计规范》（JGJ39—2016）规定，4 个班及以上托儿所、幼儿园建筑应独立设置，3 个班及以下可与居住、养老、教育和办公建筑合建，但应设置独立的疏散楼梯和安全出口。位于高层建筑内的儿童活动场所，其安全出口和疏散楼梯应全部独立设置。位于单、多层内宜设置独立的安全出口和疏散楼梯，至少设置一个独立的。

150. 设置在其他建筑内的儿童活动场所安全出口和疏散楼梯的设置要求？

答：儿童活动场所主要指设置在建筑内的儿童乐园、儿童培训班、早教中心等类似用途的场所。这些场所与其他功能的场所混合建造时，不利于火灾时儿童疏散和灭火救援，应严格控制。设置在高层建筑内时，一旦发生火灾，疏散更加困难，要进一步提高疏散的可靠性，避免与其他楼层和场所的疏散人员混合，故规范要求这些场所的安全出口和疏散楼梯要完全独立于其他场所，不与其他场所内的疏散人员共用。

151. 规范对借用安全出口有何规定？

答：公共建筑内的安全出口全部直通室外有困难的防火分区，可利用通向相邻防火分区的甲级防火门作为安全出口。应采用防火墙与相邻防火分区进行分隔，面积不大于 1000m² 的防火分区直通室外的安全出口不应少于 1 个，面积大于 1000m² 的防火分区不应少于 2 个。借用宽度不应大于所需宽度的 30%，每层总宽度不应减少。

152. 顶部有局部升高楼层的建筑，其高出部分直通建筑主体上人屋面的安全出口与该上人屋面通向地面的疏散楼梯入口的水平距离是否要求不小于5m？

答：在顶部有局部升高楼层的建筑，主体屋面符合上人屋面要求时，可作为室外疏散安全区，局部升高楼层开向该上人屋面的疏散出口可以作为安全出口。上人屋面通向地面的疏散楼梯也是安全疏散路径。上人屋面通向地面的疏散楼梯入口，实际上是局部升高楼层开向上人屋面的安全出口的延续，是经过一段敞开的疏散通道连接的安全出口。所以，两个口之间的距离不作要求。

153. 公共建筑内疏散门、安全出口门、疏散走道和疏散楼梯的净宽度是如何要求的？

答：公共建筑内疏散门和安全出口的净宽度不应小于 0.8m，疏散走道和疏散楼梯的净宽度不应小于 1.1m。高层公共建筑疏散楼梯、楼梯间的首层疏散门、首层疏散外门的宽度不应小于 1.2m。

154. 设置在丙类厂房和丙丁类库房内办公室、休息室安全出口应如何设置？

答：丙类厂房内的办公室、休息室应至少设置 1 个独立的安全出口，其余的安全出口可以与生产作业区共用。丙、丁类库房内的办公室、休息室其安全出口应独立设置。

155. 仓库、厂房相邻的防火分区是否可以共用安全出口或疏散楼梯间?

答：仓库中同层的不同防火分区（独立的储存间）可以共用安全出口或疏散楼梯间。不同储存间应通过疏散走道共用楼梯间。厂房中同层相邻的防火分区可以共用同一个安全出口或疏散楼梯间。为确保防火分区分隔的可靠性，不同防火分区共用的疏散楼梯间应采用防烟楼梯间，并确保人员分别从位于不同防火分区的前室进入。

156. 建筑高度大于27m不大于54m的住宅，当只有一个单元并且只设置一部通至屋面的楼梯，户门采用乙级防火门，是否每层需要设置2个安全出口?

答：建筑高度大于 27m 不大于 54m 的住宅，当只有一个单元并且只设置一部楼梯，户门采用乙级防火门时，其楼梯通至屋面即可，不要求每层均设置 2 个安全出口，但屋面应满足人员临时避难的要求，避难人数可以按照本单元每户 5 人考虑，避难面积宜按照每人不小于 $0.25m^2$ 计算确定。

157. 建筑通向天桥或连廊的门能否作为安全出口?

答：建筑通向天桥或连廊的门可以作为建筑的安全出口。但应符合下列规定：应采用不燃性材料建造；仅用于人员通行，不能用于其他具有火灾危险性的用途，如设置商铺、摊位等；两端与建筑物相通的开口应采取防火分隔措施，天桥、连廊周围不应有危及其人员疏散安全的情况，如在天桥、连廊下方或相邻部位不宜开设门窗洞口，或对这些开口采取相应的防护措施。

（二）疏散距离

158. 疏散距离的控制原则是什么?

答：疏散距离的控制，通常是指危险区域和次危险区域的疏散距离控制。进入室内安全区域，即可认为到达安全地点，不再考虑室内安全区域至室外的距离和时间，也就是说，只需要考虑危险区域和次危险区域的疏散距离和时间。依此，室内任意点达到室外的疏散距离和时间，可简化为室内任意点达到室内或室外安全出口的疏散距离和时间。为方便应用，现行标准明确了室内任意一点至安全出口的疏散距离，并以此作为疏散设计指标。疏散距离均为直线距离，通常不考虑设备、车辆、家具及办公桌椅等障碍物的影响，但需要考虑墙体遮挡的影响。当疏散路线上有此类墙体或隔断时，应按遮挡后的折线距离计算。

159. 规范对安全疏散距离和时间是怎么设定的？

答：依据火灾危险程度，将建筑内外各区域的火灾风险等级分为四级：危险区域、次危险区域、室内安全区域（也称为相对安全区域或室内疏散安全区）、室外安全区域。安全疏散是确保人员在火灾发展到威胁人身安全之前疏散至安全区域，室外安全区域是疏散的目标。通常认为进入室内安全区域即到达安全地点，不再考虑室内安全区域疏散至室外安全区域的距离和时间。

160. 安全疏散的原则是什么？

答：在疏散路径上，风险应逐级降低。不能通过更高风险等级的区域疏散，比如疏散走道通过房间疏散等；禁止安全区域通过危险区域或次危险区域疏散，比如前室通过房间或疏散走道疏散等。现行规范规定的疏散距离是指直线距离，当设备、办公桌椅等障碍物不影响视线时可以不考虑其影响，疏散路线上的墙体或隔断应按遮挡后的折线计算距离。

161. 商业服务网点疏散距离如何确定？

答：商业服务网点每个单元内的任一点至最近直通室外的出口的直线距离，不应大于袋形走道两侧或尽端的房间疏散门至最近安全出口的最大直线距离。楼梯的距离可以按其水平投影长度的 1.5 倍计算。

162. 对于多功能厅、营业厅等大空间场所疏散距离是如何规定的？

答：对于多功能厅、营业厅等大空间场所，室内任一点至最近的疏散门或安全出口的直线距离不应大于30m，当疏散门不能直通室外或疏散楼梯时应采用长度不超过10m的疏散走道直通安全出口。当场所内设有自动喷水灭火系统时，室内任一点至最近安全出口的安全疏散距离可以增加25%。

163. 大型体育馆观众厅内任一点到最近安全出口的距离应符合什么要求？

答：大型体育馆观众厅内任一点到最近安全出口的距离不应大于30m，设置自动喷水灭火系统时，不应大于37.5m。但大型体育馆观众厅的空间高度高，观众厅内可燃物较少，具有良好的视线和疏散条件。因此，其疏散距离还可以根据疏散人数和出口设置情况，在保证人员能在安全疏散时间内疏散完毕的基础上经科学分析和计算后确定，通常会比标准规定的疏散距离大些。这一点与体育馆防火分区最大允许建筑面积可适当增加的要求相呼应。

164. 为什么位于2个安全出口之间，直接开向敞开式外廊的房间疏散门至最近安全出口的距离可以按照规定增加5m？

答：敞开式外廊能使从房间门窗开口处进入外廊的烟气通过自然通风扩散至室外，难以在外廊内积聚，烟气对楼梯间的影响较小。因此，直接开向敞开式外廊的房间疏散门至最近安全出口的直线距离可以按照规定增加5m。

165.《建筑防火通用规范》（GB55037—2022）没有规定仓库内的疏散距离，仓库内的疏散距离是否可以无限大？

答：普通仓库主要用于储存货物，平时使用人数少，人员对室内疏散路线和疏散出口的位置熟悉。为此《建筑防火通用规范》（GB55037—2022）没有规定仓库内的疏散距离，但需要根据仓库的建筑面积设置足够数量的疏散出口，仓库内的疏散距离主要通过控制仓库的疏散门数量和建筑的安全出口数量来保证，因此，仓库内的疏散距离不可能过长，更不会无限大。

166.厂房疏散距离的依据是什么?

答:疏散距离均为直线距离,即室内最远点至最近安全出口的直线距离,未考虑因布置设备而产生的阻挡,但有通道连接或墙体遮挡时,要按其中的折线距离计算。甲类厂房的最大疏散距离定为 30m、25m,是以人的正常水平疏散速度为 1m/s 确定的。乙、丙类厂房较甲类厂房火灾危险性小,火灾蔓延速度也慢些,故乙类厂房的最大疏散距离规范定为 75m。丙类厂房中工作人员较多,人员密度一般为 2 人 /m²,疏散速度取办公室内的水平疏散速度(60m/min)和学校教学楼的水平疏散速度(22m/min)的平均速度(60m/min+22m/min)÷ 2 = 41m/min。当疏散距离为 80m 时,疏散时间需要 2min。丁、戊类厂房一般面积大、空间高,火灾危险性小,人员的可用安全疏散时间较长。

167. 当厂房内全部或部分设置自动喷水灭火系统时,其安全疏散距离是否允许增加?

答:《建筑防火通用规范》(GB55037—2022)对厂房内安全疏散距离的规定值均较大,甚至没有限制一、二级耐火等级单层和多层丁戊类厂房的安全疏散距离。当厂房内全部或部分设置自动喷水灭火系统时,其安全疏散距离均不允许增加。

168. 当建筑内设置气体灭火系统、泡沫灭火系统或自动消防炮时,其安全疏散距离是否可以增加25%?

答:由于气体灭火系统和泡沫灭火系统的灭火方式以全淹没为主,在系统动作前需要人员快速疏散至室外。因此,这些场所内的疏散距离不宜增加。自动消防炮灭火系统在建筑内主要用于需要设置自动喷水灭火系统,但空间高度不满足相应设置要求的场所。因此,在确定建筑内疏散距离时,可以将自动消防炮灭火系统视作自动喷水灭火系统,疏散距离可以按照规定增加 25%。

169. 什么情况下疏散距离可以在规定的基础上增加?

答：建筑的外廊敞开时，其通风排烟、采光、降温等方面的情况较好，对安全疏散有利，疏散距离可在规定的基础上增加5m。建筑物内全部设置自动喷水灭火系统时，疏散距离可按规定值增加25%。一设有敞开式外廊的多层办公楼，当未设置自动喷水灭火系统时，其位于两个安全出口之间的房间疏散门至最近安全出口的疏散距离为 40+5=45（m）；当设有自动喷水灭火系统时，该疏散距离可为 40×（1+25%）+5=55（m）。当某营业厅需采用疏散走道连接至安全出口，且该疏散走道的长度为 10m 时，该场所内任一点至最近安全出口的疏散距离可为 30×（1+25%）+10×（1+25%）=50（m），即营业厅内任一点至其最近出口的距离可为 37.5m，连接走道的长度可以为 12.5m，但不可以将连接走道上增加的长度用到营业厅内。

170. 住宅建筑户内的安全疏散距离是否需要考虑阳台区域的距离?

答：住宅建筑户内的疏散距离应按照户内任一房间内任一点至户门的直线距离确定。建筑内有关疏散距离的要求均基于人员经过烟气疏散时可以行走的最大距离。因此，对于露天阳台或敞开式阳台，人员疏散需经过的可能有烟气作用的区域为室内部分，该距离可以不考虑阳台区域的距离；但封闭式阳台往往属于建筑室内空间的一部分，因此需要将封闭式阳台部分的疏散距离计入户内的安全疏散距离。

171. 如何确定地下民用建筑的安全疏散距离?

答：当埋深大于10m或地下层数为3层及以上时，直通疏散走道的房间疏散门至最近安全出口的疏散距离应比照相应使用功能高层建筑的规定值确定；当埋深小于或等于10m，或者地下部分的层数只有1层或2层时，直通疏散走道的房间疏散门至最近安全出口的疏散距离可以比照相应使用功能单、多层建筑的规定值确定；当设置自动喷水灭火系统时疏散距离可以分别增加25%。

172. 位于T形疏散走道两侧的房间，其疏散门至安全出口的疏散距离应如何确定？

答：位于 T 形疏散走道两侧的房间，其疏散门至安全出口的疏散距离，应按照疏散门至最近一个安全出口的直线距离与其可能经过的袋形走道的长度的 2 倍之和确定。

173. 如何确定房间疏散门至敞开楼梯间的疏散距离？

答：房间疏散门至敞开楼梯间的安全疏散距离应按照房间疏散门至敞开楼梯间入口处的直线距离计算，可以计算至进入楼梯间与疏散走道交界处，而不必计算至楼梯的踏步处。

174. 歌舞娱乐放映游艺场所，当房间疏散门是安全出口时，房间内任一点至安全出口的疏散距离如何确定？

答：歌舞娱乐放映游艺场所中每个房间内任一点至房间直通疏散走道的疏散门的直线距离不应大于9m。当房间的门为安全出口且只有 1 个疏散方向时，房间内任一点至安全出口的直线距离不应大于9m；当房间的门为安全出口且室内任一点均有 2 个疏散方向时，房间内任一点至安全出口的直线距离不应大于18m。

175. 如何确定公共建筑中大空间场所内任一点至疏散楼梯间的疏散距离？

答：当大空间场所的疏散门为安全出口时或通向连通安全出口且长度不大于 10m 的专用疏散走道时，其疏散距离应按照室内最远一点至最近疏散出口的直线距离确定，且不应大于30m，测量时可以不考虑其中不遮挡人员视线的座椅、柜台等障碍物。当敞开空间场所的疏散门不符合上述要求时，其疏散距离应按照室内最远一点至最近疏散出口的直线距离，加上疏散门经疏散走道至最近疏散楼梯间入口或其他安全出口的直线距离之和确定。其中，室内的疏散距离不应大于袋形走道两侧或尽端的疏散门至最近安全出口的直线距离；疏散门至最近安全出口的直线距离不应大于位于两个安全出口之间的疏散门至最近安全出口的直线距离。

176. 采用敞开外廊敞开楼梯间的建筑如何计算房间疏散门至安全出口的疏散距离？

答：敞开外廊的采光通风和排烟降温条件较好，不会对敞开楼梯间造成太大影响。采用敞开外廊敞开楼梯间的建筑，可依敞开式外廊的规定增加疏散距离，不需考虑敞开楼梯间对疏散距离的影响。

（三）疏散宽度

177. 为什么《建筑防火通用规范》（GB55037—2022）未规定仓库疏散楼梯、走道和门的最小净宽度和百人疏散宽度计算指标？

答：仓库内需要疏散的人员数量少，为了满足仓库的使用需要，疏散楼梯、走道和门的宽度都足够大，因此，没有必要规定仓库中疏散楼梯、走道和门的最小净宽度和百人疏散宽度计算指标。

178. 疏散走道净宽度是否需要考虑疏散门开启后的影响？

答：房间疏散门向疏散走道开启时，门在开启后存在减少疏散走道宽度的情形。疏散门如为防火门，应具有自动关闭的功能，如为普通门，在人员出来后也可以被走道上的人员关闭。因此，一般不考虑疏散门开启后对走道宽度减少的影响。但是对于人员密集的场所，尤其是观众厅、歌舞娱乐放映游艺场所、医院以及儿童活动场所等，应考虑向疏散走道一侧开启的疏散门在开启后对疏散走道净宽度的影响，采用增加疏散走道宽度或者改变门的设置位置，使疏散门开启后不侵入走道等方法消除此影响。

（四）疏散门

179. 疏散门有哪些要求？

答：侧拉门、卷帘门、旋转门或电动门，包括帘中门，在人群紧急疏散情况下无法保证安全、快速疏散，不允许作为疏散门。为避免在着火时由于人群惊慌、拥挤而压紧内开门扇，使门无法开启，要求疏散门应向疏散方向开启。考虑到仓库内的人员一般较少且门洞较大，故规定门设置在墙体的外侧时允许采用推拉门或卷帘门，但不允许设置在仓库外墙的内侧，以防止因货物翻倒等原因压住或阻碍而无法开启。对于甲、乙类仓库，因火灾时的火焰温度高、火灾蔓延迅速，甚至会引起爆炸，故强调甲、乙类仓库不应采用侧拉门或卷帘门。

180. 规范对房间疏散门的数量是怎么规定的？

答：房间疏散门的数量：位于安全出口之间及袋形走道两侧的房间面积不超过 $120m^2$ 可以设置一个疏散门，面积超过 $120m^2$ 需要设置 2 个疏散门。位于袋形走道尽端的房间，可以设置 1 个疏散门的条件：（1）房间内任一点至房间门的直线距离不超过 15m、房间面积不超过 $200m^2$ 且房间门宽度不小于 1.4m。（2）房间面积不超过 $50m^2$，房间门的宽度不小于 80cm（儿童、老年人、学校教室、医院病房除外）。

181. 公共建筑中位于两个安全出口之间的房间，当房间内任一点至疏散门的直线距离不大于15m、建筑面积不大于200m²且疏散门的宽度不小于1.4m时，可否设置1个疏散门？

答：公共建筑中位于两个安全出口之间的房间，尽管相对走道尽端的房间具有更有利的疏散条件，但也具有设置多个疏散门的条件。因此，当此类房间内任一点至疏散门的直线距离不大于 15m、建筑面积不大于 $200m^2$ 且疏散门的净宽度不小于 1.4m 时，应至少设置 2 个疏散门，不允许设置 1 个疏散门。

182. 托儿所、幼儿园、老年人照料设施房间疏散门数量是怎样规定的?

答:托儿所、幼儿园、老年人照料设施的儿童、老年人用房均不应设置在袋形走道的尽端。当位于两个安全出口之间或袋形走道两侧的房间,面积小于等于50m²时,允许设置 1 个疏散门。

183. 为什么仓库的疏散门均应向疏散方向开启?

答:仓库因疏散门数量较少,疏散距离较长,为确保火灾时人员快速疏散,除允许采用推拉门或卷帘门外,仓库的疏散门均应向疏散方向开启。

184. 房间中相邻两个疏散门最近边缘的水平距离不足5m,是否可以采用在两个疏散出口之间增加隔墙的方式来满足要求?

答:当房间的相邻两个疏散门最近边缘的水平距离不足 5m 时,在两个疏散门之间增加隔墙后,没有改变房间内最远一点至最近两个疏散门的连线所形成的夹角大小。因此,采用在两个疏散门之间增加隔墙的方法,虽然人员的行走距离大于 5m,但不能解决该房间只有一个疏散方向的本质问题。这种做法仍不能满足这两个疏散门作为两个独立疏散门使用的要求。

185. 公共建筑的房间疏散门是否可以直接开向疏散楼梯间?

答:公共建筑,除加压送风口、楼梯间的出入口和外窗外,其他开口不应直接开向封闭楼梯间或防烟楼梯间,应通过疏散走道与疏散楼梯间连接。当房间疏散门作为安全出口并直接开向疏散楼梯间时,应采用封闭楼梯间或防烟楼梯间,不应采用敞开楼梯间。

186. 除非设置2个疏散门外哪些房间不能布置在走道的尽端?

答:对于托儿所、幼儿园、老年人照料设施、医疗建筑、教学建筑内位于走道尽端的房间,需要设置 2 个及以上的疏散门;当不能满足此要求时,不能将此类用途的房间布置在走道的尽端。

187. 电影院和体育馆疏散门的数量是怎么规定的？

答：疏散门数量的规定，是以人员从一、二级耐火等级建筑的观众厅疏散出去的时间不大于 2min，从三级耐火等级建筑的观众厅疏散出去的时间不大于 1.5min 为原则确定的。根据这一原则，规范规定了每个疏散门的疏散人数，电影院每个疏散门的平均疏散人数不应超过 250 人，体育馆每个疏散门的平均疏散人数不宜超过 400—700 人。剧场、电影院等观众厅的疏散门宽度多在 1.65m 以上，即可通过 3 股疏散人流。这样，一座容纳人数不大于 2000 人的剧场或电影院，如果池座和楼座的每股人流通过能力按 40 人 /min 计算（池座平坡地面按 43 人 /min，楼座阶梯地面按 37 人 /min），则 250 人需要的疏散时间为 250/（3×40）≈ 2.08（min），与规定的控制疏散时间基本吻合。体育馆的室内空间体积比较大，火灾时的火场温度上升速度和烟雾浓度增加速度，要比在剧场、电影院、礼堂等的观众厅内的发展速度慢。因此，可供人员安全疏散的时间也较长。在疏散设计上，由于受座位排列和走道布置等技术和经济因素的制约，使得体育馆观众厅每个疏散门平均负担的疏散人数要比剧场和电影院的多。

188. 疏散门可以设置门槛吗？

答：采用带门槛的疏散门，紧急情况下人流往外拥挤时很容易被绊倒，影响人员安全疏散，甚至造成伤亡。门内外各 1.4m 范围内不应设置踏步，尽量采用坡道。

189. 有顶的步行街，如何设置两侧面向步行街商铺的疏散门？

答：用于人员疏散安全区的步行街两侧面向步行街的商铺，当建筑面积小于或等于 120m² 时，可以设置 1 个疏散门；当建筑面积大于 120m² 时，应至少设置 2 个疏散门。同一个商铺内相邻两个疏散门的位置视商铺的形状而定，一般应位于相对的两个不同方位；当只能在一个方向设置时，相邻两个疏散门最近边缘之间的水平距离不应小于 5m，且商铺内任一点至两个疏散门中心连线间的夹角需大于 30°。

190. 如何确定疏散门的净宽度？

答：疏散门的净宽度，对于单扇门，应为门扇开启90°时从门框边缘至门表面的最小水平净距；对于双扇门，应为双扇门分别开启90°时相对两扇门表面之间的最小水平净距。

191. 在建筑首层外墙上对应于上部各层通向室外疏散楼梯的疏散门位置处是否可以开设门？

答：为确保室外疏散楼梯的安全性，不宜在首层室外疏散楼梯周围2m范围内开设门，确需开设疏散门时，应采用乙级防火门，且不得影响楼梯人员疏散。

192. 疏散门的设置有何要求？

答：厂房和民用建筑的疏散门应采用向疏散方向开启的平开门，不应采用推拉门、卷帘门、吊门、转门和折叠门。除甲乙类厂房外，人数不超过60人且每樘门的疏散人数不超过30人的房间，其开启方向不限。开向楼梯间的门不应减少楼梯平台的有效宽度。需要控制人员随意出入的疏散门和安全出口，应保证在火灾时不需要使用钥匙等任何工具即能从内部易于打开，并在显著位置设置使用标识。

193. 设置在其他建筑内的柴油发电机房，其疏散门是否应直通室外或安全出口？

答：设置在其他建筑内的柴油发电机房，虽然《建筑防火通用规范》（GB55037—2022）等国家标准没有明确规定其疏散门是否要直通室外或安全出口，但柴油发电机房属于应急使用的设备，其储油间具有较大的火灾危险性。因此，比照变压器室的疏散门设置要求，尽量直通室外或安全出口。

194. 疏散门与安全出口的区别是什么？

答：疏散门是房间直接通向疏散走道的房门、直接开向疏散楼梯间的门（如住宅的户门）或室外的门，不包括套间内的隔间门或住宅套内的房间门；安全出口是直接通向室外的房门或直接通向室外疏散楼梯、室内的疏散楼梯间及其他安全区的出口，是疏散门的一个特例。

195. "疏散门应直通室外"与"疏散门应直通安全出口"的区别是什么？

答："疏散门应直通室外"要求进出泵房的人员不需要经过其他房间或使用空间而可以直接到达建筑外，开设在建筑首层门厅大门附近的疏散门可以视为直通室外；"疏散门应直通安全出口"要求泵房的门通过疏散走道直接连通到进入疏散楼梯（间）或直通室外的门，不需要经过其他空间。

（五）疏散楼梯

196. 建筑内楼梯的设置有何规定？

答：除通向避难层错位的疏散楼梯外，建筑内疏散楼梯间在各层的水平位置不应改变。楼梯间应能天然采光和自然通风，并宜靠外墙设置。楼梯间、前室及合用前室外墙上的窗户与两侧门窗洞口的距离不应小于1m。楼梯间内不应设置烧水间、可燃物品储藏室和垃圾道。楼梯间内不应有影响疏散的凸出物和其他障碍物。封闭楼梯间、防烟楼梯间及其前室不应设置防火卷帘。楼梯间内不应设置甲、乙、丙类液体管道。封闭楼梯间、防烟楼梯间及其前室内禁止设置可燃气体管道。不能自然通风的封闭楼梯间应设置机械加压送风系统或采用防烟楼梯间。封闭楼梯间除楼梯间的出入口和外窗外不应开设其他门窗洞口；封闭楼梯间的门应采用乙级防火门，并应向疏散方向开启，直通屋面的楼梯间门应向屋面开启。

197. 为什么在计算疏散门和疏散楼梯宽度时首先要确定疏散人数？

答：疏散人数的确定是建筑疏散设计的基础参数之一，不能准确计算建筑内的疏散人数，就无法合理确定建筑中各区域疏散门或安全出口和建筑内疏散楼梯所需要的有效宽度。

198. 为什么疏散楼梯在避难层处应进行分隔？

答："疏散楼梯应在避难层分隔、同层错位或上下层断开"，是为了使需要避难的人员不错过避难层（间）。其中，"同层错位和上下层断开"的方式是强制避难的做法，此时人员均须经避难层方能上下；"疏散楼梯在避难层分隔"的方式，可以使人员选择继续通过疏散楼梯疏散还是前往避难区域避难。当建筑内的避难人数较少而不需将整个楼层用作避难层时，除火灾危险性小的设备用房外，不能用于其他使用功能，并应采用防火墙将该楼层分隔成不同的区域。从非避难区进入避难区的部位，要采取措施防止非避难区的火灾和烟气进入避难区，如设置防火隔间。

199. 采用敞开楼梯间还是封闭楼梯间由哪些因素决定？

答：与敞开式外廊相连通的楼梯间，由于具有较好的防止烟气进入的条件，可以不设置封闭楼梯间。需要设置封闭楼梯间的建筑，无论其楼层面积多大均要考虑采用封闭楼梯间，而与该建筑通过楼梯间连通的楼层的总建筑面积是否大于一个防火分区的最大允许建筑面积无关。剧场、电影院、礼堂、体育馆属于人员密集场所，楼梯间的人流量较大，使用者大都不熟悉内部环境，因此未规定剧场、电影院、礼堂、体育馆的室内疏散楼梯应采用封闭楼梯间。但当这些场所与其他功能空间组合在同一座建筑内时，则其疏散楼梯的设置形式应按其中要求最高者确定，或按该建筑的主要功能确定。如电影院设置在多层商店建筑内，则需要按多层商店建筑的要求设置封闭楼梯间。

200. 为什么独立建造的多层幼儿园建筑国家相关标准不要求设置封闭楼梯间？

答：婴幼儿的应激反应和行为能力均较成年人弱，火灾时需要他人帮助疏散。不仅疏散时间较正常成年人长，而且开启防火门的力一般需要 90—130N，因而在疏散路径上设置防火门不利于婴幼儿的疏散。为此，国家相关标准不要求多层幼儿园建筑的疏散楼梯采用封闭楼梯间。

201. 楼梯和门计算宽度原则是什么？

答：当以门宽为计算宽度时，楼梯的宽度不应小于门的宽度；当以楼梯的宽度为计算宽度时，门的宽度不应小于楼梯的宽度。

202. 为什么要求楼梯间应能天然采光和自然通风？

答：楼梯间有天然采光条件的要首先采用天然采光，以尽量提高楼梯间内照明的可靠性。楼梯间要尽量采用自然通风，以提高排除进入楼梯间内烟气的可靠性。楼梯间窗口（包括楼梯间的前室或合用前室外墙上的开口）与两侧的门窗洞口之间要保持必要的距离，主要为确保疏散楼梯间内不被烟火侵袭。

203. 不能自然通风的封闭楼梯间应采用何种方式防烟？

答：对于自然通风或自然排烟口不能符合防排烟系统设计标准的封闭楼梯间，可以采用设置防烟前室或直接在楼梯间内加压送风的方式实现防烟目的。

204. 敞开楼梯间和建筑高度小于27m的住宅的楼梯间是否需要设置疏散照明？

答：建筑在发生火灾后，一般会要求或需要切断正常照明。疏散照明是保证人员在火灾时快速安全疏散的重要设施，各类建筑，无论是单层、多层或高层建筑，还是地下或半地下建筑，不管疏散楼梯间是封闭楼梯间、防烟楼梯间或者敞开楼梯间，是设置在建筑外墙上还是在室内，均应在建筑的疏散走道、避难走道、疏散楼梯间、楼梯间和消防电梯的前室或合用前室内设置疏散照明。

205. 二类高层住宅的楼梯出入口是否需要设置灯光疏散指示标志？

答：根据《建筑防火通用规范》（GB55037—2022）的规定，二类住宅楼梯的出入口和疏散走道上，可以不设置灯光疏散指示标志。人员疏散主要依靠设置在楼梯间内和疏散走道上的疏散照明引导。但是为使人员在建筑发生火灾时能尽快安全疏散，有条件的住宅还是要尽量设置灯光疏散指示标志，特别是内疏散走道较长的住宅。

206. 在建筑的疏散楼梯间及其前室内能否设置电表，有何具体的防火要求？

答：尽管《建筑防火通用规范》（GB55037—2022）没有限制在建筑的疏散楼梯间及其前室内设置电表，但要尽量避免将电表设置在楼梯间内。必须设置时，要采取不燃材料制作的电表箱等防护措施，在线路进出墙体处采取防火封堵措施。

207. 防烟楼梯间的前室有哪些要求？

答：当采用开敞式阳台或凹廊等防烟空间作为前室时，阳台或凹廊等的使用面积也要满足前室的有关要求。防烟楼梯间在首层直通室外时，其首层可不设置前室。对于防烟楼梯间在首层难以直通室外，可以采用在首层将火灾危险性低的门厅扩大到楼梯间的前室内，形成扩大的防烟楼梯间前室。对于住宅建筑，由于平面布置难以将电缆井和管道井的检查门开设在其他位置时，可以设置在前室或合用前室内，但检查门应采用乙级防火门。

208. 地上与地下共用楼梯间有什么要求？

答：除通向避难层且需错位的疏散楼梯和建筑的地下室与地上楼层的疏散楼梯外，其他疏散楼梯在各层不能改变平面位置或断开。为防止烟气和火焰蔓延到建筑的上部楼层，同时避免建筑上部的疏散人员误入地下楼层，要求地上楼梯间与地下楼梯间在首层应采用耐火极限不低于 2h 且无开口的防火隔墙分隔，并设置明显的疏散指示标志。

209. 为什么地下建筑不能采用敞开楼梯间？

答：对于地上建筑，当疏散设施不能使用时，紧急情况下还可以通过阳台以及其他的外墙开口逃生，而地下建筑只能通过疏散楼梯垂直向上疏散。因此，要确保人员进入疏散楼梯间后的安全，要采用封闭楼梯间或防烟楼梯间。

210. 当采用剪刀楼梯间需要注意什么?

答：当剪刀楼梯间共用前室时，进入剪刀楼梯间前室的入口应该位于不同方位，不能通过同一个入口进入共用前室，入口之间的距离仍要不小于5m；在首层的对外出口，要尽量分开设置在不同方向。当首层的公共区无可燃物且首层的户门不直接开向前室时，剪刀梯在首层的对外出口可以共用，但宽度需满足人员疏散的要求。

211. 住宅建筑中共用前室的楼梯间，在首层是否可以共用一个对外出口?

答：住宅建筑中共用前室的楼梯间，在首层的对外出口，要尽量分开设置在不同的方向。当首层的公共区无可燃物且首层的户门不直接开向前室，剪刀楼梯在首层的对外出口可以共用，但疏散净宽度需满足人员疏散的要求。

212. 别墅和跃层式住宅的户内楼梯，需要满足《建筑防火通用规范》（GB55037—2022）住宅疏散楼梯的最小净宽度1.0m的要求吗?

答：别墅和跃层式住宅的户内楼梯仅供户内居民使用，属于户内疏散通道的一部分，不属于室内疏散安全区（公共疏散楼梯）。《建筑防火通用规范》（GB55037—2022）中关于住宅建筑疏散楼梯的最小净宽度要求都是指位于每个住户外的公共楼梯，不是指户内楼梯。因此，户内楼梯的宽度可以按照《住宅设计规范》（GB50096—2011）中有关套内楼梯的规定确定，不需要满足《建筑防火通用规范》（GB55037—2022）有关住宅建筑中疏散楼梯的最小宽度要求。

213. 避难走道直通室外地面的出口处需要设置楼梯时，是否需要设置为封闭楼梯间或者防烟楼梯间?

答：避难走道主要用于解决进深大、单层面积大或地下建筑中受地面条件限制难以设置直通地面出口的区域的人员疏散问题。本质上，避难走道的功能和防火、防烟性能与建筑竖向的防烟楼梯间基本相当。避难走道在建筑内进入避难走道处设置了防烟前室，较长的避难走道内还设置了防烟设施。避难走道如需采用楼梯间通至室外时，该楼梯间不应在建筑的其他楼层设置开口，而应直接通向室外地面，即该楼梯间是为解决避难走道所在地面与出口处室外地面之间高差所设置的台阶。不需要设置成封闭楼梯间或防烟楼梯间的形式。

214. 爆炸危险区域内的楼梯及有爆炸危险的区域与相邻区域连通应采取何种防护措施？

答：爆炸危险区域内的楼梯间、室外楼梯，有爆炸危险的区域与相邻区域连通处应设置门斗等防护措施。门斗的隔墙应采用耐火极限不低于 2h 的防火隔墙，门应采用甲级防火门并应与楼梯间的门错位设置。

215. 疏散楼梯间的自然通风设施无法满足要求时应如何处理？

答：疏散楼梯间应设置防烟设施，防烟设施包括自然通风设施和机械加压送风设施。当敞开楼梯间的自然通风设施无法满足要求时，应采用封闭楼梯间；当封闭楼梯间的自然通风设施无法满足要求时，应设置机械加压送风设施或采用防烟楼梯间。

216. 当地下楼层的疏散楼梯间不能直通室外安全区域时应如何处理？

答：地下楼层的疏散楼梯间与地上楼层的疏散楼梯间，应在直通室外地面的楼层采用耐火极限不低于 2h 且无开口的防火隔墙分隔，地下楼层的疏散楼梯间应直通室外安全区域。当地下楼层的疏散楼梯间确因条件限制难以直通室外时，可在首层通过与地上楼层疏散楼梯共用的门厅直通室外。门厅的设置应满足扩大前室的相关要求，地下楼层的疏散楼梯间出口与地上楼层的疏散楼梯间出口应位于不同方位，以尽量减少地下楼层火灾烟气对地上楼层的影响，同时防止地上楼层向下疏散的人员误入地下楼层的疏散楼梯间。

217. 为什么位于高层建筑内的儿童活动场所疏散楼梯应独立设置？

答：儿童活动场所与其他场所共用疏散楼梯时，不利于儿童疏散和消防救援，应严格控制，避免儿童与其他场所的疏散人群混合。设置在高层建筑第三层的儿童活动场所，疏散楼梯应独立设置，不得在第二层、第一层开设连通门或疏散门。当儿童活动场所的疏散楼梯独立设置时，可以采用敞开楼梯间。

218. 层数不超过4层的多层汽车库是否可以将疏散楼梯间在首层的出口设置在距离直通室外的门不大于15m处？

答：标准对汽车库内的人员疏散距离规定比较大，因此对于层数不超过4层的多层汽车库，楼梯间在首层应直通室外，或在首层通过扩大的封闭楼梯间或扩大的前室解决疏散楼梯间在首层不能直通室外的问题。不应将疏散楼梯间在首层的出口设置在距离直通室外的门不大于15m处。

219. 室外钢质楼梯的耐火保护应该怎样做？

答：因为防火涂料容易损坏或脱落，不宜应用于有振动及有摩擦的场所。所以室外钢质楼梯的人行接触面可采用外包钢筋混凝土及面砖，无接触面可以采用喷涂防火涂料。

220. 通风和空调系统的风管是否能穿越疏散楼梯、楼梯间的前室、消防电梯前室？

答：建筑内的疏散楼梯间、楼梯间的前室是人员的疏散安全区，消防电梯前室是消防救援人员进入建筑的重要安全区，必须确保疏散楼梯间、楼梯间前室和消防电梯前室在火灾时的安全，防止烟气和火势蔓延进入其中。通风和空调系统中的风管连接建筑内不同空间或房间，这些管道通常不具备足够的防火性能，容易成为烟气或火势蔓延的通道。因此，不允许通风和空调系统的管道穿越上述部位，以防止将火灾或烟气引入上述这些部位。

221. 当歌舞娱乐放映游艺场所与其他使用功能的场所在同一楼层共用疏散楼梯间时，其他场所是否允许经过歌舞娱乐放映游艺场所疏散？

答：相对于其他使用功能的场所，歌舞娱乐放映游艺场所的火灾危险性更大。当歌舞娱乐放映游艺场所与其他使用功能的场所在同一楼层共用疏散楼梯间时，疏散楼梯应设置在火灾危险性较低的功能区域内，与歌舞娱乐放映游艺场所连通的疏散门应向疏散方向（即火灾危险性低的使用功能区域）开启。其他使用功能的场所应与歌舞娱乐放映游艺场所分隔，且不应经过歌舞娱乐放映游艺场所疏散。

222. 住宅建筑疏散楼梯间的前室和合用前室设置需要符合什么要求？

答：（1）住宅建筑中的户门尽量不要直接开向疏散楼梯间的前室、剪刀楼梯间的共用前室、疏散楼梯间与消防电梯合用的前室、剪刀楼梯间共用前室与消防电梯合用的前室。（2）当户门需要直接开向楼梯间的前室时，一个住宅单元内同层开向前室的门不应大于3樘，且开向前室的门应采用甲级或乙级防火门，关闭状态下具有良好的烟密闭性能。（3）住宅建筑中疏散楼梯间的前室要尽量各自独立设置，不与消防电梯合用前室。疏散楼梯间独立设置的前室，其使用面积不应小于 $4.5m^2$；当疏散楼梯间的前室与消防电梯的前室合用时，使用面积不应小于 $6m^2$，合用前室的短边（正对消防电梯部位的尺寸）不应小于2.4m。（4）采用剪刀楼梯间的住宅建筑，其前室要尽量独立设置。当剪刀楼梯间的两部楼梯共用前室时，共用前室的使用面积不应小于 $6m^2$。（5）当剪刀楼梯间的共用前室与消防电梯的前室合用时，三合一前室的使用面积不应小于 $12m^2$，前室短边不应小于2.4m。（6）除剪刀楼梯间的共用前室和两个采用室外敞开式连廊连通的前室外，楼层上的人员不允许穿过一座楼梯间的前室进入另一座楼梯间的前室进行疏散。

223. 一座二级耐火等级的3层商店，当每层的建筑面积小于1000m²且设置自动喷水灭火系统和火灾自动报警系统时，是否可以3层作为一个防火分区而不采用封闭楼梯间？

答：对于多层商店建筑，除直接与外廊连接的疏散楼梯间可以不封闭外，其他疏散楼梯间均应采用封闭楼梯间。疏散楼梯间的形式与建筑的层数、高度和使用用途直接相关，与建筑每层的建筑面积或总建筑面积关系不大。因此，尽管该商店建筑 3 层的总建筑面积小于 3000m²，可以 3 层划分为同一个防火分区，但每层的疏散楼梯间仍应为封闭楼梯间，不应采用敞开楼梯间。

224. 具有敞开式外廊的高层公共建筑，是否可以采用封闭楼梯间或敞开楼梯间？

答：敞开式外廊具有良好的自然通风排烟条件，能有效地防止烟气在外廊积聚，敞开式外廊可以作为防烟楼梯间的前室。因此，对于高层公共建筑中需要设置防烟楼梯间的部位，当位于敞开式外廊时，可以采用封闭楼梯间；对于需要设置封闭楼梯间的部位，当位于敞开式外廊时，可以采用敞开楼梯间，但要相应减小对应部位的疏散距离。

225. 需要采用封闭楼梯间的建筑，与敞开式外廊直接连通的楼梯间可否采用敞开楼梯间？

答：任何要求采用封闭楼梯间的建筑，其中与敞开式外廊直接连通的楼梯间均可以采用敞开楼梯间，但要根据设置敞开楼梯间的要求减小相应部位的疏散距离。

226. 设置专用楼梯间有何要求？

答：公共建筑的营业厅、餐厅等大空间场所以及车间、仓库可以设置专用楼梯间。专用楼梯间应为封闭楼梯间或防烟楼梯间（对于需要设置防烟楼梯间的建筑应采用防烟楼梯间）。专用楼梯间仅可供所属场所使用，不可设置其他疏散门。

227. 什么样的建筑可以设置一部疏散楼梯？

答：除儿童、老年人、医疗和歌舞娱乐放映游艺场所外，耐火等级一、二级，每层面积不超过 200m²，二、三层人数之和不超过 50 人，可以设置一部疏散楼梯。

228. 位于有顶的步行街两侧的商铺，一侧的商铺疏散可否通过天桥利用另一侧的疏散楼梯？

答：在满足疏散距离要求的前提下，步行街任一侧的商铺均可以通过天桥到达另一侧，并利用另一侧的疏散楼梯疏散，但疏散距离应自商铺的疏散门计算至另一侧的疏散楼梯入口，通过天桥时，应按照折线距离计算。2层及以上各层商铺疏散门至最近安全出口的直线距离不应大于37.5m。

229. 火灾时为了使需要避难的人员不错过避难层，通向避难层的楼梯在避难层处应该怎样设置？

答：通向避难层的楼梯应在避难层分隔、上下断开或同层错位，使需要避难的人员不错过避难层。上下断开或同层错位是强制避难的做法，此时人员均须经避难层方能上下；疏散楼梯在避难层分隔的方式，进出避难层的门相隔较近，可以使人员选择继续通过楼梯疏散还是停留避难层避难。

230. 建筑内地下楼梯的设置有何规定？

答：地下建筑当层数为3层及3层以上或埋深超过10m应采用防烟楼梯间，其他地下建筑应采用封闭楼梯间。地下楼梯间在首层应采用耐火极限不低于2h的防火隔墙与其他部位分隔并应直通室外，确需在隔墙上开门时，应采用乙级防火门。建筑的地上部分与地下部分不应共用楼梯间，确需共用楼梯间时，应在首层采用耐火极限不低于2h且无开口的防火隔墙完全分隔，并应设置明显的标识。

231. 一、二级耐火等级建筑的楼梯间墙的耐火极限为2h，非承重外墙的耐火极限为1h，是否需要提高室外疏散楼梯周围2m范围内外墙的耐火性能？

答：在建筑外墙外设置室外疏散楼梯时，建筑各层通向室外疏散楼梯的门应为乙级防火门，在室外楼梯周围2m范围内的墙面上不应设置门窗等洞口。不要求提高室外疏散楼梯周围2m范围内外墙的耐火性能。靠外墙设置的室内疏散楼梯，作为楼梯间围护结构的外墙部分的耐火极限也不需要提高。

232. 当楼梯间在首层不能直通室外应如何处理？

答：当层数不超过 4 层且未采用扩大的封闭楼梯间或防烟楼梯间前室时，可将直通室外的门设置在离楼梯间不大于 15m 处。其他采用扩大的封闭楼梯间或防烟楼梯间前室，此距离不宜大于 15m，不应大于 30m。

233. 设置在同一防火分区内的疏散楼梯间的形式是否要求一致？

答：建筑中疏散楼梯间的形式主要取决于建筑的使用功能或火灾危险性、建筑高度或埋深、自然排烟条件等。建筑楼层上各疏散楼梯间的门为其所在防火分区的安全出口，因此设置在同一防火分区内的疏散楼梯间的基本形式应一致。当采用室外楼梯间时，可以视为封闭楼梯间或防烟楼梯间；当采用封闭楼梯间但自然排烟条件不符合要求时，可以采用防烟楼梯间。

234. 楼梯间的顶部设置了风机房、消防水箱间、电梯机房是否可以直接向楼梯间开门？

答：屋顶风机房、消防水箱间、电梯机房等设备用房的门均不应直接开向疏散楼梯间，可以通过一段走道连通，也可以在楼梯间的最上部用防火门隔断。

235. 屋顶风机房、消防水箱间、电梯机房是否可以利用金属爬梯作为检修梯直通地面，而建筑内部疏散楼梯不用通至屋面？

答：屋顶风机房、消防水箱间、电梯机房等均属于可能有人的场所，而且火灾的情况下消防管理人员有可能需要进入这些房间操作消防设备。当设置在屋面楼梯间的顶部时，应设置独立的疏散楼梯下至屋面，利用建筑内部的疏散楼梯到达地面，因此，建筑内部的疏散楼梯应通至屋面。不能利用单一的金属爬梯直通地面。

236. 疏散楼梯间和前室内是否可以设置配电箱、电表箱？

答：疏散楼梯间和前室内不得设置配电箱、电表箱等设施。配电箱和电表箱确需设置在住宅建筑的敞开楼梯间内时，应采取加强性防火保护措施（如设置专用竖井，设置丙级防火门，采用满足防火要求的箱体），且不应凸出墙体表面影响疏散。

237. 一座层数5层的建筑，当其敞开楼梯间在首层的出口不能直通室外时，是否可以在首层采用扩大的封闭楼梯间？

答：封闭楼梯间与敞开楼梯间比具有较高的安全性，在建筑的首层设置扩大的封闭楼梯间，实际上是要求提高建筑首层中扩大到楼梯间内的区域的防火性能。因此，对于5层的民用建筑，其敞开楼梯间在首层的开口不能直通室外时，可以在首层采用扩大的封闭楼梯间，以满足人员安全疏散的要求。

238. 扩大的封闭楼梯间和扩大的防烟楼梯间前室是否可以用于除首层以外的其他楼层？

答：扩大的封闭楼梯间和扩大的防烟楼梯间前室主要用于解决建筑中的疏散楼梯在首层不能直通室外的问题。由于在封闭楼梯间或防烟楼梯间的前室不允许设置疏散门、送风口以外的其他开口，不得用于疏散和避难外的其他用途，而且要尽量缩短建筑的竖向疏散距离，以更好地保障人员疏散的安全性。因此，采用扩大的封闭楼梯间和扩大防烟楼梯间前室这种做法不允许用于除建筑首层以外的其他楼层。对于疏散人数较多的楼层，为防止人员在进入疏散楼梯的门口处发生拥堵而不能进入更安全的楼梯间，可以采用增大前室或楼梯间休息平台面积的方式缓解此情形。

239. 住宅建筑中的电缆井和管道井的检查门是否可以开设在首层扩大的封闭楼梯间或扩大的防烟楼梯间前室内？

答：楼梯间在建筑首层的扩大封闭楼梯间或扩大的防烟楼梯间前室是需要控制为火灾危险性较低的区域。因此，该区域既需要确保其较高的防火性能，又要具有较好的条件防止烟气影响人员的疏散安全。当住宅建筑中电缆井和管道井的检查门由于平面布置难以开设在其他位置时，可以设置在首层扩大的封闭楼梯间或扩大的防烟楼梯间前室内，但检查门应采用甲级或乙级防火门。

240. 建筑的地下区域与地上区域确需共用楼梯间时，是否可以在首层共用建筑直通室外的出口？

答：为保证建筑的地下区域与地上区域各自的相对独立，防止人员在应急疏散过程误入地下或地上，建筑的地下区域和地上区域不应共用楼梯间。确需共用楼梯间时，应分别设置直通室外的出口，如受条件限制也可以共用直通室外的出口。此时，需要将首层用于人员疏散的区域按照扩大的封闭楼梯间或扩大的防烟楼梯间前室进行设防。

241. 在确定地下建筑的疏散楼梯间形式时，如何确定地下的层数和埋深？

答：疏散楼梯间的形式是根据人员在竖向疏散距离和所服务楼层的火灾危险性或使用功能确定的。在确定地下建筑楼梯间的形式时：地下层数应为其自然层数，包括有人使用和无人使用的楼层；地下埋深应为人员可能进入的地下最下一层地面至疏散楼梯在室外出口地面之间的高度。

242. 除通向避难层错位的疏散楼梯外，建筑内的疏散楼梯间在各层的平面位置不应改变。如无法避免时，可通过何种方式转换？

答：疏散楼梯是建筑内人员竖向疏散的主要设施，有时甚至是唯一的疏散路径，必须确保其在使用时的安全性。疏散楼梯的设置不能导致人员在疏散过程中迷失方向而贻误宝贵的安全逃生时间，更不能使人员误入其他不安全的区域，导致疏散失败而造成人员伤亡。为此，确保建筑内的疏散楼梯间在各层的平面位置不发生改变是一种可靠的方式。但是当建筑内个别部位的疏散楼梯因平面布置、建筑形状、不同楼层面积不同等因素导致其在上下楼层不得不错位布置时，应采用专用通道的方式直接连通。该专用通道的设置要确保人员在经过该通道时，方向是唯一的，不会被误导进入其他区域。

243. 多层的剧场、电影院、礼堂和体育馆等建筑是否需要采用封闭楼梯间?

答：剧场、电影院、礼堂和体育馆属于人员密集场所，在火灾时需要同时疏散的人数多，进入楼梯间的人流量大，且使用者大都不熟悉内部环境。所以，这些建筑为多层建筑时，疏散楼梯可以采用敞开楼梯间；当为高层建筑时，应采用封闭楼梯间或防烟楼梯间；当与其他功能组合建造时，其疏散楼梯间的形式应按照该建筑中要求最高者确定，或者按照该建筑的主要功能确定。例如，电影院设置在多层的商店建筑内，其疏散楼梯间应按照商店建筑的要求采用封闭楼梯间。

244. 扩大的封闭楼梯间或扩大的防烟楼梯间前室的防烟可以采用何种方式?

答：扩大的封闭楼梯间或扩大的防烟楼梯间前室的防烟可以采用机械加压送风的方式，也可以采用自然排烟或机械排烟的方式来实现。

245. 仓库楼梯间的设置形式?

答：多层仓库可以采用敞开楼梯间，高层仓库应采用封闭楼梯间。地下仓库应采用封闭楼梯间，埋深大于 10m 或超过 2 层应采用防烟楼梯间。

246. 不同高度的住宅建筑应采用何种形式的疏散楼梯?

答：住宅楼梯间形式应符合：高度超过 33m 应是防烟楼梯间，户门不应直接开向前室，确有困难开向前室的户门不应超过 3 樘且应是乙级防火门；高度大于 21m 小于等于 33m 应是封闭楼梯间，当户门采用乙级防火门时可以采用敞开楼梯间；高度不大于 21m 可以采用敞开楼梯间，与电梯井相邻时应采用封闭楼梯间，户门采用乙级防火门时仍可以采用敞开楼梯间。

（六）避难层

247. 如何确定避难层（间）的避难人数？

答：建筑中避难区的净面积应能满足设计避难人数避难的要求，并应按照每平方米不大于 5 人确定。对于避难层，设计避难人数应为该避难层与上一避难层或下一避难层之间各楼层的疏散人数之和中的较大值；对于避难间，应根据所设置楼层的用途、疏散人数及其行为能力、楼梯间的形式等综合考虑确定，一般可以按照该层总疏散人数的 1/4 确定。

248. 避难层除了避难区外的空间可以用作其他用途吗？

答：建筑中设置的避难层，当不需要将全部区域用作避难区时，除设备间及管道井外，不宜设置其他用途的房间。对于避难人数较少，所需避难面积小的避难层，必须用作除设备间和管道井外的其他用途时，应采用无任何开口的防火墙将该部分区域与避难层的避难区域分隔，该区域的门不应直接开向避难区。

249. 在避难层设置设备用房时，这些设备用房的火灾危险性有何要求？

答：当建筑中避难层所需避难区的面积较小并需要设置设备用房时，应设置水泵房、水池、风机房等火灾危险性较小的设备用房，不能设置火灾危险性高的其他设备用房。

250. 避难层是否可以穿越管道、电缆桥架和各类风管？

答：避难层的避难区和避难间内不允许穿越或敷设与避难区无关的管道、电线电缆和各类风管。避难层内可以设置设备间和管道井，但设备间和管道井宜集中布置。其中可燃液体和可燃气体管道应集中布置，并应采用耐火极限不低于

3h 的防火隔墙与避难区分隔；管道井和设备间应采用耐火极限不低于 2h 的防火隔墙与避难区分隔；管道井和设备间的门不应直接开向避难区。

251. 避难层是否需要设置自动喷水灭火系统和火灾自动报警系统？

答：避难层是在建筑发生火灾时供人员应急避难的场所，应设置保证人员安全通行、停留和与外界联系沟通的基本设施、设备，并通过这些设施来尽量稳定避难人员的焦急和恐慌情绪。因此，应设置消防应急照明和疏散指示系统、防烟系统、消防专用电话和应急广播系统，室内消火栓系统并配置消防软管卷盘和灭火器。不要求设置自动喷水灭火系统和火灾自动报警系统。为便于在消防控制室掌握避难层内的实时情形，避难区内应设置能在消防控制室控制的视频监控系统。

252.《建筑防火通用规范》（GB55037—2022）对避难层的设置有何要求？

答：建筑高度大于 100m 的民用建筑应设置避难层。第一个避难层的高度不应大于 50m，两个避难层之间的高度不宜大于 50m。通向避难层的楼梯应在避难层分隔、上下断开或同层错位。避难层的净面积应满足避难人数的要求，宜按 5 人／平方米。避难层可兼作设备层。可燃液体或气体管道应集中布置并应采用耐火极限不低于 3h 的防火隔墙与避难区分隔，其他管道井或设备间与避难区应采用耐火极限不低于 2h 的防火隔墙分隔，并且管道井和设备间的门不应直接开向避难区，确需开向避难区时，与避难区出入口的距离不应小于 5m，且应采用甲级防火门，最好是设置防火隔间。避难层应设置消防电梯出口、消火栓和消防软管卷盘、消防电话和应急广播。避难层应设置直接对外的可开启乙级防火窗或独立的机械送风防烟设施。设置机械送风时仍需设置不小于避难区地面面积 1% 的可开启外窗。高度超过 250m 的建筑外墙上下窗间墙不应小于 1.5m。

253. 避难层防烟系统的设置有哪些要求？

答：避难层的防烟系统可根据建筑构造、设备布置等因素选择自然通风系统或机械加压送风系统。自然通风系统，是通过采用自然通风方式，防止火灾烟气在避难层内积聚。采用自然通风方式的避难层应设置有不同朝向的可开启外窗,其有效面积不应小于该避难层地面面积的 2%,且每个朝向的面积不应小于 2m²。机械加压送风系统,是通过采用机械加压送风方式,阻止火灾烟气侵入避难层。在避难层的机械加压送风系统中,风机通过送风管道、送风口,向避难层送风,使得避难层与走道之间形成压力差,有效防止火灾烟气进入。避难层的机械加压送风量应按避难层的净面积每平方米不少于 30m³/h 计算。机械加压送风量应满足避难层与走道之间的压差为 25—30Pa。设置机械加压送风系统的避难层,尚应在外墙设置可开启外窗,其有效面积不应小于该避难层地面面积的 1%。

254. 非消防电梯是否可以在避难层停靠?

答:非消防电梯不应在避难层停靠。对于非消防电梯中用于在火灾中辅助人员疏散的电梯,由于其防火性能和设置要求与消防电梯基本一样,可以在避难层停靠,应与消防电梯一样设置前室,或者按照在避难层设置设备用房的防火分隔要求与避难区分隔。

(七)避难间

255. 为什么每个护理单元避难间面积不应小于25m²?

答:按 3 人间病房、疏散着火房间和相邻房间的患者共 9 人,每个床位按 2m² 计算,共需要 18m²,加上消防员和医护人员、家属所占用面积,规定每个护理单元避难间面积不小于 25m²。合用前室不适合用作避难间,以防止病床影响人员通过楼梯疏散。

256. 避难间的设置原则是什么?

答:避难间可以利用平时使用的公共就餐室或休息室等房间,一般从该房间要能避免再经过走道等火灾时的非安全区进入疏散楼梯间或楼梯间的前室;避难间的门可直接开向前室或疏散楼梯间；考虑到火灾的随机性，要求每座楼梯间附近均应设置避难间。

257.《建筑防火通用规范》（GB55037—2022）对避难间的净面积是如何要求的？

答：高层病房楼和老年人照料设施应在 2 层及 2 层以上靠近楼梯附近设置避难间。病房楼每个避难间服务的护理单元不应超过 2 个，净面积应按每个护理单元不小于 25m² 计算。老年人照料设施的避难间净面积不应小于 12m²。

258. 采用自然通风方式防烟的避难区和避难间可开启外窗面积是如何规定的？

答：采用自然通风方式防烟的避难层中的避难区，应具有不同朝向的可开启外窗或开口，可开启有效面积应大于或等于避难区地面面积的 2%，且每个朝向的面积均应大于或等于 2.0m²。避难间应至少有一侧外墙具有可开启外窗，可开启有效面积应大于或等于该避难间地面面积的 2%，并应大于或等于 2.0m²。

259. 建筑高度大于54m的住宅，要求每户设置一间在火灾时可用于人员避难的房间。建筑高度大于100m的住宅要求设置避难层，是否可以不设置这样的房间？

答：建筑高度大于 54m 的住宅，规范要求每户均应设置一间在火灾时可用于人员避难的房间，包括高度大于 100m 的住宅。规范也要求高度大于 100m 的住宅应设置避难层。两者要求的作用不同，前者是为每户提供一个在火灾时难以及时疏散的人员可以就地避难的场所，后者是为火灾时疏散过程中需要休息或停留的人员，或难以继续向下或向屋面疏散的人员提供一个集中的避难区域。此外，避难层还可以供消防救援人员休整、准备进攻使用。因此，设置避难层的住宅仍应每户设置一间满足居民在火灾时临时避难需要的房间。

（八）避难走道

260. 避难走道的作用是什么？

答：避难走道可用于解决建筑中疏散距离过长，难以按照规范设置直通室外的安全出口问题，也可以用于解决大型建筑中不同防火区域之间的连通问题。

261. 避难层、避难间、避难走道的概念？

答：避难层是火灾时建筑内人员临时躲避火灾及其烟气的楼层，避难层中用于避难的区域，称为避难区。建筑高度超过100m的工业与民用建筑，为了解决人员竖向疏散距离过长的问题，应设置避难层，避难层的避难区可为人员安全疏散和避难提供必要的停留场所。避难间是火灾时建筑内人员临时躲避火灾及烟气的房间。为了满足难以在火灾中及时疏散人员的避难需要，满足一定条件的医疗建筑和老年人照料设施，需要设置避难间。这类避难间通常称为"解决平面疏散问题的避难间"，以区别"解决竖向疏散距离过长而设置的避难层"。避难走道是建筑中直接与室内安全出口连接，在火灾时用于人员疏散至室外，并具有防火、防烟性能的走道。

262. 避难走道防烟系统的设置有哪些要求？

答：避难走道，是采取防烟措施且两侧设置耐火极限不低于3h的防火隔墙，用于人员安全通行至室外的走道。为了严防烟气侵入避难走道，需要在前室和避难走道分别设置机械加压送风系统。避难走道一端设置安全出口，且长度小于30m；避难走道两端设置安全出口，且总长度小于60m；这两种情况可以仅在前室设置机械加压送风系统。避难走道的机械加压送风量，应按避难走道的净面积每平方米不少于30m³/h计算。避难走道前室的送风量应按直接开向前室的疏散门的总面积乘以1m/s门洞风速计算。

263. 规范对避难走道都有哪些规定？

答：楼梯在首层不能直通室外或防火分区的安全出口不能满足要求时可以采用避难走道来解决。避难走道防火隔墙的耐火极限不应低于 3h，楼板的耐火极限不应低于 1.5h。避难走道直通地面的出口不应少于 2 个。任一防火分区通向避难走道的门至该避难走道最近直通地面出口的距离不应大于 60m。避难走道宽度不应小于任一防火分区通向该避难走道的设计疏散总宽度。避难走道内部装修材料的燃烧性能应为 A 级。避难走道的入口处应设置防烟前室，前室的面积不应小于 6m²。避难走道内应设置消火栓、应急照明、应急广播和消防电话。

264. 避难走道的机械加压送风系统应如何设置？

答：《建筑防烟排烟系统技术标准》（GB51251—2017）规定避难走道应在其前室和避难走道分别设置机械加压送风系统。避难走道两端设置出口且长度不超过 60m，只在一端设置出口且长度不超过 30m 可仅在前室设置机械加压送风系统。

七、电气

以下内容包括：消防设备供电可靠性、电气线缆防火等方面的相关问题。

（一）消防设备供电可靠性

265. 建筑内消防用电设备的用电负荷等级是如何规定的？

答：建筑高度大于 50m 的乙、丙类厂房和丙类库房，一类高层民用建筑应按一级负荷供电。室外消防用水量大于 30L/s 的厂房仓库，室外消防用水量大于 25L/s 的公共建筑，室外消防用水量大于 35L/s 的可燃材料堆场、可燃气体储罐区和可燃液体储罐区，二类高层民用建筑应按二级负荷供电。

266. 用电负荷分级的意义及分级标准是什么？

答：用电负荷分级的意义，在于正确地反映它对供电可靠性要求的界限，以便恰当地选择符合实际水平的供电方式，提高效益，保障安全。负荷分级主要是从安全和经济损失两个方面来确定，通常分为一级负荷、二级负荷、三级负荷。一级负荷，中断供电将造成人身伤害；中断供电将在经济上造成重大损失；中断供电将影响重要用电单位的正常工作。二级负荷，中断供电将在经济上造成较大损失；中断供电将影响较重要用电单位的正常工作。三级负荷，不属于一级和二级负荷的为三级负荷。在一级负荷中，当中断供电将造成人员伤亡或重大设备损坏或发生中毒、爆炸和火灾等情况的负荷，以及特别重要场所的不允许中断供电的负荷，应为一级负荷中特别重要的负荷。

267. 消防用电负荷的电源要求是怎样规定的？

答：一类高层民用建筑，建筑高度大于 50m 的乙、丙类厂房和丙类仓库的消防用电应按一级负荷供电。一级负荷应满足的供电条件，应由双重电源供电，当一个电源发生故障时，另一个电源不应同时受到损坏。具备下列条件的供电，可视为一级负荷供电：电源来自两个不同的发电厂；电源来自两个区域变电站（电压一般在 35kV 及以上）；电源来自一个区域变电站，另一个设置自备发电设备。一级负荷中特别重要的负荷，除由两个电源供电外，尚应增设应急电源，并严禁将其他负荷接入应急供电系统。应急电源可以是独立于正常电源的发电机组，也可以是供电网中独立于正常电源的专用的馈电线路、蓄电池或干电池。下列建筑物（构筑物）的消防用电应按二级负荷供电：室外消防用水量大于 30L/s 的厂房（仓库）；室外消防用水量大于 35L/s 的可燃材料堆场、可燃气体储罐（区）和甲、乙类液体储罐（区）；粮食仓库及粮食筒仓；二类高层民用建筑；座位数超过 1500 个的电影院、剧场，座位数超过 3000 个的体育馆，任一层建筑面积大于 3000m² 的商店和展览建筑，省（市）级及以上的广播电视、电信和财贸金融建筑，室外消防用水量大于 25L/s 的其他公共建筑。二级负荷的供电系统，要尽可能采用两回线路供电。在负荷较小或地区供电条件困难时，二级负荷可以采用一回路

6kV 及以上专用的架空线路供电。当采用电缆线路，应采用两根电缆组成的线路供电，其每根电缆应能承受 100% 的二级负荷。对三级负荷没有特殊的要求，有条件的建筑要尽量通过设置两台终端变压器来保证建筑的消防用电。

268. 消防供电回路的设置要求有哪些？

答：消防供电回路是指低压配电柜母线至消防设备的配电线路。消防用电设备应采用专用的供电回路，当建筑内的生产、生活用电被切断时，应仍能保证消防用电。同时，消防电源宜直接取自建筑内设置的配电室的母线（或低压电缆进线）。消防控制室、消防水泵房、防烟和排烟风机房的消防用电设备及消防电梯等的供电，应在其配电线路的最末一级配电箱处设置自动切换装置。也就是说，这些设备应采用双回路供电，当某回路中断供电时，切换装置自动切换至另一回路，另一回路应能满足全部供电要求。按一、二级负荷供电的消防设备，其配电箱应独立设置，按三级负荷供电的消防设备，其配电箱宜独立设置。集中控制型应急照明和疏散指示系统的应急照明集中电源或应急照明配电箱，应采用专用的消防供电回路，宜由所属防火分区或楼层的消防双电源切换装置供电，也可以采用树干式供电或分区树干式供电。防火卷帘和自动挡烟垂壁的控制箱均自带蓄电池，其配电方式有较大的争议，建议在各防火分区设置双电源自动切换装置，自动切换装置至防火卷帘控制箱可以采用放射式供电。防火门窗、消防排水泵等消防设备，可以取自各楼层或防火分区的双电源自动切换装置。消防配电干线宜按防火分区划分，消防配电支线不宜穿越防火分区。消防配电设备应设置明显标志。消防配电线路应满足火灾时连续供电的要求。

269. 树干式配电与放射式配电的区别是什么？

答：树干式配电是由电源引出一条供电回路（即供电干线），多个用电负荷并联在这条供电回路上的供电方式。树干式配电的开关设备及线路消耗少，但在干线故障时，停电范围大，供电可能性低。放射式配电是每一个用电负荷均从电源引出单独的供电回路，每个供电回路对应一个用电负荷，呈放射状布线，放射式配电的可靠性高，但线路和开关数量多。树干式配电和放射式配电是综合应用的。比如：在建筑物内，由变电所总配电箱向楼层各配电点供电时，宜采用树干式配电或分区树干式配电；由楼层配电间或竖井内配电箱至用户配电箱的配电，宜采用放射式配电。实际应用中，更多的会采用放射式与树干式相结合的混合式配电。

270. 消防系统常见的配电方式有哪些？

答：应急照明和疏散指示系统的应急照明集中电源或应急照明配电箱，应采用专用的消防供电回路，宜采用树干式供电或分区树干式供电。防火卷帘和自动挡烟垂壁的控制箱均自带蓄电池，其配电方式有较大的争议，建议在各防火分区设置双电源自动切换装置，可以从两个电源的低压配电柜母线，分别引出树干式供电回路，形成双回路树干式供电，自动切换装置至防火卷帘控制箱可以采用放射式供电。对于容量较大的集中负荷或重要用电设备，应从低压配电室以放射式配电。例如：消防水泵、消防电梯的两回路供电干线，均从低压配电室以放射式配电方式供电，在末端设置双回路切换装置。

271. 消防三级负荷是否需要双回路供电？

答：根据规范要求：消防控制室、消防水泵房、防烟和排烟风机房的消防用电设备及消防电梯的供电，应在其配电线路的最末一级配电箱处设置自动切换装置。规范同时要求：一级负荷应由双重电源供电；二级负荷的供电，要尽可能采用两回线路供电。因此，在一级负荷和二级负荷中，消防用电设备需要双电源供电，也就是说，需要双回路供电。三级负荷并没有双电源供电的要求，也就没有设置双回路的必要。需要说明的是，三级负荷中，在设置有两台变压器的情况下，从变压器至消防设备已具备设置双回路的条件，建议采用双回路供电。

272. 什么是消防设备电源监控系统？

答：消防设备电源，是指为各类消防设备供电的电源，是消防设备正常运行的基本要素。消防电源监控系统，确保消防设备电源时刻处于正常状态，保障消防设备可靠运行。消防设备电源监控系统（以下简称消防电源监控系统）的实质，是对消防设备的电源进行实时监控，通过检测电源的电流、电压值等工作状态，当电源发生过压、欠压、缺相等故障时，发出报警信号。消防电源监控系统，由消防设备电源状态监控器（以下简称消防电源监控器）、电压传感器、电流传感器、电压/电流传感器等部分或全部设备组成。系统结构类似于火灾自动报警控制器和火灾探测器组成的区域火灾报警系统。在消防电源监控系统中，电压传感器和电流传感器（或电压/电流传感器）采集现场消防设备的电压和电流状态，通过总线回路将信号传送至监控器，当消防设备电源发生过压、欠压、缺相、过流、中断供电等故障时，消防电源监控器进行声光报警、记录，并实时显示被监测电源的电压、电流值及故障点的位置。电压传感器是测量两相之间的电压值，为方便大家的理解，我们可以将电压传感器理解为：在消防设备的单相或三相电源回路上，安装电压表，将测量的电压信号传输至监控器集中处理。同样，电流传感器是测量每相的电流值，我们可以将电流传感器理解为：在消防设备的单相或三相电源回路上，安装钳形电流表，将每相电流信号传输至监控器集中处理。以消防水泵为例，在开关的前面安装电压传感器，电机的前面安装电流传感器。实际应用中，通常是对双电源切换柜的两个供电回路进行电压监控，同时在水泵电机的供电回路上进行电流监控。消防电源监控器应设置在消防控制室。消防电源监控器的相关信息，可以在消防控制室图形显示装置显示，但应采用专用线路连接，且该类信息与火灾报警信息的显示应有区别。

273. 一级负荷供电是怎样规定的？

答：根据国家标准《供配电系统设计规范》（GB 50052—2009）的要求，一级负荷供电应由两个电源供电，且应满足下述条件：（1）当一个电源发生故障时，另一个电源不应同时受到破坏；（2）一级负荷中特别重要的负荷，除由两个电源供电外，尚应增设应急电源，并严禁将其他负荷接入应急供电系统。应急电源可以是独立于正常电源的发电机组、供电网中独立于正常电源的专用的馈电线路、蓄电池或干电池。具备下列条件之一的供电，可视为一级负荷：（1）电源来自两个不同发电厂；（2）电源来自两个区域变电站（电压一般在35kV及以上）；（3）电源一个来自区域变电站，另一个设置自备发电设备。

274. 消防设备的配电线路是怎么要求的？

答：尽管电源可靠，但如果消防设备的配电线路不可靠，仍不能保证消防用电设备供电可靠性，因此要求消防用电设备采用专用的供电回路，确保生产、生活用电被切断时，仍能保证消防供电。消防电源宜直接取自建筑内设置的配电室的母线或低压电缆进线，且低压配电系统主接线方案应合理，以保证当切断生产、生活电源时，消防电源不受影响。对于建筑的低压配电系统主接线方案，有不分组设计和分组设计两种。对于不分组方案，常见消防负荷采用专用母线段，但消防负荷与非消防负荷共用同一进线断路器或消防负荷与非消防负荷共用同一进线断路器和同一低压母线段。这种方案主接线简单、造价较低，但这种方案使消防负荷受非消防负荷故障的影响较大；对于分组设计方案，消防供电电源是从建筑的变电站低压侧封闭母线处将消防电源分出，形成各自独立的系统，这种方案主接线相对复杂，造价较高，但这种方案使消防负荷受非消防负荷故障的影响较小。当采用柴油发电机作为消防设备的备用电源时，要尽量设计独立的供电回路，使电源能直接与消防用电设备连接。消防设备的备用电源，通常有三种：（1）独立于工作电源的市电回路；（2）柴油发电机；（3）应急供电电源（EPS）。

275. 消防配电线路的敷设方式有哪些？

答：消防配电线路的敷设是否安全，直接关系到消防用电设备在火灾时能否正常运行。对于明敷方式，由于线路暴露在外，火灾时容易受火焰或高温的作用而损毁，因此，要求线路明敷时要穿金属导管或金属线槽并采取保护措施。保护措施一般可采取包覆防火材料或涂刷防火涂料。暗敷设时，配电线路穿金属导管并敷设在保护层厚度达到30mm以上的结构内，是考虑到这种敷设方式比较安全、经济，且试验表明，这种敷设能保证线路在火灾中继续供电。

276. 采用架空开敞管廊敷设的电力电缆（非消防设备用）防火要求是什么？

答：对于架空的开敞管廊，电力电缆的敷设应按相关专业规范的规定执行。

一般可布置同一管廊中，但要根据甲、乙、丙类液体或可燃气体的性质，尽量与输送管道分开布置在管廊的两侧或不同标高层中。

277. 国家标准对消防用电设备的供电有何要求？

答：消防用电设备应采用专用的供电回路，当生活和生产用电被切断时应仍能保证消防用电。消防配电干线宜按防火分区划分，配电支线不宜穿越防火分区。消防控制室、消防水泵房、消防防排烟机房的消防用电设备及消防电梯的供电，应在其配电线路最末级配电箱处设置自动切换装置。消防配电设备应设置明显标志。

278. 某建筑的消防负荷要求为一级负荷供电，采用10kV电源引自同一66kV变电站的两个母线段能否满足要求，是否需要设置备用发电机？

答：根据国家标准《供配电系统设计规范》（GB50052—2021）的规定，一级负荷应由双重电源供电，当一电源发生故障时，另一电源不应同时受到损坏。根据该要求，来自两个不同发电厂的电源，来自同一地区两个35kV及以上不同区域变电站的电源，一路来自区域变电站、另一路来自自备发电机的电源，可以视为双重电源。当采用10kV电源引自同一个66kV区域变电站的两个母线段时，这两路供电来自1个变电站，存在变电站发生故障时同时中断供电的可能。因此，不能视为双重电源，需要设置自备发电机。

279. 对于要求采用一、二级负荷供电的消防设备，其配电箱应如何独立设置？

答：对于要求采用一、二级负荷供电的消防设备，其配电箱应独立设置，该配电箱是指末端的消防设备配电箱。当供电线路由建筑外的变电所直接进入总配电室时，应在总配电室将消防负荷与非消防负荷的供电线路分开设置；当变电所位于建筑内，消防负荷与非消防负荷的供电线路要尽量在变电所分开设置，避免混合供电电缆发生故障而影响消防负荷的供电可靠性。

280.国家标准对消防配电线路的敷设有什么要求?

答:消防配电线路应保证火灾时连续供电的需要。明敷时应穿金属管或金属封闭槽盒,金属管和槽盒应采取防火保护措施,当采用阻燃或防火电缆并敷设在电缆井内时可不穿管保护,当采用矿物绝缘电缆时可明敷。暗敷时应穿管并敷设在保护层厚度不小于30mm的不燃烧结构内。

281.国家标准对敷设在电缆井内的消防配电线路有何要求?

答:消防配电线路宜与其他配电线路分开敷设在不同的电缆井内,确需敷设在同一电缆井内时应分别敷设在电缆井的两侧并应采用矿物绝缘电缆。

282.与其他供电线缆敷设在同一电气竖井内的消防供电线缆,可否选用耐火电缆并采用封闭线槽敷设,而不必选用不燃性矿物绝缘电缆?

答:消防供电线缆的选型和敷设方式应能保证建筑发生火灾时消防用电设备的连续供电,不能因线缆选型或敷设方式不当而受到火势、高温作用发生短路,中断供电。耐火电缆与矿物绝缘类不燃性电缆的性能有所区别,矿物绝缘类不燃性电缆属于耐火电缆,但耐火电缆的燃烧性能有不燃性、难燃性和阻燃类,不都属于不燃性电缆。因此,即使消防供电线缆采用耐火电缆并采用封闭线槽敷设,当与其他供电线缆共井敷设时,仍要选用不燃性矿物绝缘电缆。

283.建筑内消防应急照明和灯光疏散指示标志的备用电源供电时间应符合什么要求?

答:建筑内消防应急照明和灯光疏散指示标志的备用电源供电时间应符合下列规定:高度大于100m的民用建筑不应小于1.5h,医疗建筑、老年人照料设施、面积大于100000m²的公共建筑、面积大于20000m²的地下建筑不应小于1h,其他建筑不应小于0.5h。

284.建筑内消防用电设备的供电电源是否需要设置消防电源监控系统?

答：对于消防控制室、消防水泵房、防烟和排烟风机房内的消防用电设备，国家相关标准没有要求设置消防电源监控系统。在工程设计中，可以视情况设置。当建筑设置消防控制室时，一般要设置消防电源监控系统。

（二）电气线缆防火

285.配电箱和开关是否允许设置在仓库内?

答：配电箱和开关存在一定的火灾危险性，是诱发电气火灾的主要因素之一。对于仓库配电箱和开关要尽可能设置在库房外的走道或外墙上。必须设置在库房内时：对于甲、乙类库房，应采用相应的防爆性能的电气设备，或设置在爆炸危险性区域外的单独房间内；对于丙类库房，应远离储存的可燃物品、设置防护外罩或设置在单独的房间内；对于丁、戊类库房，应设置在无可燃物或远离可燃物（如可燃包装）的区域，或采取必要的防火保护措施。

286.国家标准对仓库设置照明灯具等电气设备是如何规定的?

答：可燃材料仓库内宜采用低温照明灯具，不应采用高温照明灯具，配电箱及开关应设置在仓库外。特别是具有可燃气体或可燃蒸汽爆炸危险的场所配电箱开关更应设置在门外。

287.配电箱的防火保护措施有哪些?

答：配电箱的防火保护措施有：将配电箱和控制箱安装在符合防火要求的配电间或控制间内；采用内衬岩棉对箱体进行防火保护。

288.何谓矿物绝缘类不燃性电缆?

答：矿物绝缘类不燃性电缆由铜芯、矿物绝缘材料、铜等金属护套组成，具有良好的耐火性能、机械物理性能，为不燃性电缆。这种电缆在火灾条件下不会延燃，不会产生烟气，能够较好地保证火灾延续时间内的消防供电。电缆的燃烧性能分级应符合《电缆及光缆燃烧性能分级》（GB31247—2014）的规定。

289. 何谓低烟无卤阻燃线缆？

答：传统电线电缆绝缘层为含卤聚合物与含卤阻燃剂混合而成的阻燃材料，热分解和燃烧会产生出大量烟雾和有毒气体，这些烟雾和有毒气体具有减光性和刺激性，容易导致人员窒息、伤亡。低烟无卤阻燃电线电缆在燃烧时只产生少量的气体和烟雾，具有难以着火并具有阻止或延缓火焰蔓延的能力。《阻燃和耐火电线电缆通则》（GB/T19666—2005）规定了此类电缆的阻燃性能、无卤性能和低烟性能。

290. 防火电缆、阻燃电缆、耐火电缆、矿物绝缘类不燃性电缆的区别是什么？

答：目前没有防火电缆的相应国际定义，电缆行业习惯将阻燃电缆、耐火电缆、矿物绝缘类不燃性电缆等具有一定防火性能的电缆统称为防火电缆。阻燃电缆是具有规定阻燃性能（如阻燃特性、烟密度、烟气毒性、耐腐蚀性）的电缆。阻燃性能是指在规定试验条件下，试样被燃烧，在撤去火源后，火焰在试样上的蔓延仅在限定范围内并且自行熄灭的特性，即具有阻止或延缓火焰发生或蔓延的能力。耐火电缆是具有规定的耐火性能（如线路完整性、烟密度、烟气毒性、耐腐蚀性）的电缆。耐火电缆是指在规定的火源和时间下燃烧时能持续地在指定状态下运行的能力，即保持线路完整性的能力。矿物绝缘类不燃性电缆由铜芯、矿物绝缘材料、铜等金属护套组成，除具有良好的导电性能、机械物理性能、耐火性能外，还具有良好的不燃性，这种电缆在火灾条件下不仅能够保证火灾延续时间内的消防供电，还不会延燃，不产生烟雾。《建筑设计防火规范》（GB50016—2014）对消防配电线路有下列规定：当采用阻燃电缆或耐火电缆并敷设在电缆井、沟内时，可不穿金属管或采用封闭式金属槽盒保护。当采用矿物绝缘类不燃性电缆时，可直接明敷。消防配电线路与其他配电线路敷设在同一电缆井、沟内时，应采用矿物绝缘类不燃性电缆。《火灾自动报警系统设计规范》（GB50016—2013）对消防线路有下列规定：火灾自动报警系统的供电线路、消防联动控制线路应采用耐火铜芯电线电缆。报警总线、消防应急广播和消防专用电话等传输线路应采用阻燃或阻燃耐火电线电缆。矿物绝缘类不燃性电缆可以直接明敷。

291. 国家标准对哪些建筑要求设置电气火灾监控系统?

答：老年人照料设施的非消防用电负荷应设置电气火灾监控系统。消防用电需要按照一级负荷供电的建筑、消防用电需要按照二级负荷供电的公共建筑、国家级文物保护单位的重点砖木或木结构的古建筑宜设置电气火灾监控系统。

八、技术指标

包括：高度、宽度、面积、距离、人数等数据的确定。

292. 消防建筑高度是如何定义的?

答：建筑高度是建筑物室外地面到建筑屋面、檐口或女儿墙的高度。实际应用中，建筑高度的计算根据日照、消防、旧城保护、航空净空限制等不同要求，略有差异。与消防有关的建筑高度，注重建筑防火及消防救援，通常是指室外设计地面至屋面的相对高度。对于屋顶火灾危险性小的局部构筑物，当不影响灭火救援时，可以不计入建筑高度，比如女儿墙、屋顶水箱等。

293. 在建筑防火的建筑高度计算中如何确定室外设计地面?

答：室外设计地面通常是指建筑高度计算时的起点标高地面，在建筑防火的建筑高度计算中，室外设计地面应是建筑首层安全出口的室外设计地面标高和满足消防扑救操作要求的室外设计地面标高，当两个地面标高值不一致时，应按较低的标高值确定。

294. 对于平屋面建筑，建筑高度应计算至什么位置的高度?

答：对于平屋面建筑，建筑高度应按建筑的室外设计地面至其屋面面层的高度计算。屋面面层包括屋顶上的保温层、防水层、保护层等。不应只计算至建筑屋顶的结构面层。

295. 在计算建筑高度时，屋顶哪些房间的高度可以不计，哪些房间的高度必须计入建筑高度？

答：设置在建筑屋顶的水箱间、电梯机房、防排烟机房以及楼梯出口小间等当其占屋面面积不大于 1/4 时，可以不计入建筑高度。对于会议室、茶座等其他具有使用功能的房间，无论其面积占屋面面积的比例多大，均应计入建筑高度。

296. 住宅与其他建筑上下组合建造时，如何确定总建筑高度和各自的建筑高度？

答：总高度应为住宅部分与其他部分上下组合后的最大建筑高度。各自高度应为各自部分可以停靠消防车的室外地面至建筑檐口或屋面面层的高度。当其他建筑位于住宅下部，且其屋面可以作为住宅部分的消防车道和消防车登高操作场地时，住宅的高度可以从该屋面算至住宅的檐口或屋面面层。

297. 如何确定疏散走道的净宽度？

答：疏散走道的净宽度应为走道两侧完成墙面之间的最小水平净距；当一侧为栏杆或有扶手、一侧为墙体时，疏散走道的净宽度应为走道一侧完成墙面与栏杆或扶手内侧之间的最小水平净距；当疏散走道两侧均有栏杆或扶手时，疏散走道的净宽度应为其两侧栏杆或扶手内侧之间的最小水平净距。当上述情况有多个计算值时，应为其中的较小者。

298. 当门扇中的一扇采用手动门闩固定在门框或地面上时（比如子母门）该门的净宽度应如何确定？

答：当门扇中的一扇采用手动门闩固定在门框或地面上时（比如子母门）该门扇的宽度不计入疏散宽度，门的净宽度为固定门扇边缘至另一门扇开启 90 度后的门内表面水平距离。

299. 观众席位中的纵横走道设置原则是什么?

答：观众席位中的纵走道担负着把全部观众疏散到安全出口或疏散门的重要功能。在观众席位中不设置横走道时，观众厅内通向安全出口或疏散门的纵走道的设计总宽度应与观众厅安全出口或疏散门的设计总宽度相等。观众席位中的横走道可以起到调剂安全出口或疏散门人流密度和加大出口疏散流通能力的作用。在观众席位中要尽量设置横走道。经过观众席中的纵、横走道通向安全出口或疏散门的设计人流股数与安全出口或疏散门设计的通行股数，应符合"来去相等"的原则。

300. 歌舞娱乐放映游艺场所在计算疏散人数时建筑面积包括哪些?

答：歌舞娱乐放映游艺场所在计算疏散人数时，可不计算场所内疏散走道、办公室、卫生间等辅助用房的建筑面积，而可以只根据该场所内具有娱乐功能的各厅、室的建筑面积确定。内部服务、办公和管理人员的人数可根据核定人数确定。

301. 规范是否限制歌舞娱乐放映游艺场所的总建筑面积?

答：歌舞娱乐放映游艺场所的消防安全主要通过控制每个房间的大小、提高房间之间防火分隔的可靠性，严控其疏散距离，设置相应的消防设施以及语音和视频提示系统等来保证。不限制该场所的总建筑面积。

302. 在计算商店营业厅的疏散人数时，营业厅的建筑面积都包括哪些?

答：在计算商店营业厅的疏散人数时，营业厅的建筑面积包括营业厅内展示货架、柜台、走道等顾客进行交易活动的经营性区域的建筑面积和营业厅内卫生间、楼梯间、自动扶梯等的建筑面积。对于与营业厅采取防火分隔措施且疏散时顾客无须进入的仓储、设备房、工具间和办公室等场所的建筑面积，可以不计入营业厅的建筑面积。

303. 在计算楼层的疏散人数时，敞开式外廊的面积是否需要考虑？

答：敞开式外廊为建筑外墙外的区域，其面积一般不计入相应的防火分区的建筑面积。但对于商店或商业综合体等经营性的人员密集场所，在计算楼层中相应区域的疏散人数时，应考虑对应部位敞开式外廊上的人数。该外廊区域的疏散人数可以根据对应防火分区内的人员密度值确定一个合理的数值后，乘以该外廊的建筑面积计算得到。

304. 对于层数不超过4层且全部设置自动灭火系统的多层公共建筑，当将疏散楼梯间在首层设置在距离直通室外的门口不大于15m处时，该距离是否可以增加25%？

答：对于层数不超过 4 层的多层公共建筑，允许将疏散楼梯间在首层的出口设置在距离直通室外的门不大于 15m 处，该要求已经考虑了建筑的火灾危险性相对较低的情形。如果建筑的火灾危险性较高，国家相关标准要求建筑内的疏散楼梯间采用封闭楼梯间，在首层不能直通室外的疏散楼梯间需要采用扩大的封闭楼梯间。因此，对于层数不超过 4 层且全部设置自动喷水灭火系统的多层公共建筑，当将疏散楼梯间在首层的出口设置在距离直通室外的门不大于 15m 处时，该距离不能再增加，仍不应大于 15m。

305. 具备两个安全出口的疏散走道的净宽度及安全出口的净宽度，是按照走道区域所有疏散人数还是走道区域疏散人数的一半确定？

答：具有两个安全出口的疏散走道：当安全出口分别位于疏散走道两端，疏散走道两侧房间的人员密度及面积、室内高度、内部分隔与布置等相近时，疏散走道和每个安全出口的净宽度在满足标准规定的最小净宽度基础上，可以按照疏散走道和安全出口服务区域内总疏散人数的一半确定；当安全出口分别位于疏散走道两端，疏散走道两侧房间的人员密度相差较大时，应根据不同房间的疏散人数和疏散距离调整疏散走道和相应安全出口的净宽度，确保疏散走道和安全出口净宽度与疏散区域的人数匹配。当疏散走道的端部存在袋形走道时，中间部位的疏散走道宽度可以按照上述方法确定，袋形部分的疏散走道宽度应根据该区域的疏散人数确定，且不应小于标准规定的最小净宽度要求。

306. 用于人员疏散安全区的步行街，在计算其直通室外疏散走道的最小净宽度时，如何确定其疏散人数？

答：用于人员疏散安全区的步行街是人员聚集的区域，在确定经过步行街及其直通室外的疏散走道的疏散人数时，要将步行街两侧建筑上部各层通至步行街的疏散人数和步行街本身的疏散人数叠加计算。上部各层的疏散人数可以根据商店营业厅的人员密度计算；步行街上的疏散人数可以根据步行街的地面面积和步行街的人员密度计算。步行街内的人员密度可以按照不小于每平方米 0.3 人考虑，也可以根据商店建筑中首层营业厅的人员密度每平方米 0.43—0.60 人确定。

307. 设置在商店建筑中的餐饮场所，如何确定其疏散人数？

答:《饮食建筑设计标准》(JGJ64—2017)规定,附建在商业建筑中的饮食建筑,其防火分区划分和安全疏散人数计算应按照《建筑防火通用规范》（GB55037—2022）关于商业建筑的规定执行。这里的"商业建筑"应理解为商店建筑。依据这一规定，在商店建筑内设置的餐饮场所可以视为一种商业业态，与其他商店经营区域的疏散人数可以一并考虑。因此，这些餐饮场所的疏散人数可以根据其所在楼层和建筑面积，按照商店建筑的相应人员密度计算。餐饮场所的建筑面积应为用餐区域、库房和厨房区域的建筑面积之和。

九、建筑防火常见问题

308. 消防技术标准体系适用原则是什么？

答：涉及建筑、结构等建筑主体的防火要求，以及消防设施的设置场所等，由建筑防火类标准确定；消防设施的设计、施工、验收、运行维护等要求由消防设施类标准确定。

309. 建筑防火类标准有哪些？

答：建筑类防火标准包含：《建筑防火通用规范》（GB55037—2022）、《建筑设计防火规范》（GB50016—2014），以及专项防火标准和专项工程建设标准，比如：《火力发电厂与变电站设计防火规范》（GB50229—2019）、《酒厂设计防火规范》（GB50694—2011）、《飞机库设计防火规范》（GB50284—2008）等是专项防火标准；《冷库设计标准》（GB50072—2021）、《锅炉房设计标准》（GB50041—2020）、《物流建筑设计规范》（GB51157—2016）等是专项工程建设标准。

310. 消防设施类标准有哪些？

答：消防设施类标准包括：《消防设施通用规范》（GB55036—2022），以及系统类技术标准，比如《火灾自动报警系统设计规范》（GB50016—2013）、《自动喷水灭火系统设计规范》（GB50084—2017）、《气体灭火系统设计规范》（GB50370—2005）、《泡沫灭火系统技术标准》（GB50151—2021）等属于系统类技术标准。

311.《建筑防火通用规范》（GB55037—2022）与《建筑设计防火规范》（GB50016—2014）的关系？

答：《建筑防火通用规范》（GB55037—2022）规定了建筑防火的基本功能、性能和相应的关键技术措施，是建筑全生命过程中的基本防火技术要求，具有法规强制效力，必须严格遵守。新建、改建和扩建建筑在规划、设计、施工、使用和维护中的防火，以及既有建筑改造、使用和维护中的防火，必须执行《建筑防火通用规范》（GB55037—2022）。《建筑设计防火规范》（GB50016—2014）所规定的建筑设计的防火技术要求，适用于各类厂房、仓库及其辅助设施等工业建筑，公共建筑、居住建筑等民用建筑，储罐或储罐区，各类可燃材料堆场和城市交通隧道工程。

312. 同一使用性质不同使用功能的场所是否可以设置在同一建筑内？

答：建筑按照使用性质分为：民用建筑和工业建筑。民用建筑包括：住宅建筑和公共建筑。工业建筑包括：厂房和仓库。不同使用性质的建筑不能合建。即民用建筑内不应设置生产车间和仓库。同一使用性质不同使用功能的场所可以合建，但不同使用功能场所应进行防火分隔。各功能场所的防火设计按各自的规定执行。比如，住宅和商场可以设置在同一建筑内。

313. 厂房、仓库及民用建筑是否可以合建？

答：厂房和仓库同属于工业建筑，可以合建。但是，除了中间仓库外，甲乙类厂房与各类仓库，甲乙类仓库与各类厂房不应合建。厂房和仓库均不能与民用建筑合建。为了满足民用建筑自身使用功能所需设置的附属库房，及为满足生产或仓储管理所需设置的办公室、休息室、控制室除外。

314. 当两座建筑之间满足防火间距不限的条件时，可以贴邻建造，贴邻建造的两座建筑可否共用外墙？

答：当两座建筑之间满足防火间距不限的条件时，可以贴邻建造，但这情况的贴邻建造并非合建为同一建筑，贴邻建造的两座建筑的外墙应彼此独立。

315. 住宅建筑单元之间和套之间墙体的耐火极限是怎么规定的？

答：住宅建筑单元之间和套之间墙体的耐火极限的规定，是在房间隔墙耐火极限要求的基础上提高到重要设备间隔墙的耐火极限。

316. 疏散走道的隔墙是否可以采用玻璃墙？

答：疏散走道的隔墙：对于人员密集的场所不应采用玻璃隔墙，其他场所采用玻璃隔墙时，应采用耐火极限不低于 1h 的 A 类防火玻璃隔墙。疏散走道隔墙上设置窗户时，窗户的耐火完整性不应低于 1h。

317. 人员密集场所和人员密集的场所的区别？

答：人员密集场所是以一座建筑为单位。人员密集的场所针对建筑内部的特定区域。定性为人员密集场所建筑，不一定所有房间均为人员密集的场所；定性为非人员密集场所建筑，某些房间（或区域）可能属于人员密集的场所。

318. 商店建筑中设置的附属库房可否经过营业厅疏散？

答：商店建筑中设置的附属库房可以设置连通营业厅的门，但不宜作为疏散门；确有困难时，应保证附属库房至少有 1 个疏散出口通向室外，与营业厅连通的疏散门应向营业厅方向开启，且不应作为营业厅的疏散门。

319. 为什么老年人照料设施需要额外增加连廊？

答：建筑高度的增加会显著影响老年人照料设施内人员的疏散和外部的消防救援，对于建筑高度大于 32m 的老年人照料设施，要求在室内疏散走道满足人员安全疏散要求的情况下，在外墙部位再增设能连通老年人居室和公共活动场所的连廊，以提供更好的疏散、救援条件。

320. 何谓前室穿套，前室穿套在什么情况下可以采用？

答：前室穿套也称前室套前室，是指通过一个楼梯间前室（含合用前室）进入另一个楼梯间前室的疏散方式。前室穿套违背安全疏散原则，不应采用。但是，通过室外敞开连廊连接的两个前室，当连廊满足与建筑外墙及门窗洞口的防火间距要求时，具备较好的通风散热条件，可以采用。

321. 库房储存物品有何要求？

答：甲乙类物品与一般物品以及相互发生化学反应或灭火方法不同的物品必须分库、分间储存，并应在醒目的位置标明物品名称、性质及灭火方法。同一座仓库或同一防火分区内，要尽量储存一种物品。

322. 建筑内使用液化石油气有何规定？

答：高层建筑内不允许使用液化石油气罐，使用液化石油气可以采用管道的方式，但是地下室（包括非高层建筑的地下室或者独立的地下室）管道液化石油气也不可以使用。公共建筑厨房使用液化石油气罐应符合下列规定：充装量大于50kg（50kg钢瓶2个及以上，15kg钢瓶4个及4个以上）的钢瓶不应设置在室内，应设置在所服务建筑外单层专用房间内，当总容积不超过1m³（8个50kg钢瓶的量）可贴邻所服务的建筑，贴邻部位应设置防火墙。所贴邻建筑为非居住建筑、人员密集的场所和高层民用建筑。瓶组间的总出气管道上应设置事故自动切断阀，瓶组间应设置通风设施和可燃气体探测报警装置，可燃气体报警装置应能联动关闭总出气管道上的切断阀和启动防爆排风机。

323. 公共建筑厨房是否可以使用醇基燃料？

答：近年来，全国各地频繁发生由于使用醇基燃料造成的火灾伤亡事故，动辄死亡几十人。发生火灾地区的政府纷纷出台禁止使用醇基燃料的规定。醇基燃料的主要成分是甲醇，而甲醇的闪点在12℃左右，在火灾危险性分类上属于甲类液体。公共建筑厨房内使用液体燃料时，只能采用丙类液体燃料，并且国家有相应规范规定怎样使用。而醇基燃料没有使用方面的国家技术标准，一些推销商为了一己私利，虚假宣传醇基燃料很安全，用火点都点不着，推销的时候从来不给使用者提供醇基燃料闪点的检测报告，蒙骗使用者，最终造成火灾隐患，甚至发生火灾。

324. 标准厂房对外出租应该注意什么？

答：标准厂房在建设的时候，都是按照预设的火灾危险性进行规划、设计、审核和验收的。也就是说标准厂房在出生的时候就有了自己的火灾危险性等级身份。因此，标准厂房在对外出租的时候，就要问清楚对方租来做什么用的，火灾危险性是哪一类，确定好了对方的使用功能的火灾危险性和标准厂房设计的火灾危险性一致时，才可以签订合同。比如：标准厂房是按照丙类来设计的，出租时只能租给生产火灾危险性为丙、丁、戊类的企业使用。注意，标准厂房不可以租给用来做商业、办公等使用性质为民用的企业，仓库虽然和厂房同样属于工业建筑，但是，也不允许出租作为仓库使用。

325. 如何理解建筑的耐火等级？

答：建筑的耐火等级代表了建筑抵抗火灾的能力，耐火等级越高，抗火时间越长，越不容易被烧塌，对人员逃生和灭火救援越有利。我国的规范将建筑的耐火等级划分为四级（一级最高，四级最低）。建筑的耐火等级是由建筑构件的燃烧性能和耐火时间决定的。砖和钢筋混凝土是很好的耐火材料，所以现代建筑的耐火等级基本上都是一级或二级。

326. 为什么裙房的耐火等级不应低于高层建筑主体的耐火等级？

答：裙房与高层建筑属于同一座建筑，是一个整体，裙房一旦出现结构破坏将直接影响高层建筑主体的安全，因此裙房的耐火等级要求与高层建筑主体一致，即使裙房与高层建筑主体之间采用防火墙分隔也不例外。

327. 为什么建筑中的钢结构需要采取防火保护措施？

答：钢结构在高温条件下存在强度降低和蠕变现象。对建筑用钢而言，当温度达到450℃—500℃时，钢材内部再结晶使强度快速下降；随着温度的进一步升高，钢结构的承载力将会丧失。钢结构若不采取有效的防火保护措施，耐火性能较差，因此，现行规范取消了钢结构等金属结构构件可以不采取防火保护措施的有关规定。 钢结构或其他金属结构的防火保护措施，一般包括无机耐火材料包覆和防火涂料喷涂等方式，考虑到砖石、砂浆、防火板等无机耐火材料包覆的可靠性更好，应优先采用。

328. 建筑防爆和建筑泄爆的区别？

答：建筑防爆和建筑泄爆是两种从不同方面降低爆炸危险性和减小爆炸作用对建筑产生破坏性效应的技术。建筑防爆着重于预防爆炸，属于事前防灾技术，包括部分事后减灾措施；建筑泄爆着重于减轻爆炸作用，属于事后减灾技术。

329. 公共建筑内使用燃气的厨房是否需要采取防爆措施？

答：公共建筑中使用可燃气体燃料的部位存在可燃气体泄漏并引发爆炸燃烧的危险性，应在可能发生可燃气体泄漏的部位设置可燃气体浓度检测与报警装置，在用气部位的建筑外墙上设置相应的防爆泄压面积，电气装置应设置在爆炸危险范围外或采用相应防爆等级的电气设备。

330. 柴油发电机组油箱的设置有何规定？

答：柴油发电机组油箱应设置在专用的储油间内，储油间的容量不应大于 $1m^3$，当总容量大于 $1m^3$ 时，可设为 2 个储油间，每个储油间的储油量均不应大于 $1m^3$。大型柴油机泵也应参照执行。

331. 设置在地下建筑中的燃气锅炉房，如何设置爆炸泄压设施？

答：当建筑难以按照计算的泄压面积设置泄压设施时，应采取提高结构的抗爆强度和在承重结构表面设置减压板等措施保护承重结构，使之在受到爆炸压力作用后仍具有相应的承载能力。地下建筑中的燃气锅炉房所设置的泄压设施，当不能直接对外泄压时，应设置泄压竖井等。

332. 设置在民用建筑内的燃油锅炉房及柴油发电机房储油间的总储量是如何规定的？

答：在民用建筑中的燃油锅炉房和柴油发电机房内设置储油间时，总储油量不应大于 $1m^3$。该总储存量是指单个储油间内的总储存量。不同储油间之间、储油间与相邻其他区域之间，均要求采用耐火极限不低于 3h 的防火隔墙和甲级防火门分隔。

333. 容积小于1m³且采用自然汽化方式供气的液化石油气瓶组间设置有何要求?

答:《液化石油气供应工程设计规范》(GB51142—2015)规定容积小于1m³且采用自然汽化方式供气的液化石油气瓶组间,可设置在除住宅、重要公共建筑和高层民用建筑及裙房外,与建筑外墙毗连的耐火极限不低于二级的专用房间内。房间应通风良好,毗连侧应设置防火防爆墙,屋盖应采用轻质不燃材料便于泄爆,应设置可燃气体报警器。

334. 建筑高度大于250m的建筑内是否允许使用燃气?

答:在建筑内使用燃气具有较大的火灾危险性。对于建筑高度大于250m的建筑,为了有效防范燃气事故所带来的危险,除在裙房内必须设置的燃气锅炉房、燃气厨房等场所外,在建筑高层主体和主体投影范围内的地下室,不允许使用燃气。

335. 电梯候梯厅与电梯前室的区别?

答:电梯候梯厅与电梯前室的区别:候梯厅一般2面或3面有围护结构,在没有围护结构的一面或两面可以设置门也可以不设置门。电梯前室是必须设置门,没有门就不能称为前室。

336. 为什么中庭不能作为卖场,不能布置任何可燃物?

答:中庭在与其连通的区域之间采取的分隔措施低于建筑内不同防火分区之间的防火分隔要求,而且在采取相应的防火分隔措施后,中庭内不再划分防火分区,即中庭的面积可以不限制。在确定有关中庭的防火技术要求时,是将中庭作为一个火灾危险性很低的贯通空间,属于除人员交通之外无任何其他实际使用功能的空间。因此,中庭不能作为卖场,不能布置任何可燃物。

337.《建筑防火通用规范》（GB55037—2022）对老年人照料设施的要求，是否适用于社区居家养老服务用房？

答：《建筑防火通用规范》（GB55037—2022）中的老年人照料设施只适用于床位数大于等于 20 床，为老年人提供集中照料服务的公共建筑。包括老年人全日照料设施和老年人日间照料设施。《建筑防火通用规范》（GB55037—2022）对老年人照料设施的要求，不适用于社区居家养老服务用房。

338. 歌舞娱乐放映游艺场所内的厅、室之间是否允许设置相互连通的门？

答：歌舞娱乐放映游艺场所内的厅、室之间要求采用耐火极限不低于 2h 的防火隔墙相互分隔，就是为了防止火灾在厅、室之间蔓延，尽可能地减少一个厅、室的火灾对其他厅、室的危害。因此，歌舞娱乐放映游艺场所内的厅、室之间不应设置相互连通的门，即使将多个相互连通房间的总建筑面积控制在 200m² 以内，也不允许。

339. 延伸至住宅建筑主体投影外的小型商业设施是否可以按照商业服务网点考虑？

答：商业服务网点设置在住宅建筑的下部，通常位于住宅建筑主体投影范围内。延伸至住宅建筑主体投影外的小型商业设施，当符合商业服务网点的定义和相关防火分隔要求与用途，每间商铺的火灾危险性不高于商业服务网点的火灾危险性时，可以按照商业服务网点考虑。

340. 住宅建筑下部总建筑面积超过3000平方米的商业服务网点是否需要设置自动喷水灭火系统和火灾自动报警系统？

答：商业服务网点的消防安全主要通过强化每间商业服务网点的防火标准来实现。设置在住宅建筑下部的商业服务网点，无论所有商业服务网点的总建筑面积多大，其内部消防设施均不需要按照商店建筑的相关要求设置。

341. 商业服务网点是否需要设置排烟设施?

答:任何建筑均应考虑排烟,并且尽量采用设置外窗的自然排烟方式。对于无外窗的商业服务网点,当总建筑面积大于 200m² 或一个房间的建筑面积大于 50m² 时,应设置机械排烟设施。

342. 商业服务网点的室内消火栓应如何布置?

答:室内消火栓在使用时需要一定的空间,以便展开水带。商业服务网点内的面积小、空间通常比较局促,难以满足室内消火栓的操作需要,可以在室外设置几个商业服务网点共用的消火栓或者不设置消火栓。但一个商业服务网点的面积大于 200m² 时,应在其内部设置消防软管卷盘或轻便消防水龙。

343. 住宅与非住宅合建时,防火设计怎么执行?

答:住宅与非住宅合建,无论是上下组合还是水平组合,住宅部分和非住宅部分的安全疏散、防火分区和室内消防设施配置可以按照各自的高度,分别按照住宅建筑和公共建筑的相关要求确定其防火设计。其他防火设计应根据建筑的总高度和建筑规模按照公共建筑的规定执行。

344. 商店建筑中设置仓储场所时,是否要限制仓储场所的建筑面积?

答:《建筑防火通用规范》(GB55037—2022)规定,除为满足民用建筑使用功能所需附属库房外,民用建筑内不应设置其他库房。在商店建筑中,为保证营业厅内商品的销售量与放置商品的库房面积相平衡,允许设置为保证产品销售所需附属周转库房或暂存库房,但应尽量减少仓储面积。现行标准未明确限制商店建筑内附属库房的面积,但还是应有所控制(商店建筑中每个防火分区内附属库房的总建筑面积不应大于其防火分区建筑面积的 10%,作为参考)。

345. 防火隔间和建筑中的门斗都用在何处?

答:防火隔间用于:总建筑面积大于 20000m² 的地下商店划分多个分隔区域

后之间的连通，地铁车站与非地铁功能之间的连通，冷库的库房与加工间之间的连通，避难层的设备管道区与避难区的连通。门斗用于：缓冲爆炸冲击作用，降低爆炸对疏散楼梯间和相邻区域的影响，起防爆隔离，限制爆炸性可燃气体、可燃蒸汽混合物扩散的作用。

346. 建筑通向天桥、连廊的门作为安全出口时，是否需要控制其疏散净宽度不大于疏散总净宽度的30%？

答：建筑通向天桥、连廊的门符合安全出口的要求时，该天桥、连廊可以视为着火建筑的人员疏散安全区，不要求按照有关借用相邻防火分区进行疏散的要求，控制通向天桥或连廊的出口净宽度不大于疏散总净宽度的30%。

347. 规范对有顶棚的步行街都有哪些规定？

答：有顶棚的步行街长度不宜大于300m，宽度不应小于9m。两端的可开启外窗面积不应小于外墙面积的一半。步行街两侧商铺应采用耐火极限不低于2h的防火隔墙分隔，每个商铺的面积不应大于300m²。面向步行街商铺外墙的耐火极限不应小于1h，门窗应采用乙级防火门窗，相邻商铺门窗之间的距离不应小于1m。面向步行街的上下层商铺之间应采取防止火灾竖向蔓延的措施（上下开口之间墙的高度不小于1.2m，设有自动喷水灭火系统上下开口之间实体墙的高度不应小于0.8m；设置宽度不小于1.2m的回廊或防火挑檐）。步行街各层楼板开口的面积不应小于步行街地面面积的37%。步行街内任一点至最近安全出口的步行距离不应大于60m，二层及二层以上商铺的门至安全出口的直线距离不应大于37.5m。步行街顶棚的装修材料应为A级，顶棚承重构件的耐火极限不应低于1h。步行街内不应布置可燃物。步行街的高度不应小于6m，顶棚应设置自然排烟口，排烟口的面积不应小于地面面积的25%。步行街商铺外应设置带有消防软管卷盘的消火栓箱，商铺内应设置火灾自动报警系统和自动喷水灭火系统。步行街内应设置自动跟踪定位射流灭火系统。步行街商铺内外均应设置疏散照明、灯光疏散指示标志和消防广播。

348. 为什么建筑的变形缝需要做防火处理?

答：建筑变形缝是在建筑长度较长的建筑中或建筑中有较大高差部分之间，为防止温度变化、沉降不均匀或地震等引起的建筑变形而影响建筑结构安全和使用功能，将建筑结构断开为若干部分所形成的缝隙。特别是高层建筑的变形缝，因抗震等需要留得较宽，在火灾中具有很强的拔火作用，会使火灾通过变形缝内的可燃填充材料蔓延，烟气也会通过变形缝扩散到全楼。

349. 消防水泵房和消防控制室在建筑内的设置部位有什么要求?

答：附设在建筑内的消防水泵房不应设置在地下 3 层及以下或埋深大于 10m 的地下楼层。泵房的疏散门应直通室外或安全出口。具有消防联动控制功能的火灾自动报警系统应设置消防控制室。消防控制室宜设置在建筑的首层或地下一层，疏散门应直通室外或安全出口。

350. 消防水泵房和消防控制室的防水技术措施有哪些?

答：在消防水泵房和消防控制室的门口设置挡水门槛；将消防水泵房和消防控制室的地面抬高不小于 300mm；在消防泵房内部设置排水沟、集水坑和排污泵。

351.《建筑防火通用规范》（GB55037—2022）中对哪几个场所的消防设施设置提出特殊要求?

答：建筑面积超过 1000m² 的餐厅，其烹饪部位应设置自动灭火装置。食品加工场所的明火作业部位及采用高温食用油加工部位宜设置自动灭火装置。老年人照料设施中的走廊和老年人用房均应设置声警报器或消防应急广播。高层住宅的公共部位应设置具有语言功能的声警报装置或消防应急广播。

352. 何谓消防软管卷盘，何谓轻便消防水龙?

答：消防软管卷盘是由阀门、卷盘、软管和喷枪组成，能在展开软管的过程中射水、喷放干粉或泡沫灭火剂的灭火器具，可分为消防车用和非消防车用软管卷盘。轻便消防水龙是由专用接口、水带及喷枪组成，直接与室内的自来水或消防供水管路连接的一种轻便喷水灭火器具，分自来水管用轻便消防水龙和消防供水管用轻便消防水龙。轻便消防水龙和消防软管卷盘的作用与建筑手提式灭火器相当，是火灾初期建筑内人员就地取用的灭火器材。两者均可以利用室内生活给水系统的压力进行灭火，不需要外部向给水管网进行专门的加压。消防软管卷盘常与室内消火栓共同设置在室内消火栓箱内。

353. 国家标准要求建筑内的自动扶梯底部应设置自动灭火系统，该自动扶梯底部具体指什么？

答：《建筑防火通用规范》（GB55037—2022）要求建筑内的自动扶梯底部应设置自动灭火系统，是考虑到自动扶梯在运行过程中存在因机械故障或其他人员因素导致自动扶梯内部起火的危险性，为减少因不易及时发现和扑救此类火灾所产生的后果而采取的防火保护措施。因此，要求自动扶梯设置自动灭火系统的部位应为自动扶梯内部的传动机构下部，而不是自动扶梯盖板的下部。新型自动扶梯的安全性能越来越高，加之国家立法禁止公共场所吸烟，自动扶梯本身引发的火灾已经非常少见了。因此，对于新型自动扶梯可以不在其内部设置自动喷水灭火系统保护。

354. 菜市场是否需要参照商店建筑的要求设置自动灭火系统？

答：根据《商店建筑设计规范》（JGJ48—88）的规定，商店建筑为商品直接进行买卖和提供服务供给的公共建筑。菜市场为销售蔬菜、肉类、禽蛋、水产和副食品的建筑。菜市场建筑属于商店建筑，故室内菜市场应按照《建筑防火通用规范》（GB55037—2022）有关商店建筑的要求设置自动喷水灭火系统。

355. 仓库内是否可以采用固定消防炮灭火系统？

答：仓库内的自动灭火系统是否可以采用固定消防炮灭火系统，需要综合考虑仓库的空间高度、存放的可燃物类型或火灾发展速度、仓库内货架高度和布置方式等因素。对于存放可能遮挡消防炮作用范围的障碍物的仓库，或存放的可燃物被点燃后火灾发展迅速的仓库，一般不适合采用固定消防炮灭火系统保护。其他空间高度不满足自动喷水灭火系统应用高度的仓库可以采用固定消防炮灭火系统保护。

356. 设置了火探管灭火装置的房间是否还要设置其他灭火系统？

答：火探管灭火装置即探火管灭火装置，是采用探火管自动探测火情并能联动启动喷射灭火剂实施灭火的预制灭火装置，一般适用于扑救容积较小的密闭空间内的火灾。如：高低压配电柜、大型计算机主机、银行 ATM 机、密闭式档案柜等。因此，如果房间容积小，设置火探管灭火装置即可；如果房间容积大，则该房间还需要根据及时灭火或控火的需要设置适用的自动灭火系统。

357. 民用建筑哪些部位需要设置排烟设施？

答：公共建筑内建筑面积大于 $100m^2$ 且经常有人停留的地上房间，公共建筑内建筑面积大于 $300m^2$ 且可燃物较多的地上房间，建筑内长度超过 20m 的疏散走道，建筑内中庭应设置排烟设施。设置在地下、地上 4 层及以上，设置在 1、2、3 层且房间面积大于 $100m^2$ 的歌舞娱乐放映游艺场所应设置排烟设施。地下建筑、地上建筑内的无窗房间当总建筑面积大于 $200m^2$ 或一个房间建筑面积大于 $50m^2$ 且经常有人停留或可燃物较多的房间应设置排烟设施。

358. 工业建筑哪些部位需要设置排烟设施？

答：丙类厂房中建筑面积大于 $300m^2$ 且经常有人停留或可燃物较多的地上房间，面积大于 $5000m^2$ 的丁类车间，占地面积大于 $1000m^2$ 的丙类仓库，高度大于 32m 厂房仓库内大于 20m 的疏散走道，高度不大于 32m 厂房仓库内大于 40m 的疏散走道应设置排烟设施。

359. 建筑内哪些部位需要设置防烟设施？

答：防烟楼梯间及其前室、消防电梯前室或合用前室、避难走道的前室、地铁工程中的避难走道、避难层（间）应设置防烟设施。高度不大于 100m 的住宅及高度不大于 50m 的其他建筑，前室或合用前室采用敞开的阳台（凹廊）或具有不同朝向的可开启外窗时楼梯间可不设防烟系统。

360.《建筑防火通用规范》（GB55037—2022）中要求哪些场所需要设置水喷雾灭火系统？

答：单台容量超过 4 万 kVA 及以上的厂矿企业油浸变压器，单台容量在 9 万 kVA 及以上的电厂油浸变压器，单台容量在 12.5 万 kVA 及以上变电站油浸变压器，飞机发动机试验台试车部位，设置在高层民用建筑内充可燃油的电容器和高压开关室应设置水喷雾灭火系统。

361. 哪些建筑或场所需要设置消防软管卷盘？

答：人员密集的公共建筑、超过 100m 的建筑、面积超过 200m² 的商业服务网点和老年人照料设施应设置消防软管卷盘。

362. 哪些建筑需要设置室内消火栓？

答：高层公共建筑，占地面积大于 300m² 的甲、乙、丙类厂房和仓库，高度大于 21m 的住宅，高度大于 15m 或体积大于 1 万 m³ 的办公楼、教学楼及其他单、多层民用建筑，建筑体积大于 5000m³ 的车站、码头、机场的候车（船、机）建筑，建筑体积大于 5000m³ 的展览、商店、旅馆和医疗建筑，建筑体积大于 5000m³ 的老年人照料设施，建筑体积大于 5000m³ 的档案馆、图书馆，特等、甲等剧场，座位数超过 800 的其他等级剧场和电影院以及超过 1200 个座位的礼堂、体育馆等应设置室内消火栓，建筑面积大于 300m² 的汽车库、修车库、平时使用的人防工程、地铁车辆基地内的建筑，地铁地下区间、控制中心、车站及长度大于 30m 的人行通道，通行机动车的一、二、三类城市交通隧道。

363. 设置敞开楼梯间的建筑，不同楼层房间的上下开口是否需要满足窗槛墙高度要求？

答：对于规范允许采用敞开楼梯间的建筑，可将敞开楼梯间视为不同楼层的有效防火分隔措施。因此，虽然有敞开楼梯间连通，不同楼层房间的上下开口仍需要满足窗槛墙高度要求。实际上，即使是同一防火分区的不同楼层，上、下楼层房间的开口之间也需要满足窗槛墙高度要求。

364. 为什么规定高度超过250m的建筑消防安全措施需要通过专题论证？

答：高层建筑火灾具有火势蔓延快、疏散困难、扑救难度大的特点，高层建筑的设计，在防火上应立足于自防、自救，建筑高度超过250m的建筑更是如此。我国近年来建筑高度超过250m的建筑越来越多，尽管规范对高层建筑以及超高层建筑作了相关规定，但为了进一步增强建筑高度超过250m的高层建筑的防火性能，规定要通过专题论证的方式，在规范现有规定的基础上提出更严格的防火措施，有关论证的程序和组织要符合国家有关规定。有关更严格的防火措施，可以考虑提高建筑主要构件的耐火性能、加强防火分隔、增加疏散设施、提高消防设施的可靠性和有效性、配置适应超高层建筑的消防救援装备，设置满足超高层建筑的灭火救援场地、消防站等。

365. 民用建筑内的灶具、电磁炉是否属于明火地点？

答：考虑到民用建筑内的灶具、电磁炉等设置在专用的灶间内，灶间与其他场所之间采用耐火极限不低于2h的防火隔墙和乙级防火门窗进行分隔。因此，民用建筑内的灶具、电磁炉等与其他室内外外露火焰或赤热表面区别对待，不作为明火地点。

366. 不同建筑构件的耐火极限是如何测定的？

答：以纤维类火灾为主的建筑构件耐火试验主要参照ISO834标准（建筑材料耐火耐燃测试标准）规定的时间—温度标准曲线进行试验；对于石油化工建筑、通行大型车辆的隧道等以烃类为主的场所，结构的耐火极限采用碳氢时间—温度曲线进行试验测定。对于不同类型的建筑构件，耐火极限的判定标准也不一样，比如非承重墙体，其耐火极限测定主要考察该墙体在试验条件下的完整性能和隔热性能；而柱的耐火极限测定则主要考察其在试验条件下的承载力和稳定性能。

367. 何谓室内安全区域、室外安全区域?

答:室内安全区域包括符合规范规定的避难层、避难走道等,室外安全区域包括室外地面、符合疏散要求并具有直接到达地面设施的上人屋面、平台以及符合要求的天桥、连廊等。尽管将避难走道视为室内安全区,但其安全性能仍有别于室外地面,因此设计的安全出口要直接通向室外,尽量避免通过避难走道再疏散到室外地面。

368. 什么是沸溢性油品?

答:沸溢性油品,不仅油品要具有一定含水率,且必须具有热波作用,才能使油品液面燃烧产生的热量从液面逐渐向液下传递。当液下的温度高于100℃时,热量传递过程中遇油品所含水后便可引起水的汽化,使水的体积膨胀,从而引起油品沸溢。常见的沸溢性油品有原油、渣油和重油等。

369. 如何根据建筑内使用或储存高火灾危险性物品的量定性建筑物的火灾危险性?

答:对于容积较大的空间,单凭空间内"单位容积的最大允许量"一个指标来控制是不够的。有时,尽管这些空间内单位容积的最大允许量不大于规定,也可能会相对集中放置较大量的甲、乙类火灾危险性物品,因此,规定了另外一个指标"最多允许存放的总量"。在确定建筑物或防火分区的火灾危险性时,两个控制指标要同时考察,只要有一个指标达到了,就应按照高火灾危险性物品的火灾危险性定性建筑物或防火分区的火灾危险性。

370. 仓库中物品储存的消防要求?

答:甲、乙类物品和一般物品以及容易相互发生化学反应或者灭火方法不同的物品,必须分间、分库储存,并在醒目处标明储存物品的名称、性质和灭火方法。因此,为了有利于安全和便于管理,同一座仓库或其中同一个防火分区内,要尽量储存一种物品。如有困难需将数种物品存放在一座仓库或同一个防火分区内时，存储过程中要采取分区域布置，但性质相互抵触或灭火方法不同的物品不允许存放在一起。

371. 屋面防水层是否需要做防护层？

答：防水材料厚度一般为 3—5mm，火灾荷载相对较小，如果铺设在不燃材料表面，可不做防护层。当铺设在难燃、可燃保温材料上时，需采用不燃材料作防护层，防护层可位于防水材料上部或防水材料与可燃、难燃保温材料之间，从而使得可燃、难燃保温材料不裸露。

372. 金属聚苯乙烯夹心板是否可以作为非承重外墙、房间隔墙及屋面板使用？

答：采用聚苯乙烯、聚氨酯作为芯材的金属夹心板材的建筑火灾多发，短时间内即造成大面积蔓延，产生大量有毒烟气，导致金属夹心板材的垮塌和掉落，不仅影响人员安全疏散，也不利于灭火救援，而且造成了使用人员及消防救援人员的伤亡。为了吸取火灾事故教训，当确需采用金属夹心板材时，要采用不燃夹心材料，不应采用聚苯乙烯夹心板。

373. 在丙类厂房内设置辅助用房是怎么规定的？

答：在丙类厂房内设置用于管理、控制或调度生产的办公房间以及工人的中间临时休息室等辅助用房，应采用防火门、防火窗、耐火极限不低于 2h 的防火隔墙和耐火极限不低于 1h 的楼板与生产部分隔开，并应设置至少 1 个独立的安全出口，为方便沟通而设置的、与生产区域相通的门要采用乙级防火门。

374. 何谓中间仓库？

答：中间仓库是指为满足日常连续生产需要，在厂房内存放从仓库或上道工序的厂房（或车间）取得的原材料、半成品、辅助材料的场所。中间仓库不仅要求靠外墙设置，有条件时，中间仓库还要尽量设置直通室外的出口。

375. 物流建筑如何划分防火分区？

答：物流建筑的类型主要有作业型、存储型和综合型，不同类型物流建筑的防火要求不同。对于作业型的物流建筑，由于其主要功能为分拣、加工等生产性质的活动，故其防火分区要根据其生产加工的火灾危险性，按对应的火灾危险性类别厂房的规定进行划分。其中的仓储部分按照"中间仓库"的要求确定其防火分区大小。对于以仓储为主或分拣加工作业与仓储难以分清哪个功能为主的物流建筑，则可以将加工作业部分采用防火墙分隔后分别按照加工和仓储的要求确定。

376. 厂内主要道路是如何定义的？

答：厂内主要道路，一般为连接厂内主要建筑或功能区的道路，车流量较大。

377. 厂区建筑与厂区围墙必须保持5m间距吗？

答：工厂建设如因用地紧张，在满足与相邻不同产权的建筑物之间的防火间距或设置了防火墙等防止火灾蔓延的措施时，丙、丁、戊类厂房可不受距围墙5m间距的限制。例如，厂区围墙外隔有城市道路，街区的建筑红线宽度已能满足防火间距的需要，厂房与本厂区围墙的间距可以不限。甲、乙类厂房和仓库及火灾危险性较大的储罐、堆场不能沿围墙建设，仍要执行5m间距的规定。

378. 儿童活动场所是指哪些场所？

答：儿童活动场所是指供12周岁及以下婴幼儿和少儿活动场所，包括幼儿园、托儿所中供婴幼儿生活和活动的房间，设置在建筑内的儿童游乐厅、儿童乐园、儿童培训班、早教中心等儿童游乐、学习和培训等活动的场所，不包括小学的教室等教学场所。

379. 什么是老年人照料设施？

答：老年人照料设施是指床位总数或可容纳老年人总数大于等于20床（人），为老年人提供集中照料服务的公共建筑。老年人设施可以按照民用建筑的分类方式划分为养老服务设施（老年人公共建筑）与老年人居住建筑。养老服务设施又可按照服务划分为老年人照料设施和老年人活动设施。老年人照料设施可按照服务的时段及类型进一步划分为老年人全日照料设施和老年人日间照料设施。老年人全日照料设施是为老年人提供住宿、生活照料服务及其他服务项目的设施，是养老院、老人院、福利院、敬老院、老年养护院等的统称；老年人日间照料设施是为老年人提供日间休息、生活照料服务及其他项目的设施，是托老所、日托站、老年人日间照料室、老年人日间照料中心等的统称。

380. 什么是医疗建筑？

答：医疗建筑是指对疾病进行诊断、治疗的建筑，包括医院建筑和具备治疗功能的医疗机构建筑，比如专科疾病防治院（所、站）、妇幼保健院（所、站）、卫生院（其中含乡镇卫生院）、社区卫生服务中心（站）、诊所（医务室）、村卫生室。

381. 什么是疗养院？

答：疗养院是指利用自然疗养因子，结合自然和人文景观，以传统和现代医疗康复手段对疗养员进行疾病防治、康复保健和健康管理的医疗机构。疗养院的功能较为复杂，建筑防火要求应根据具体功能和需求确定，比如，具备治疗功能的疗养院应满足医疗建筑的有关规定，不具备治疗功能的疗养院可参照旅馆建筑考虑；设置养老区或一定数量的老年人疗养床的疗养院，当满足老年人照料设施条件时，应满足老年人照料设施的相关规定。

382. 什么是教学建筑？

答：教学建筑是指供人们开展教学活动所使用的建筑物，包括小学校、中学校、职业技术学校、特殊教育学校、高等院校以及专业培训机构等的教学建筑。

383. 旅馆是如何分类的？

答：旅馆通常由客房部分、公共部分、辅助部分组成，是为客人提供住宿及餐饮、会议、健身和娱乐等全部或部分服务的公共建筑，也称酒店、饭店、宾馆、度假村。旅馆建筑类型按经营特点分为商务旅馆、度假旅馆、公寓式旅馆等。商务旅馆：主要为从事商务活动的客人提供住宿和相关服务的旅馆建筑。度假旅馆：主要为度假游客提供住宿和相关服务的旅馆建筑。公寓式旅馆：客房内附设有厨房或操作间、卫生间、储藏空间，适合客人较长时间居住的旅馆建筑。

384. 剧场是如何分类的？

答：剧场是设有观众厅、舞台、技术用房和演员、观众用房等的观演建筑。剧场的建筑等级根据观演技术要求可分为特等、甲等、乙等三个等级。特等剧场的技术指标要求不应低于甲等剧场。特等剧场是指代表国家的一些文娱建筑，如国家剧院、国家文化中心等；甲等剧场主要指代表省、直辖市的一些文娱建筑；乙等剧场主要指代表市、县的一些文娱建筑。

385. 什么是歌舞娱乐放映游艺场所？

答：歌舞娱乐放映游艺场所是指歌厅、舞厅、录像厅、夜总会、卡拉 OK 厅和具有卡拉 OK 功能的餐厅或包房、各类游艺厅、桑拿浴室的休息室和具有桑拿功能的客房、网吧等场所，不包括电影院和剧场的观众厅。

386. 疏散通道与疏散走道的区别是什么？

答：疏散通道是个宽泛的概念，可以认为，引导人员进入室内、室外安全区域的通道，均可视为疏散通道。疏散通道贯穿疏散路径的全过程，既包括室内安全区域的前室、疏散楼梯间，也包括次危险区域的疏散走道，还包括危险区域（房间、观众厅、营业厅、多功能厅、展览厅、大开间办公室等）中未设置围护结构但具备疏散功能的通道，比如通过营业厅货架、展览厅展架、观众厅座席分隔形成的人员通道等。疏散走道是指，建筑中在火灾时用于人员疏散并具有防火、防烟性能的走道，是人员疏散通行至安全出口的通道，通常是指房间的疏散门至安全出口的疏散通道，属于次危险区域。

387. 哪些场所可作为室内安全区域？

答：室内安全区域也称相对安全区域，是相对于室外安全区域的概念，是连接室外安全区域的过渡空间。室内安全区域是相对独立的防火单元，通常认为，在火灾条件下，进入室内安全区域，即可认为到达安全地点，不再考虑室内安全区域疏散至室外安全区域的疏散时间和距离要求。常见的室内安全区域，主要有疏散楼梯间及前室、避难层的避难区、避难走道及前室。

388. 设置室内安全区域的意义是什么？

答：消防安全疏散是火灾条件下人员安全撤离，到达室外安全地点的过程，即到达室外安全区域的过程，室内安全区域是为了解决安全疏散问题而设置的室内安全区间。安全疏散的目的，是确保人员在火灾发展到威胁人身安全（耐受极限）之前疏散到安全区域，保证安全疏散时间小于火灾发展到危险状态的时间，并预留一定安全余量。室外安全区域是人员疏散的目标，但是，除首层的部分区域外，不可能严格控制其他楼层或区域直通室外的距离，也无法有效控制室内任意一点疏散到室外安全区域的时间。为解决疏散距离和疏散时间的问题，有必要设立室内安全区域，室内安全区域是相对独立的防火单元，并直通室外安全区域。通常认为，进入室内安全区域即到达安全地点，不再考虑室内安全区域疏散至室外安全区域的疏散时间和距离要求。依此规则，可将室内安全区域视为室外安全区域的延伸，将室内任意点直通室外的疏散距离，简化为室内任意点直通室内安全区域的疏散距离，并以此作为安全疏散设计中的控制指标。比如，疏散楼梯间和前室属于室内安全区域，室内任意点至室外安全出口的疏散距离，可简化为室内任意点至本层疏散楼梯间（或前室）的距离。在安全疏散设计中，室内安全区域具有重要意义，是现行标准中明确安全疏散距离的根本。

389. 何为室外安全区域?

答：室外安全区域是位于建筑外部的室外区域，是不受本建筑或相邻建筑火灾危害的区域。原则上，室外安全区域是指满足人员疏散条件的室外地面，实际应用中，以下情况也可视为室外安全区域：（1）满足安全出口要求且直通室外地面或另一建筑物的天桥和连廊；（2）符合疏散要求并具有直达地面设施的上人屋面、平台和下沉广场等。室外安全区域是位于建筑外部的室外区域，应具备人员从室内向室外疏散的条件，相邻建筑的防火间距应满足标准要求，并确保不受建筑火灾危害。

390. 疏散路径的确定原则是什么?

答：疏散路径的确定，应以"危险区域"→"次危险区域"→"室内安全区域"→"室外安全区域"为基本原则。在疏散路径上，风险只能逐级降低。疏散路径的确立，以规避风险为原则，疏散路径的风险只能递减，不能从次危险区域进入危险区域（例如：疏散走道不能通过房间疏散），也不能一个危险区域通过另一个危险区域疏散（例如：一个房间通过另一个房间疏散），禁止从安全区域进入危险区域或次危险区域（例如：禁止从疏散楼梯间、前室向疏散走道疏散）。

391. 裙房的防火分区按照多层建筑来划分的条件是什么?

答：（1）裙房与高层建筑主体之间仅可设置甲级防火门作为连通门，不得设置防火卷帘、防火分隔水幕；（2）裙房与高层建筑主体的安全疏散应相对独立，连通两者之间的甲级防火门不能作为疏散门和安全出口；（3）裙房与高层建筑主体的灭火设施相对独立。比如，两者的自动喷水灭火系统不应共用同一水流指示器；两者的火灾报警设备不应共用同一报警回路；不应共用同一根消火栓立管等。

392. 常压锅炉、负压锅炉、承压锅炉的概念?

答：常压锅炉是指锅炉本体开孔与大气相通。在任何工况下，炉体内不承受供热系统的水柱静压力的锅炉。负压锅炉是指锅炉本体不与大气相通，炉体内为负压的锅炉。利用水在低压情况下沸点低的特性，可快速加热封密的炉体内填装的热媒水。承压锅炉是指锅炉本体不与大气相通，炉体内为正压的锅炉。

393. 柴油发电机房中间储油间的储油量有何规定?

答：附设在建筑内的柴油发电机房，中间储油间的储油量不应大于 $1m^3$。当设置多台柴油发电机时，可以设置多个储油间，每个储油间的储油量不应大于 $1m^3$，但各个储油间的全部储油量不应大于 $5m^3$，当大于 $5m^3$ 时需集中设置在建筑外。

394. 消防水泵房的防水淹措施有哪些?

答：（1）设置挡水门槛；（2）根据设备位置合理设置排水沟，具备直接排放条件的地上泵房可排放至室外排水管网，其他情况可设置集水坑和排水泵（一用一备），排水泵流量不应小于最大泄水量，且不应小于 10L/S；（3）排水泵应按消防负荷供电；（4）消防水泵、控制柜应设置防水淹的基础。

395. 钢筋混凝土抗爆墙应符合怎样的规定?

答：（1）墙厚度不应小于 200mm，且不宜小于层高的 1/25；（2）应采用双层双向配筋，且每层每个方向的配筋率不应小于 0.25%，最大配筋率不应大于 1.5%；（3）设计支座转角大于 2° 时，应配置弯起抗剪钢筋。

396. 为什么建筑中承重的结构或构件需要根据受力情况进行耐火性能验算?

答：工程设计中，人们习惯依据相关工程技术标准列举的建筑构件的燃烧性能和耐火极限进行防火设计，比如《建筑设计防火规范》（GB50016—2014）附录中列举的各类建筑构件的燃烧性能和耐火极限。这些建筑构件的燃烧性能和耐火极限均是试件在特定构造和标准耐火试验条件下的检验结果，实际工程建设中，构件尺寸和现场条件与检验尺寸和标准耐火试验条件差异甚大。因此，有必要根据设计耐火极限和受力情况，对结构或构件进行耐火性能验算，或采用实体火灾耐火试验验证其耐火性能。

397. 一层和一层半式航站楼的定义？

答：一层式航站楼是指陆侧道路以及航站楼内离港和到港旅客办理手续在同一楼层。一层半式航站楼是指陆侧道路是单层的，航站楼局部两层。地面层具有混合的到港和离港处理系统，二层是离港游客的休闲厅。出发旅客在一层办理手续后上二层登机，到达旅客在二层下机后到一层提取行李，出发和到达旅客的行李处理均在一层。一层和一层半式航站楼主要用于小型机场。

398. 二层和二层半式航站楼的定义？

答：二层式航站楼是指陆侧道路及车道为两层，旅客的出发和到达流程在剖面上分离，出发在上层，到达在下层。出发托运行李在二层办票柜台交运后通过行李系统传输设备送到一层或地下一层处理，而到达的行李提取流程则是在一层或地下层进行。二层半式航站楼是在两层式旅客流程的基础上，在指廊区域把出发到达旅客流程进行分层分流，可采用到港下夹层或到港上夹层的模式。二层和二层半式航站楼适用于中型机场。

399. 城市建设用地包括哪些？

答：由《城市用地分类与规划建设用地标准》（GB50137—2011）可知，城市建设用地是指城市（镇）内居住用地、公共管理与公共服务设施用地、商业服务业设施用地、工业用地、物流仓储用地、道路与交通设施用地、公用设施用地、绿地与广场用地的统称。

400. 与交通隧道火灾危险性相关的因素有哪些?

答:(1)车流量。车流量越大,火灾危险越大。(2)隧道封闭段长度。隧道封闭段长度越长,排烟和逃生、救援越困难。(3)通行车辆类型。通行车辆的吨位越大、运输材料的危险性越高,火灾危险性越大。

401. 为什么在疏散和救援通道上不应使用镜面反光材料?

答:疏散救援通道、疏散指示标志和安全出口等应易于辨认,镜面反光材料容易让人产生错觉,导致人员在紧急情况下产生疑问和发生误解,甚至引发误判,因此,不能在疏散和救援通道上使用镜面等反光材料。同时,不少镜面反光材料在高温烟气作用下易炸裂,也不宜用于疏散和救援通道。

402. 为什么室内安全区域可不设置自动灭火系统?

答:室内安全区域主要包括疏散楼梯间及前室、消防电梯前室、避难层的避难区、避难走道及前室等。室内安全区域不允许放置可燃物和影响人员疏散的障碍物,顶棚、墙面和地面等均采用 A 级装修材料,发生火灾的风险很低,且自动灭火系统并不能有效防控外部烟气的危害,设置意义不大。实际上,等到室内安全区域的自动灭火系统触发时,室内安全区域已不再具备疏散和避难功能,设置自动灭火系统无实际意义。

403. 哪些场所可以不设置排烟设施?

答:(1)不适合设置排烟设施的场所可不设置排烟设施。比如,三、四级生物安全实验室防护区不应设置机械排烟系统,以防造成有害因子泄漏;冷库冻结间和冻结物冷藏间可不设置排烟设施;设置气体灭火保护的防火区可不设置排烟系统。(2)火灾发展缓慢的场所可不设置排烟设施。对于火灾发展缓慢的场所,可用疏散时间较长,通常大于必需疏散时间,即使不设置排烟系统也可以满足人员疏散要求,可不设置排烟设施。比如,火力发电厂中,运煤建筑的转运站、碎煤机室、地下或半地下输煤建筑、贮煤场等场所因工艺及建筑的特殊性可不必设置排烟设施，其中一个重要原因是考虑煤火灾多属于焖燃，起火速度较慢，认为不会殃及人员安全撤离。（3）甲乙类场所可不设置排烟设施。甲乙类场所的火灾危险性高，火灾蔓延速度快，多具备易燃易爆风险，排烟系统难以有效发挥作用。

404. 什么是爆炸性环境?

答：爆炸性环境是指在大气条件下，可燃性物质以气体、蒸汽、粉尘、纤维或飞絮的形式与空气形成的混合物，被点燃后，能够保持燃烧自行传播的环境。根据可燃物质状态，爆炸性环境可分为爆炸性粉尘环境和爆炸性气体环境。

405. 什么是易燃易爆危险品场所?

答：易燃易爆危险品场所是指生产、储存、经营易燃易爆危险品的厂房和装置、库房、储罐（区）、商店、专用车站和码头，可燃气体储存（储配）站、充装站、调压站、供应站，加油加气站等。

406. 什么是重大火灾隐患?

答：重大火灾隐患是指违反消防法律法规、不符合消防技术标准，易导致重大、特别重大火灾事故或严重社会影响的各类潜在不安全因素。

407. 为什么封闭式的甲类厂房需要设置泄压设施?

答：等量的同一爆炸介质在密闭的小空间内和在开敞的空间爆炸，爆炸压强差别较大。在密闭的空间内，爆炸破坏力将大很多，因此相对封闭的有爆炸危险性厂房需要考虑设置必要的泄压设施。泄压设施尽量采用轻质屋盖，尽量减少泄压面积的单位质量（即重力惯性）和连接强度。

408. 有爆炸危险的甲、乙类厂房内不同区域因生产需要连通时，应如何连通?

答：在有爆炸危险的甲、乙类厂房或场所中，有爆炸危险的区域与相邻的其他有爆炸危险或无爆炸危险的生产区域因生产工艺需要连通时，要尽量在外墙上开门，利用外廊或阳台联系或在防火墙上做门斗，门斗的两个门错开设置。考虑到对疏散楼梯的保护，设置在有爆炸危险场所内的疏散楼梯也要考虑设置门斗，以此缓冲爆炸冲击波的作用，降低爆炸对疏散楼梯间的影响。此外，门斗还可以限制爆炸性可燃气体、可燃蒸气混合物的扩散。

409. 桶装液体防止液体流散的方法有哪些?

答：桶装液体发生火灾，容易在库内地面流淌，设置防止液体流散的设施，能防止其流散到仓库外，避免造成火势扩大蔓延。防止液体流散的基本做法有两种：一是在桶装仓库门洞处修筑慢坡，一般高为 150—300mm；二是在仓库门口砌筑高度为 150—300mm 的门槛，再在门槛两边填沙土形成慢坡，便于装卸。

410. 地上式储罐在什么情况下防火间距可以减小?

答：地上式储罐设置惰性气体密封、固定泡沫灭火设备、固定消防冷却水设备、防火堤内设置泡沫灭火设备（如固定泡沫产生器等）。这些储罐间的防火间距可适当减小，但尽量不小于 $0.4D$（D 为相邻较大立式储罐的直径）。

411. 什么情况下可以不设置防火堤?

答：闪点大于120℃的液体储罐或储罐区以及桶装、瓶装的乙、丙类液体堆场，甲类液体半露天堆场（有盖无墙的棚房），由于液体储罐爆裂可能性小，或即使桶装液体爆裂，外溢的液体量也较少，因此当采取了有效防止液体流散的设施时，可以不设置防火堤。实际工程中，一般采用设置黏土、砖石等不燃材料的简易围堤和事故油池等方法来防止液体流散。

412. 可燃气体储罐有哪些?

答：可燃气体储罐分低压和高压两种。低压可燃气体储罐的几何容积是可变的，分湿式和干式两种。湿式可燃气体储罐的设计压力通常小于 4kPa，干式可燃气体储罐的设计压力通常小于8kPa。高压可燃气体储罐的几何容积是固定的，外形有卧式圆筒形和球形两种。卧式储气罐容积较小，通常不大于120m³。球形储气罐容积较大，最大容积可达10000m³。这类储罐的设计压力通常为1.0—1.6MPa。湿式储气罐内可燃气体的密度多数比空气轻，泄漏时易向上扩散，发生火灾时易扑救。湿式可燃气体储罐一般不会发生爆炸，即使发生爆炸一般也不会发生二次或连续爆炸。干式储气罐的活塞和罐体间靠油或橡胶夹布密封，当密封部分漏气时，可燃气体泄漏到活塞上部空间，经排气孔排至大气中。当可燃气体密度大于空气时，不易向罐顶外部扩散，比空气小时，则易扩散。

413. 液氢的火灾危险性是什么?

答：液氢的闪点为−50℃，爆炸极限范围为4.0%—75.0%，密度比水轻（沸点时0.07g/cm³）。液氢发生泄漏后会因其密度比空气重（在−25℃时，相对密度1.04）而使气化的气体沉积在地面上，当温度升高后才扩散，并在空气中形成爆炸性混合气体，遇到点火源即会发生爆炸而产生火球。氢气是最轻的气体，燃烧速度最快。液氢燃烧、爆炸的猛烈程度和破坏力等均较气态氢大。

414. 液化石油气的火灾危险性是什么?

答：液化石油气是以丙烷、丙烯、丁烷、丁烯等低碳氢化合物为主要成分的混合物，闪点低于−45℃，爆炸极限范围为2%—9%。液化石油气通常以液态形式常温储存，饱和蒸气压一般在0.2—1.2MPa。1m³液态液化石油气可气化成250—300m³的气态液化石油气，与空气混合形成3000—15000m³的爆炸性混合气体。液化石油气着火能量很低（$3×10^{-4}$J—$4×10^{-4}$J），手电筒开关时产生的火花即可成为爆炸、燃烧的点火源，火焰扑灭后易复燃。液态液化石油气的密度为水的一半（0.5—0.6t/m³）；气态液化石油气的比重比空气重一倍（2.0—2.5kg/m³），泄漏后易在低洼或通风不良处窝存而形成爆炸性混合气体。此外，液化石油气储罐破裂时，罐内压力急剧下降，罐内液态液化石油气会立即气化成大量气体，并向上空喷出形成蘑菇云，继而降至地面向四周扩散，与空气混合形成爆炸性气体。

一旦被引燃即发生爆炸，继而大火以火球形式返回罐区形成火海，致使储罐发生连续性爆炸。

415. 常用液化石油气钢瓶规格有哪些？

答：液化石油气 15kg 钢瓶容积是 35.5L，28 个钢瓶储存的液化石油气为 1m³；液化石油气 50kg 钢瓶容积是 112L，8 个钢瓶储存的液化石油气为 1m³。

416. 建筑设计防火规范对公共建筑高度是如何分段的？

答：《建筑设计防火规范》按 24m、32m、50m、100m 和 250m，对公共建筑进行分段，规定相应防火要求。

417. 当防火分区面积需要增加时自动喷水灭火系统应如何设置？

答：建筑内某一局部位置需增加防火分区的面积时，可通过设置自动灭火系统的方式提高其消防安全水平，局部区域包括所增加的面积，均要同时设置自动灭火系统，并且需要与其他部位进行防火分隔。

418. 对老年人照料设施的高度是怎么要求的？

答：老年人照料设施中的大部分人员不仅在疏散时需要他人协助，而且随着建筑高度的增加，竖向疏散人数增加，人员疏散更加困难，因此，独立建造的老年人照料设施的高度不宜大于 32m，不应大于 54m。

419. 对有顶商业步行街的要求有哪些？

答：有顶棚的商业步行街，其主要特征为：零售、餐饮和商铺通过有顶棚的步行街连接，步行街两端均有开放的出入口并具有良好的自然通风或排烟条件，步行街两侧均为建筑面积较小的商铺，不大于 300m²。有顶棚的商业步行街与商业建筑内中庭的主要区别在于，步行街如果没有顶棚，则步行街两侧的建筑就成为相对独立的多座不同建筑，而中庭则不能。此外，步行街两侧的建筑不会因步行街上部设置了顶棚而明显增大火灾蔓延的危险，也不会导致火灾烟气在该空间内明显积聚。因此，其防火设计有别于建筑内的中庭。为阻止步行街两侧商铺发生的火灾在步行街内沿水平方向或竖直方向蔓延，预防步行街自身空间内发生火灾，确保步行街的顶棚在人员疏散过程中不会垮塌，参照两座相邻建筑的要求规定了步行街两侧建筑的耐火等级、两侧商铺之间的距离和商铺围护结构的耐火极限、步行街端部的开口宽度、步行街顶棚材料的燃烧性能以及防止火灾竖向蔓延的要求等。步行街的端部各层要尽量不封闭；如需要封闭，则每层均要设置开口或窗口与外界直接连通，不能设置商铺或采用其他方式封闭。与步行街相连的商业设施内一旦发生火灾，要采取措施尽量把火灾控制在着火房间内，限制火势向步行街蔓延。为确保室内步行街可以作为安全疏散区，该区域内的排烟十分重要。尽管步行街两侧商业设施内的人员可以通过步行街进行疏散，但步行街毕竟不是室外的安全区域。设计时要尽可能将两侧建筑中的安全出口设置在靠外墙部位，使人员不必经过步行街而直接疏散至室外。

420. 如何理解歌舞娱乐放映游艺场所中的"厅、室"？

答：歌舞娱乐放映游艺场所中的"厅、室"，是指歌舞娱乐放映游艺场所中相互分隔的独立房间，如卡拉 OK 的每间包房、桑拿浴的每间按摩房或休息室，这些房间是独立的防火分隔单元，需采用耐火极限不低于 2h 的墙体和 1h 的楼板与其他单元或场所分隔，疏散门为耐火极限不低于乙级的防火门。单元之间或与其他场所之间的分隔墙上无任何门窗洞口，每个厅室的最大建筑面积不应大于 200m²，即使设置自动喷水灭火系统，面积也不能增加，以便将火灾限制在该房间内。不允许采用上述分隔方式将多个小面积房间组合在一起且建筑面积小于 200m²，作为一个厅室。

421. 商业服务网点的防火要求有哪些？

答：设有商业服务网点的住宅建筑仍可按照住宅建筑定性来进行防火设计，住宅部分的设计要求要根据该建筑的总高度来确定。对于单层的商业服务网点，当建筑面积大于 200m² 时，需设置 2 个安全出口。对于 2 层的商业服务网点，当首层的建筑面积大于 200m² 时，首层需设置 2 个安全出口，二层可通过 1 部楼梯到达首层。当二层的建筑面积大于 200m² 时，二层需设置 2 部楼梯，首层需设置 2 个安全出口。商业服务网点每个分隔单元的建筑面积不应大于 300m²，单元内的疏散距离，一、二级耐火等级的情况，单元内的疏散距离不应大于 22m。当商业服务网点为 2 层时，该疏散距离为二层任一点到达室内楼梯，经楼梯到达首层，然后到室外的距离之和，其中室内楼梯的距离按其水平投影长度的 1.5 倍计算。

422. 怎样才算直通室外？

答：直通室外是指疏散门不经过其他用途的房间或空间直接开向室外或疏散门靠近室外出口，只经过一条距离较短的疏散走道直接到达室外。

423. 火车长度数据有哪些？

答：一列火车的长度一般不大于 900m，新型 16 车编组的和谐号动车，长度不超过 402m。

424. 救援窗口的设置要求是什么？

答：救援窗口的设置既要结合楼层走道在外墙上的开口、还要结合避难层、避难间以及救援场地，在外墙上选择合适的位置进行设置。

425. 水喷雾的灭火原理是什么？

答：水喷雾灭火系统喷出的水滴粒径一般在 1mm 以下，喷出的水雾能吸收大量的热量，具有良好的降温作用，同时水在热作用下会迅速变成水蒸气，并包裹保护对象，起到部分窒息灭火的作用。水喷雾灭火系统对于重质油品具有良好的灭火效果。

426. 泡沫的灭火原理是什么？

答：低倍数泡沫主要通过泡沫的遮断作用，将燃烧液体与空气隔离实现灭火。高倍数泡沫主要通过密集状态的大量高倍数泡沫封闭区域，阻断新空气的流入实现窒息灭火。如大型易燃液体仓库、橡胶轮胎库、纸张和卷烟仓库、电缆沟及地下建筑（汽车库）等。

427. 选用厨房自动灭火装置的要求是什么？

答：厨房火灾是常见的建筑火灾之一。厨房火灾主要发生在灶台操作部位及其排烟道。须选用能自动探测与自动灭火，灭火前能自动切断燃料供应、具有防复燃功能且灭火效能（一般应以保护面积为参考指标）较高的产品，且必须在排烟管道内设置喷头。

428. 中庭为什么需要设置排烟设施？

答：中庭在建筑中往往贯通数层，在火灾时会产生一定的烟囱效应，能使火势和烟气迅速蔓延，易在较短时间内使烟气充填或弥散到整个中庭，并通过中庭扩散到相连通的邻近空间。设计需结合中庭和相连通空间的特点、火灾荷载的大小和火灾的燃烧特性等，采取有效的防烟、排烟措施。中庭烟控的基本方法包括减少烟气产生和控制烟气运动两方面。设置机械排烟设施，能使烟气有序运动和排出建筑物，使各楼层的烟气层维持在一定的高度以上，为人员赢得必要的逃生时间。

429. 为什么地下空间的防排烟设置要求比地上空间严格？

答：地下、半地下建筑（室）不同于地上建筑，地下空间的对流条件、自然采光和自然通风条件差，可燃物在燃烧过程中缺乏充足的空气补充，可燃物燃烧慢、产烟量大、温升快、能见度降低快，不仅增加人员的恐慌心理，而且对安全疏散和灭火救援十分不利。因此，地下空间的防排烟设置要求比地上空间严格。地上建筑中无窗房间的通风与自然排烟条件与地下建筑类似，因此其相关要求也与地下建筑的要求一致。

430. 甲、乙类车间的排风设备设置要求是什么？

答：为甲、乙类车间服务的排风设备，不能与送风设备布置在同一通风机房内，也不能与为其他车间服务的送、排风设备布置在同一通风机房内。

第三部分

消防设施

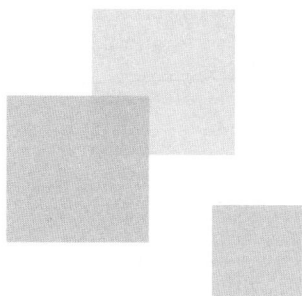

一、消火栓系统

431. 什么是减压型室内消火栓?

答：减压型室内消火栓，是通过设置在栓内或栓体进、出水口的节流装置，实现降低栓后出口压力的室内消火栓。通常情况下，节流装置就是安装在消火栓上的减压孔板。

432. 减压稳压型室内消火栓的工作原理是什么?

答：减压稳压型室内消火栓，自动节流装置设置在出水口，由挡板、活塞、弹簧组成，挡板上有出流孔口，活塞的中心为过水通道。在没有水流的情况下，弹簧将活塞推送至最外端处，这时挡板和活塞之间的过流间隙最大，过水量最大。当消火栓打开后，水流通过挡板的出流孔口，经活塞中心的过水通道流出，出口的水会对活塞产生向里的推力。当出口压力达到设定值时，推力将克服弹簧的弹力，推动活塞运动，挡板和活塞之间的过流间隙变小，出流量降低，出口压力变小。当出口压力降到设定值时，弹簧的弹力大于出口压力，推动活塞回位，挡板和活塞之间的过流间隙变大，出流量增加，出口压力变大。通过这种方式，在一定入口的压力范围内，可以实现出口压力的稳定。

433. 双阀双出口消火栓是否还有应用的场所和必要?

答：双阀双出口消火栓，是指一根进水管、两个阀门、两个出水口的栓体结构形式。在原来的《高层民用建筑设计防火规范》（GB50045—95）条款中，在部分建筑中当设置两根消防竖管确实有困难时，可以采用一根消防竖管，但需要采用双阀双出口消火栓。按现行《消防给水及消火栓系统技术规范》（GB50974—2014）的规定，原来使用双阀双出口消火栓的部分场所，允许采用一支水枪的一股充实水柱保护，也就是说只需要单栓保护。因此，双阀双出口消火栓已不再有应有的场所和必要。这里顺便说一下，单阀双出口消火栓很早以前就不允许使用了。

434. 消防水泵的选择有何要求？

答：消防水泵的性能应满足消防给水系统所需流量和压力的要求。消防水泵所配驱动器功率应满足所选水泵流量扬程性能曲线上任何一点运行要求。采用电动机驱动消防水泵时，应选择电动机干式安装的消防水泵。流量扬程性能曲线应为无驼峰、无拐点的平滑曲线，零流量时的压力不应大于设计工作压力的140%，且宜大于设计工作压力的120%。当流量为设计流量的150%时，出口压力不应低于设计工作压力的65%。

435. 防烟楼梯间与消防电梯合用前室的消火栓是否可以计入消火栓使用数量？

答：《消防给水及消火栓系统技术规范》（GB50974—2014）第7.4.5条规定：消防电梯前室应设置室内消火栓，并应计入消火栓使用数量。前室是人员疏散的缓冲空间，也可以供灭火救援人员进行进攻前的整装和灭火准备工作。火灾发生时，机械加压送风系统启动，分别向楼梯间和前室加压送风，确保楼梯间压力大于前室，前室大于室内其他区域，防止烟气进入前室和楼梯间。当消火栓水带通过防火门时，防火门被打开，前室的正压力被破坏，人员疏散的缓冲空间被破坏，这是非常危险的。因此，对于防烟楼梯间与消防电梯合用前室的情况，如需要将前室消火栓计入消火栓使用数量，在设置有机械加压送风的情况下，需要加大机械加压送风的风量，否则，此消火栓不应计入消火栓使用数量。

436. 室内消火栓是否可以跨越防火分区使用？

答：《消防给水及消火栓系统技术规范》（GB50974—2014）第7.4.6条规定，室内消火栓的布置应满足同一平面有2支消防水枪的2股充实水柱同时到达任何部位的要求。不再要求同层同一防火分区2支消防水枪的2股充实水柱同时到达任何部位。也就是说，室内消火栓可以跨越防火分区使用。消火栓跨越防火分区使用需要注意以下原则：（1）消火栓不能跨越防火卷帘使用，在发生火灾时，防火卷帘第一时间落下，其效果视同于防火实墙。因此，消火栓不能跨越防火卷帘进行保护。（2）室内消火栓可以穿越防火门保护另一个防火分区。但是，消防水带穿越防火门时，会影响水带的有效使用长度，会影响防火门的防火防烟性能。因此，为保证安全，在需要2支消防水枪的2股充实水柱同时到达的场所，最多借用1支其他防火分区的消防水枪。

437. 什么是干式消火栓系统？

答：对于室内环境温度低于4℃或高于70℃建筑，如需要设置消火栓，就只能设置干式消火栓系统。干式消火栓系统的管网平时不充水，当火灾发生时，迅速充水灭火。干式消火栓系统的充水时间不应大于5min。在供水干管上宜设干式报警阀、雨淋阀或电动阀、电磁阀等快速启闭装置，当采用电动阀时，开启时间不应超过30s。当采用雨淋阀、电动阀和电磁阀时，在消火栓箱处应设置直接开启快速启闭装置的手动按钮，这时的系统相当于一个半自动系统，当人员操作消火栓时，可以手动启动消火栓箱内的手动按钮，开启控制阀向管网充水。干式报警阀、雨淋阀或电磁阀、电动阀都应该具备现场手动开启的功能。在系统管道的最高处应设置快速排气阀。当干式消火栓系统采用干式报警阀时，如同干式自动喷水灭火系统，平时管网充有一定的气压，当消火栓开启时，管网的压力降低，干式报警阀自动开启向管网充水。干式消火栓系统不同于干式消防竖管，干式消防竖管仅设置消火栓栓口，不需要水枪水带等设施，火灾发生时，消防队员用自带的水带接入竖管上的消火栓灭火。

438. 消火栓泵的启动方式有哪几种？

答：消火栓泵的启动方式有自动启动、手动启动和机械应急启动三种方式。自动启动方式又分为连锁启动和联动启动。连锁启动是靠消防水泵出水干管设置的压力开关和屋顶消防水箱出水口设置的流量开关实现；联动启动是靠消火栓按钮的动作信号与该消火栓按钮所在报警区域内任一火灾探测器或手动报警按钮的报警信号的"与"逻辑组合实现。手动启动又分为消防水泵控制柜上的手动启泵按钮启动和消防控制室内消防控制柜上的手动启泵按钮启动。机械应急启动装置是设置在消防水泵控制柜上，能够在消防水泵控制柜内的控制线路发生故障时由有管理权限的人员在紧急时启动消防水泵。

439. 消火栓泵的自动启动、手动启动对火灾自动报警主机及消防水泵控制柜上的自动与手动设置有何要求？

答：采用消防水泵出水干管设置的压力开关和屋顶消防水箱出水口设置的流量开关连锁启泵方式，火灾自动报警主机设置在自动或手动状态都可以，消防水泵控制柜需要设置在自动状态。采用消火栓按钮的动作信号与该消火栓按钮所在报警区域内任一火灾探测器或手动报警按钮的报警信号的"与"逻辑组合作为联动触发信号，启动消防水泵方式，火灾自动报警主机需要设置在自动状态，消防水泵控制柜需要设置在自动状态。采用消防水泵控制柜上的手动启泵按钮启泵方式，消防水泵控制柜需要设置为手动，火灾自动报警主机设置在自动或手动都可以。采用消防控制室内消防控制柜上的手动启泵按钮启泵方式，和火灾自动报警主机设置在自动或手动状态都无关。

440. 消火栓泵的连锁启泵和联动启泵的区别是什么？

答：消火栓泵的连锁启动是靠消火栓泵出口设置的压力开关和屋顶消防水箱出水口设置的流量开关直接启泵，是消火栓系统自身完成的，不需要火灾自动报警系统的参与。消火栓泵的联动启动是指有火灾自动报警系统参与，是由消火栓按钮的动作信号与该消火栓按钮所在报警区域内任一火灾探测器或手动报警按钮的报警信号的"与"逻辑组合作为联动触发信号，由火灾自动报警主机发出启动消火栓泵的指令完成。

441. 为什么消火栓泵有自动启动和手动启动方式还需要设置机械应急启动？

答：机械应急启动装置是设置在消火栓泵供电的主回路中。消火栓泵的自动启动和手动启动按钮都是作用在消火栓泵控制柜的二次回路中。由于压力开关启泵、流量开关启泵、火灾报警主机的联动启泵、消防控制室内的消防控制柜上的手动启泵和消防泵房消防水泵控制柜上的手动启泵都是通过继电器等元件来实现的，如果继电器等元件发生故障，消火栓泵的自动和手动启动将失败，可靠性不如直接设置在主回路的机械应急启动装置。机械应急启动一般采用手动合闸来实现。

442.《消防给水及消火栓系统技术规范》（GB50974—2014）第11.0.14规定，消防水泵不宜采用有源器件启动。这句话是什么意思？

答：有源器件是区别于无源器件的，如果电子元器件工作时，其内部有电源存在，则这种器件就叫作有源器件。有源器件一般用来信号放大、变换等，无源器件用来进行信号传输。电容、电阻、电感、二极管、变压器、继电器等都是无源器件；三极管、模块、变频器、软启动器等都是有源器件。所以，消防泵的启动可以采用直接启动、自耦降压启动或星三角启动，这些都是无源器件启动；不应采用变频器启动和软启动器启动等有源器件启动。

443. 消防水泵采用电动机驱动时，电动机的启动方式有哪几种？

答：消防水泵采用电动机驱动时，电动机的启动方式分为全压启动和降压启动两种方式。全压启动就是让水泵在额定电压下进行启动，启动电流会达到额定工作电流的6—7倍，会对电网造成很大冲击，一般用于功率小于37kW的电动机。降压启动就是利用启动设备，在启动时降低加在绕组上的电压，待启动过程结束，再给定子绕组加上全电压。降压启动有星三角启动和自耦降压变压器启动。星三角启动，在启动时先将三相定子绕组联结成星形，待转速接近稳定时再改联结成三角形。这样，启动时联结成星形的定子绕组电压与电流都只有三角形联结时的 $1/\sqrt{3}$，由于三角形联结时绕组内的电流是线路电流的 $1/\sqrt{3}$，而星形联结时两者则是相等的。因此，联结成星形启动时的线路电流只有联结成三角形直接启动时线路电流的1/3。自耦变压器降压启动是指电动机启动时利用自耦变压器来降低加在电动机定子绕组上的启动电压，待电动机启动后，再使电动机与自耦变压器脱离，从而在全压下正常运行。

444. 消防水泵控制柜的防护等级IP30、IP55指什么？

答：根据国家标准《外壳防护等级（IP 代码）》（GB/T4208—2017），IP 为国际防护代码字母，其后有两位特征数字，第一位特征数字表示防止固体异物进入功能（防尘），第二位特征数字表示装置的防止水进入功能（防水）。防尘特征数字有 0—6，数字越大表示防护功能越强，3 表示能防止直径 ≥ 2.5mm 的固体异物进入外壳内。防水特征数字有 0—8，数字越大表示防护功能越强，0 表示无防护，5 表示能防止喷水造成有害影响。IP30 表示控制柜能完全防止直径 ≥ 2.5mm 的固体异物进入柜内，但不能防水。IP55 表示控制柜能防粉尘防喷水，也就是说虽不能完全防止尘埃进入，但进入的尘埃量不会影响设备的正常运行和安全，而且即使向控制柜外壳各方向喷水，控制柜也无有害影响，能正常运行。

445. 室内消火栓系统是否有必要设置消火栓按钮？

答：《消防给水及消火栓系统技术规范》（GB50974—2014）第 11.0.4 条规定：消防水泵应由消防水泵出水干管上设置的压力开关、高位消防水箱出水管上的流量开关或报警阀压力开关等开关信号直接自动启动消防水泵。虽然已经规定了多种自动启泵的方式，消火栓按钮作为启泵方式，具有较高的可靠性，还是有存在的价值的（当建筑物内未设置火灾自动报警系统时，消火栓按钮可以用导线直接引至消防泵控制柜启动消防泵；当建筑物内设置火灾自动报警系统时，消火栓按钮的动作信号可以作为报警信号及启动消火栓泵的联动触发信号，由消防联动控制器联动控制消火栓泵的启动）。另外，在干式消火栓给水系统中，消火栓按钮可以作为启动干式系统的快速启闭装置，因此，消火栓按钮还是有必要设置的。

446. 消防水池两格与两座的区别？

答：《消防给水及消火栓系统技术规范》（GB50974—2014）第 4.3.6 条规定：消防水池的总蓄水有效容积大于 500m³ 时宜设两格能独立使用的消防水池；当大于 1000m³ 时，应设置能独立使用的两座消防水池。两格是指共用分隔墙。两座是指各组有独立的围护结构，两墙之间需要间隔缝隙，外壁间距不应小于 1.2m。

447. 消防水池储存室外消防用水，并且室外消火栓系统采用临时高压给水系统，那么消防水池是否需要设置消防车取水口？

答：室外消火栓用水采用临时高压给水系统，临时高压给水系统的水源是消防水池。虽然消防车可以从室外消火栓上取水。但是为了供水的可靠性，《消防给水及消火栓系统技术规范》（GB50974—2014）第 4.3.7 条还是规定，储存室外消防用水量的消防水池应设置消防车取水口。且应保证消防车吸水高度不大于6m，即取水口处地面高于消防水池最低有效水位不大于 5m，另外 1m 是消防车水泵与地面的高度。

448. 消防水泵采用立式多级离心水泵和采用卧式多级离心水泵的区别？

答：立式多级离心水泵，出水管口比较高，影响消防水池最低有效水位，减小消防水池的蓄水量。为降低消防最低有效水位，提高消防蓄水量，方法是降低消防泵房地面标高或抬高消防水池底面标高，这样会影响水池水深，增大水池建筑面积。卧式多级离心泵，出水管口比较低，基本与吸水口相平，在确保水泵淹没水位的前提下，泵体本身不会影响消防水池最低有效水位，也不会影响消防泵房地面的标高，但卧式多级离心水泵比立式多级离心水泵占地面积大，会增加消防泵房的建筑面积。

449. 为什么市政给水管网平时运行工作压力不应小于0.14MPa，火灾状态下供水压力不应小于0.1MPa？

答：市政和室外消火栓应能满足向消防车注水的压力要求。消防车的最大高度为 4m，当供水压力从消防车道地面算起不小于 0.1MPa 时，可基本满足向消防车注水的压力要求。火灾时给水管网的用水量增大，水头损失增加，为保证管网的有效水压，要求市政给水管网平时运行工作压力不应小于 0.14MPa。

450. 室外消火栓与道路边缘及建筑外墙的距离要求？

答：为了防范道路车辆等损坏消火栓，满足消防车取水条件，室外消火栓距离道路边缘不宜小于 0.5m，并不应大于 2m。同时，为确保人身安全，消火栓距建筑外墙不宜小于 5m。消火栓、消防水泵接合器两侧沿道路方向各 5m 范围内禁止停放机动车，并应在明显位置设置警示标志。

451. 室内消火栓的设置位置有哪些要求?

答: 室内消火栓应设置在楼梯间及其休息平台和前室、走道等明显易于取用，以及便于火灾扑救的位置；住宅的室内消火栓宜设置在楼梯间及其休息平台；汽车库内消火栓的设置不应影响汽车的通行和车位的设置，并应确保消火栓的开启；同一楼梯间及其附近不同层设置的消火栓，其平面位置宜相同；冷库的室内消火栓应设置在常温穿堂或楼梯间内。建筑室内消火栓栓口的安装高度应便于消防水龙带的连接和使用，其距地面高度宜为 1.1m；其出水方向应便于消防水带的敷设，并宜与设置消火栓的墙面呈 90°或向下。

452. 室内消火栓管网布置有何要求?

答: 室内消火栓系统，管网应布置成环状，采用水平成环和竖向成环的方式。当室外消火栓设计流量不大于 20L/S 且室内消火栓不超过 10 个时，可布置成支状。消防给水管道的设计流速不宜大于 2.5m/s，不应大于 7m/s。竖管管径应根据竖管最低流量经计算确定，但不应小于 DN100。室内消火栓竖管应保证检修管道时关闭停用的竖管不超过 1 根，当竖管超过 4 根时，可关闭不相邻的 2 根。室内消火栓给水环状管网的每根竖管与供水横干管相接处应设置阀门。向室内环状消防给水管网供水的输水干管不应少于两条，当其中一条发生故障时，其余的输水干管应仍能满足消防给水设计流量。对于单层成环的室内消火栓系统，检修停用的消火栓不应超过 5 个，当超过 5 个时，应采用阀门将管道分成多个独立段，每段内的消火栓数量不应超过 5 个。室内消火栓给水管网宜与自动喷水灭火系统等其他水灭火系统的管网分开设置，当合用消防泵时，供水管路沿水流方向应在报警阀前分开设置。

453. 消防水池的水位有哪几种及设置的目的是什么？

答：消防水池的水位有：最低有效水位、最高水位、最高报警水位、最低报警水位和溢流水位。最低有效水位是能够被水泵使用的最低水位。消防水池的最高水位是保证消防水池有效储水容积的水位。设置最高报警水位的目的，是当进水液位控制阀损坏等原因造成消防水池水位不断上升，达到最高报警水位时报警，提醒管理人员处置，最高报警水位应设置在最高水位和溢流水位之间。设置最低报警水位的目的，当水位达到最低报警水位报警，提醒管理人员去现场查看维修，保证消防水池的有效储水容积。设置溢流水位的目的，是当进水管的浮球阀损坏，水池达到最高报警水位后报警，由于种种原因进水阀无法及时关闭，消防水池通过溢流水位处设置的溢流管泄水，防止水池内的水通过呼吸口或人孔溢出。

454. 消火栓稳压泵的压力是否需要保证最不利点处消火栓压力不小于0.35MPa？

答：稳压泵的主要作用是消弭管网的正常泄漏、保证管网充满水。设计压力只需满足系统自动启泵压力设置点处的压力在准工作状态时大于系统设置自动启泵压力值，和保持系统最不利点处水灭火设施在准工作状态时的静水压力大于0.15MPa。因此，不需要保证最不利点处消火栓压力不小于0.35MPa。

455. 屋顶消防水箱出水管管径应满足消防给水设计流量的出水要求，此处消防给水设计流量是整个系统的设计流量，还是火灾初期用水量？

答：高位消防水箱出水管管径应满足消防给水设计流量的出水要求，且不应小于DN100。此处消防给水设计流量是整个系统的设计流量，即消防主泵的设计流量，不是火灾初期用水量。DN100是个最低要求，也就是说屋顶消防水箱出水管的管径只能是大于等于100。

456. 建筑物室外消防给水的设置原则是什么？

答：建筑物室外消火栓用水量大于20L/s应采用2路供水，室外消火栓用水量小于等于20L/s可采用1路供水（高度超过54m的住宅除外）。需要2路供水的建筑物如果不能满足2路供水，需要设置消防水池，消防水池应设置消防车取水口。无论1路供水还是2路供水，室外消火栓都宜设置在市政供水管网上。

457. 何谓高位消防水池？

答：高位消防水池就是位置较高的消防水池。一般有两种，一种是利用自然地形的高位消防水池，另一种是设置在建筑物高处的高位消防水池。

458. 高位消防水池未储存足够消防用水量，火灾时由消防供水系统向消防水池双路补水，储水量加上补水量能满足火灾延续时间内消防用水量，这种系统是否为高压消防给水系统？

答：这种系统不是高压给水系统。该系统高位消防水池不是始终保持满足消防所需要的储水量，火灾时需要启动消防补水泵补充其不足部分，该系统属于临时高压消防给水系统的重力供水方式，非高压消防给水系统。

459. 建筑室外消火栓供水环状管网是否可以既和消防水池的室外消火栓泵连接又与一路市政供水管网连接？

答：不允许。室外消火栓应直接设置在市政供水管网上，市政给水管网不允许和消防水池的室外消火栓泵及其他供水设施连接。如果既设置市政供水又设置消防泵供水，市政供水管网需要单独成环，消防泵供水管网需要单独成环。这样设计有点多余，正确的做法是在市政管网上设置室外消火栓，消防水池设置取水口。

460. 什么是消防水泵接合器？

答：消防水泵接合器是用于外部增援供水的措施，当消防水泵（或正常供水系统）不能正常供水时，由消防车连接消防水泵接合器向消防给水系统管道供水。消防水泵接合器一般应由本体、消防接口、安全阀、水流止回装置（止回阀）和水流截断装置（闸阀）等组成。消防水泵接合器按安装方式可分为地上式、地下式、墙壁式和多用式。

461. 减压阀分类及各自结构工作原理是什么?

答：减压阀将进口压力降至某一需要的出口压力，并依靠介质本身的能量，使出口压力自动保持稳定。根据工作原理和结构形式，减压阀主要分为：比例式减压阀、可调式减压阀和双级减压阀。其中可调式减压阀又分为：直接作用式稳压减压阀、先导式稳压减压阀、直接作用式差压减压阀、先导式差压减压阀。比例式减压阀结构简单，阀体只有一个活动部件活塞，利用活塞两端截面积的不同，产生压力差，实现减压。比例式减压阀的出口压力与进口压力，成固定比例关系。当没有流量时，阀体完全关闭，实现减静压。比例式减压阀按固定比例减压，阀后压力跟随阀前压力成比例变化，不能调整。比例式减压阀体积小，安装方便，价格低，较多应用在系统的减压分区供水中，适合管井安装。可调式稳压减压阀，就是我们所说的可调式减压阀，当进口压力在一定幅度变化时，其出口压力相对稳定，且出口压力可以在一定范围内连续调整。按控制方式，可分为直接作用式稳压减压阀（简称直接作用式减压阀）和先导式稳压减压阀（简称先导式减压阀）。直接作用式减压阀，是利用出口压力变化直接控制阀瓣运动。弹簧向下施加的压力和出口水流压力向上施加的压力，形成差动力，直接驱动控制阀门开度，以此实现出口压力的稳定减压。通过调节弹簧力度，可以调整阀后压力值。直接作用式减压阀的体积小，价格低，较多应用于小管径场所。先导式减压阀，由水力控制主阀、先导阀（简称导阀）等部件组成，导阀感应出口压力，根据出口压力调节控制腔压力，控制主阀瓣开度，当水流通过阀瓣与阀座的环形间隙时，压力下降，实现减压功能，并维持阀后压力的稳定。导阀与出口相通，当出口压力小于设定值时，导阀膜片下腔的压力降低，调节弹簧推动阀杆下移，导阀开度增大，主阀控制腔的水通过导阀排出，控制腔压力降低，主阀瓣在入口压力水的推动下，开度增加，阀后压力增加。反之，当出口压力大于设定值，导阀膜片下腔的压力升高，推动调节弹簧，阀杆上移，导阀开度减少，主阀控制腔的压力升高，推动主阀瓣关闭，开度减少，阀后压力降低。在先导式减压阀中，调节导阀弹簧即可设定出口压力。先导式减压阀的结构相对复杂，价格较高，较适用于大口径减压阀场所。

462. 减压阀的应用有哪些注意事项？

答：减压阀具有单向阀特征，仅应设置在单向流动的供水管上。减压阀的阀前阀后压力比值不宜大于 3∶1。当一级减压阀减压不能满足要求时，可采用减压阀串联减压，但串联减压不应大于两级，第二级减压阀宜采用先导式减压阀，阀前阀后压力差不宜超过 0.4MPa。减压阀应设置在报警阀组入口前，当连接两个及以上报警阀组时，应设置备用减压阀。减压阀的进口处应设置过滤器。过滤器和减压阀前后应设置压力表。过滤器前和减压阀后应设置控制阀门。减压阀后应设置压力试验排水阀。减压阀应设置流量检测测试接口或流量计。垂直安装的减压阀，水流方向宜向下。比例式减压阀宜垂直安装，可调式减压阀宜水平安装。减压阀和控制阀门宜有保护或锁定调节配件的装置。接减压阀的管段不应有气堵、气阻。采用减压阀减压分区供水时，每一供水分区应设置不少于两组减压阀组，每组减压阀组宜设置备用减压阀；减压阀宜采用比例式减压阀，当超过 1.2MPa 时，宜采用先导式减压阀。减压阀后应设置安全阀，安全阀的开启压力应能满足系统安全，且不应影响系统的供水安全性。

463. 什么是减压型倒流防止器？

答：减压型倒流防止器：由两级相互独立的止回阀和一个水力控制排水阀组成，可严格限定管道有压水单向流动，有效防止回流污染。在止回阀的作用下，中间腔压力小于进水口压力，控制腔和进水口相通，在控制腔的作用下，泄水阀处于关闭状态。管道出现回流时，止回阀关闭，当进口压力与中间腔的压力差小于一定值时，泄水阀打开（在泄水腔和弹簧共同作用下），中间腔和大气连通，排空积水，杜绝水倒流；当进口压力与泄水阀腔的压力恢复到一定值时，在控制腔的作用下，泄水阀关闭，恢复正常通水。

464. 为什么室外消火栓给水引入管设置倒流防止器时，应在倒流防止器前增设1个室外消火栓？

答：倒流防止器是采用止回部件组成的可防止给水管道水流倒流的装置，倒流防止器的水头损失较大，且当超额用水时水头损失更大，可能导致倒流防止器下游侧的室外消火栓压力过低。为此，在倒流防止器的前端增设1个室外消火栓，紧急情况下可利用该消火栓供水。

465. 何谓安全泄压阀？

答：安全泄压阀，是消防系统中应用较多的水力控制阀，也称为泄压持压阀、水力控制泄压阀、超压泄压阀。安全泄压阀通过先导阀感应阀门上游压力，超过设定的安全值时，阀门自动开启，排出部分管线水，压力升高开度加大，压力降低开度减小，当压力恢复到安全值时，阀门关闭，确保管道和设备在安全压力下运行。安全泄压阀通常以旁路的方式安装在消防给水管道上，防止管路超压，保护管道和设备安全。安全泄压阀的典型应用是在消防水泵房，在消防水泵出口的主管路上安装安全泄压阀，超过安全值时自动开启泄压，维持管网设备在设定的安全值之下运行，还可以缓解水锤冲击。安全泄压阀也应用在减压阀的出口管路上，防止减压阀失效导致管网超压，维持管路压力在设定的安全值之下运行。安全泄压阀的开启速度平缓，不能用在可压缩气体的系统中，因为可压缩气体超压会有爆炸风险，必须最大限度迅速排放，需要采用一次开启到位的全启式安全阀或膜片式安全泄放装置。

466. 何谓浮球阀？

答：浮球阀是控制水箱和水池水位的重要设施，我们常见的有直接作用式浮球阀和遥控浮球阀。直接作用式浮球阀运用杠杆原理，直接控制阀门的启闭。当水位升高时，浮球带动阀杆升起，达到设定水位时，联动阀门关闭；水位下降时，浮球带动阀杆下放，联动阀门开启。直接作用式浮球阀较适用于小口径管道场所。遥控浮球阀是一种水力控制阀，是利用直接作用式浮球阀（我们称为浮球导阀）

作为阀门控制开关。遥控浮球阀，由主阀、针阀、球阀、浮球导阀等组成，阀门开启时，浮球导阀处于开启状态，水通过针阀、控制室、球阀、浮球阀泄放，控制腔不形成压力，主阀开启。水位升高时，浮球带动阀杆升起，达到设定水位时，浮球导阀关闭，控制腔内水压升高，推动主阀关闭，停止供水；水位下降时，浮球导阀重新开启，控制室水压下降，主阀再次开启供水。

467. 何谓蝶阀?

答：蝶阀是通过旋转阀杆带动碟板转动，来实现阀门的启闭。当碟板到达90°时，阀门处于全开状态，通过调整碟板的角度，可以调整介质流量。按安装方式，常见的消防蝶阀有对夹式蝶阀、法兰式蝶阀和沟槽式蝶阀。对夹式蝶阀是用双头螺栓将阀门连接在两管道法兰之间。法兰式蝶阀的阀门上带有法兰，用螺栓连接到管道法兰上。沟槽式蝶阀的两端采用沟槽连接。按操作方式，蝶阀可分为手柄蝶阀和蜗轮蝶阀。手柄蝶阀通过手柄操作，手柄杆直接传动碟板，开关迅速，较费力。蜗轮蝶阀用手轮操作，通过蜗轮传动蜗板，开关慢，但省力。所有消防蝶阀均应有表示碟板位置的指示装置和保证碟板在全开和全关位置的限位装置。手柄操作的消防蝶阀，应带有不同开度的锁定装置，保证碟板有三个以上中间位置，并能调节和锁定。对于需要远程控制的蝶阀或大口径蝶阀，可以采用电动蝶阀，电动蝶阀通过电动执行器控制。在消防系统中，我们经常应用到信号蝶阀，在原蝶阀的基础上，增加了输出"通"、"断"电信号的装置。当阀门处于"开"或"关"的状态时，能输出"开启"或"闭合"的触点信号，可通过输入模块反馈至消防控制主机，以监视阀门的"开"、"关"状态，防止误动。信号蝶阀的典型应用，是在自动喷水灭火系统中，在水流指示器前面安装的检修阀，通常采用信号蝶阀，防止误动关闭。相对于闸阀，蝶阀结构简单，占用空间小，开启和关闭速度快，但蝶阀在管路中的压力损失比较大。蝶阀在消防系统中有广泛的应用，当应用在水泵进出口等有振动的场所时，应采用带自锁装置的蝶阀，以防振动关闭。

468. 什么是球阀？

答：球阀的启闭件为球体，沿球体轴线，有圆形通孔或通道。通过阀杆带动启闭件旋转，实现阀门的通断。球阀的开关迅速，只需要旋转 90° 的操作就能关闭严密，也称为快开阀。球阀的体积小，结构简单，安装简便，开关迅速，主要应用在消防系统的小口径管路中，我们所见的报警阀组、末端试水装置等消防设备，较多应用球阀。

469. 什么是截止阀？

答：截止阀的启闭件为阀瓣，由阀杆带动阀瓣做升降运动，实现阀门的启闭，依靠阀杆压力，可使阀瓣和阀座的密封面紧密结合，阻止介质流通。截止阀具有可靠的切断功能，可用于阀门启闭，也适用于流量调节。截止阀只许介质单向流动，安装时有方向性，截止阀的结构长度大于闸阀，流体阻力大。常见的截止阀形式有：直通式、直流式和角式。截止阀主要应用于小口径场所，相对于球阀，截止阀能调节流量大小，但开启和关闭速度慢，水流损失较大。在消防系统中，截止阀的应用并不多，在一些消防设备的控制管路中，可能用到截止阀。

470. 什么是闸阀？

答：闸阀的启闭件（阀板）由阀杆带动，沿阀座（密封面）做直线升降运动，阀板的运动方向与流体方向垂直。闸阀的流体阻力小，适合各类规格的阀门。闸阀按阀杆螺纹分为两类，一是明杆式，二是暗杆式。明杆闸阀的阀杆可以看见螺纹，暗杆闸阀的阀杆看不见螺纹。明杆闸阀的方向盘和阀杆通过螺纹咬合，阀杆与阀板一体，阀板的升降，通过阀杆的外露高度可以判断阀门的开关状态。暗杆闸阀的方向盘和阀杆是一体的，阀杆的传动螺纹位于阀板内部，方向盘转动时，阀杆带动阀板升降，从外部来看，方向盘和阀杆始终在固定点转动，不会有升降。暗杆闸阀没有阀杆的升降，相对明杆闸阀，安装高度要求较小，但不能从外部判断阀门的开启状态。在消防水系统中，通常会采用明杆闸阀，或采用带启闭刻度标志的暗杆闸阀。对于需要远程控制的闸阀或大口径闸阀，可以采用电动闸阀，电动闸阀通过电动执行器控制。

471. 什么是单向阀？

答：单向阀又称止回阀或逆止阀，其启闭件（阀瓣）借助介质作用力，自动阻止介质逆流。止回阀属于控制流体单向流动的阀门，其主要作用是防止介质倒流，防止泵反转，以及容器介质的泄放。常见的止回阀结构有：升降式止回阀、旋启式止回阀和蝶式止回阀。升降式止回阀的结构一般与截止阀相似，其阀瓣沿着通道中心线作升降运动，动作可靠，但流体阻力较大，适用于较小口径的场所。旋启式止回阀的阀瓣绕转轴做旋转运动。其流体阻力一般小于升降式止回阀，它适用于较大口径的场所。蝶式止回阀的阀瓣呈圆盘状，绕阀座通道的转轴作旋转运动。消防水泵出水管路、水泵接合器、屋顶消防水箱出水管路，这些需要防止水倒流的部位，均需设置止回阀。在消防给水系统中，普通止回阀的快速关闭可能带来水锤危害，因此，在水泵出口等部位的止回阀，通常会采用缓闭式止回阀（或增加水锤消除器），缓闭式止回阀具有缓闭功能，可以减轻或消除水锤危害。

472. 消防系统安全泄放装置有哪些？

答：安全泄放装置，是一种自动超压保护装置，它不借助任何外力，利用介质本身的力来排出液体，以防止压力超过额定的安全值。消防系统中，常见的安全泄放装置有安全阀、膜片式安全泄放装置和水力控制泄压阀，实际应用有较大区别。安全阀在消防系统中，较多应用在设备装置上，比如泡沫液储罐、消防气压给水设备、消防水泵接合器等。膜片式安全泄放装置主要应用于贮存容积不大，要求迅速完成泄放动作，且泄放物质对环境没有太大风险的装置中，比如氮气瓶组容器阀、气体灭火瓶组容器阀以及气体灭火集流管等。水力控制泄压阀通常以旁路的方式安装在消防给水管道上，防止管路超压，保护管道和设备安全。安全阀是一种自动阀门，它不借助任何外力，利用介质本身的力来排出一定数量的流体，以防止压力超过额定的安全值。当压力恢复正常后，阀门再行关闭并阻止介质继续流出。安全阀的种类很多，我们常用的是弹簧直接载荷式安全阀和先导式安全阀。根据安全阀的开启高度，可分为微启式、中启式和全启式。全启式安全阀具有较大的排量，适用于气体、液体、蒸汽等介质的石油、化工、电站等管道系统的超压保护装置。微启式安全阀的排量比全启式安全阀小，通常适用于液体介质。膜片式安全泄放装置，是一种超压时能自动泄压，防止发生超压爆炸而装设在压力容器和压力管道的安全附件。膜片式安全泄放装置使用安全膜片作为隔离密封件，当达到设定的安全值时，安全膜片爆裂，具有不可逆性。和安全阀相比，膜片式安全泄放装置的体积小，开放更彻底，突出泄压防爆功能。在消防系统中，安全阀和安全泄放装置的适用位置各有区别：在泡沫喷雾灭火系统中，动力瓶组和驱动瓶组都是使用膜片式安全泄放装置，泡沫储罐容量较大，需要使用安全阀。水力控制泄压阀也称泄压持压阀、安全泄压阀、超压泄压阀。泄压阀通过先导阀感应阀门上游压力，超过设定的安全值时，阀门自动开启，排出部分管线水，压力升高开度加大，压力降低开度减小，当压力恢复到安全值时，阀门关闭，确保管道和设备在安全压力下运行。水力控制泄压阀通常以旁路的方式安装在消防给水管道上，防止管路超压，保护管道和设备安全。水力控制泄压阀的典型应用是在消防水泵出口的主管路上安装水力控制泄压阀，超过安全值时自动开启泄压，维持管网设备在设定的安全值之下运行，还可以缓解水锤冲击。水力控制泄压阀也应用在减压阀的出口管路上，防止减压阀失效导致管网超压，维持管路压力在设定的安全值之下运行。

473. 自动排气阀和快速排气阀是一种阀门吗？

答：在消防给水管网中，初次充水需要排除管道内的空气，正常运行时也可能在管道高处积聚空气，为保证系统安全提高灭火效率，需要及时排除这些积聚的气体，通常使用自动排气阀。自动排气阀是一个带有内置浮球开关的启闭阀门，当阀体内集聚空气时，液面下降，连动排气阀打开，排出阀体中的空气，空气排除后，液面上升，浮球同步上升，连动排气阀关闭。在湿式的自动喷水、消火栓等系统中，管网中平时充满水，只需要偶尔排除少量的空气，可以在管网高处设置小排气量的自动排气阀。在平时管网不充水的干式系统、预作用系统中，系统启动时需要排出大量空气，以加速充水灭火，这时需要使用排气量较大的自动排气阀，这种排气量较大的排气阀，就是我们常说的快速排气阀。自动排气阀和快速排气阀是同一产品，我们把排气量较大的自动排气阀称为快速排气阀。

474. 真空破坏器的作用是什么？

答：真空破坏器是用于自动消除给水管道内真空，有效防止虹吸回流，消除回流污染的设施。真空破坏器由一个装在进水端的进气阀和一个装在出水端的止回阀组成，当管道内正常通水时，依靠管道内水压将止回阀打开。当进水端的上游管道压力很低但尚未形成真空时，止回阀先行关闭（通过止回阀弹簧设计为某一压力值），切断回流。当供水管道内压力继续下降，低于大气压时产生真空，进气阀打开补气，形成空气隔断。当管道内真空破坏后，进气阀瓣在重力作用下关闭。在消防系统中，当消防软管卷盘或轻便消防水龙从生活饮用水管道上直接引水时，需要安装真空破坏器。

二、自动喷水灭火系统

475. 洒水喷头是如何分类的？

答：洒水喷头按照产品标准类别分为：常规洒水喷头、扩大覆盖面积洒水喷头、早期抑制快速响应喷头和家用喷头，实际应用中，还有特殊应用喷头，但尚没有相关产品标准。洒水喷头按照结构形式分为闭式喷头和开式喷头。洒水喷头按照热敏感元件分为易熔元件喷头和玻璃球喷头。洒水喷头按照安装位置和水的分布分为通用型喷头、直立型喷头、下垂型喷头、边墙型喷头。洒水喷头按灵敏度分为快速响应喷头、特殊响应喷头和标准响应喷头。洒水喷头按照使用场所的需要可分为：平齐式喷头、嵌入式喷头、隐蔽式喷头、带涂层喷头、带防水罩喷头和干式下垂型喷头。

476. 何谓隐蔽式洒水喷头？

答：带装饰盖板的外罩，配合外罩座安装在吊顶内，当火灾发生时，装饰盖板受热脱落，溅水盘下放至吊顶下部，温度升高，洒水喷头动作，喷水灭火。隐蔽式喷头的装饰盖板与吊顶平齐，隐蔽安装在吊顶内，主要应用在高档装修的场所和安装高度不够的场所。隐蔽式喷头包括装饰盖板、外罩、外罩座、活动溅水盘、喷头等部分。隐蔽式喷头的盖板上应标有"不可涂覆"的字样。隐蔽式喷头的受热条件较差，因此不提倡使用。

477. 什么是扩大覆盖面积洒水喷头？

答：扩大覆盖面积洒水喷头，是具有比常规洒水喷头更大特定保护面积的洒水喷头，简称 EC 喷头。EC 喷头的分类和形式，和常规洒水喷头基本一致。扩大覆盖面积洒水喷头的典型应用是边墙型扩大覆盖面积洒水喷头。标准覆盖面积洒水喷头，流量系数 $K \geq 80$，一只直立型和下垂型喷头的最大保护面积不超过 $20m^2$，一只边墙型喷头的保护面积不超过 $18m^2$。而一只扩大覆盖面积洒水喷头的保护面积会达到 $36m^2$。

478. 什么是早期抑制快速响应喷头？

答：早期抑制快速响应喷头，简称 ESFR，是响应时间指数（RTI）和传导系数（C）比快速响应喷头的要求更高，用于保护堆垛与高架仓库的大流量特种洒水喷头。早期抑制快速响应喷头的响应速度快，强调早期抑制作用。在火灾初期，即使只启动少数喷头就能够有足够的水迅速作用于火。

479. 什么是干式下垂喷头？

答：在干式自动喷水灭火系统和预作用自动喷水灭火系统中，为了防止管道积水，通常采用直立型喷头。但是，在一些有吊顶的特殊场所，喷头必须向下安装，这时就需要使用干式下垂喷头。干式下垂喷头也称为干式喷头，由一个特殊短管和安装于特殊短管出口喷头组成，在短管入口处有一个密封物。在喷头动作前，此密封物可阻止水进入短管。短管入口处的密封物为带密封垫的管堵，玻璃泡通过传动管、管堵封堵入口，防止水进入。当火灾发生时，闭式喷头探测火灾，玻璃泡受热爆裂，短管内的压缩弹簧推动传动管，开启管堵，水进入短管，通过喷头喷水灭火。

480. 洒水喷头灵敏度分类依据的是什么?

答:洒水喷头灵敏度分类通常依据响应时间指数(*RTI*)和传导系数(*C*)来衡量喷头动作的灵敏度。对于常规喷头,可以分为快速响应喷头(感温玻璃泡的直径为 3mm)、特殊响应喷头(感温玻璃泡的直径为 5mm,是最常用的喷头)、标准响应喷头(感温玻璃泡的直径为 8mm,实际工程中基本上不采用此喷头)。喷头灵敏度类别,通常在喷头的性能代号前面加特殊字符表示,在溅水盘或本体上,有永久性标记。快速响应喷头在性能代号前加"K",特殊响应喷头在性能代号前加"T",标准响应喷头性能代号前不加符号。

481. 洒水喷头的公称动作温度是怎么标记的?

答:洒水喷头根据热敏感元件分为易熔元件喷头和玻璃球喷头。易熔元件喷头是通过易熔元件受热熔化而开启。玻璃球喷头是通过玻璃球内充装的液体受热膨胀使玻璃球爆破而开启。闭式洒水喷头用颜色标志区分公称动作温度,玻璃球洒水喷头的公称动作温度分为 13 档,在玻璃球工作液中作出相应的颜色标志,易熔元件洒水喷头的公称动作温度分为 7 档,在喷头轭臂或相应的位置作出颜色标志。洒水喷头公称动作温度,在其溅水盘或本体上有永久性标记。

482. 如何识别常规洒水喷头的型号规格及永久性标记?

答:在喷头的溅水盘或本体上,至少应标记型号规格、生产厂家名称(代号)或商标、生产年代、认证标记等,并且所有标记应为永久性标记。洒水喷头的型号规格由类型特征代号(型号)、性能代号、公称口径和公称动作温度组成。其中的类型特征代号主要表明产品的结构形式和特征,由生产商自己命名,类型特征代号为非必要项,可以不作标识。洒水喷头的性能代号:通用型喷头 ZSTP、直立型喷头 ZSTZ、下垂型喷头 ZSTX、直立边墙型喷头 ZSTBZ、下垂边墙型喷头 ZSTBX、通用边墙型喷头 ZSTBP、水平边墙型喷头 ZSTBS、齐平式喷头 ZSTDQ、嵌入式喷头 ZSTDR、隐蔽式喷头 ZSTDY、干式喷头 ZSTG。快速响应喷头在性能代号前加"K",特殊响应喷头在性能代号前加"T",标准响应喷头性能代号前不加符号。带涂层喷头前面加"C"，带防水罩喷头前面加"S"。公称口径有 10mm、15mm、20mm，对应的流量系数分别为 57、80、115。扩大覆盖面积洒水喷头、早期抑制快速响应喷头、家用喷头有各自的产品标准，其型号规格及永久性标记有所不同。

483. 湿式报警阀的工作原理是什么?

答: 湿式报警阀是一种只允许水流入湿式灭火系统的单向阀，在规定的压力、流量下驱动配套部件报警。火灾发生时，闭式喷头探测火灾，受热开启灭火，水流经过湿式报警阀组，湿式报警阀启动，经过延迟器延时后，水力警铃和压力开关动作，压力开关连锁消防水泵启动，同时向消防控制室发出报警信号。湿式报警阀组由阀体、延迟器、水力警铃、压力开关、排水阀、过滤器、泄水孔、供水侧压力表和系统侧压力表等组成。阀体座圈上有多个沟槽小孔与报警管路相通。准工作状态时，沟槽小孔被阀瓣封闭，水流不能进入报警管路。当洒水喷头开放时，报警阀的系统侧压力降低，水流推动阀瓣开启，进入系统侧管网。同时，水流经沟槽小孔进入报警管路，少部分水流通过泄水孔排放，大部分水流进入延迟器。当延迟器蓄满水后，水流推动水力警铃报警，同时压力开关输出开关信号，连锁消防水泵启动。

484. 推杆式雨淋报警阀的工作原理是什么?

答: 雨淋报警阀的形式很多，按结构可分为推杆式雨淋报警阀、隔膜式雨淋报警阀、活塞式雨淋报警阀等。目前较常用的是推杆式雨淋报警阀和隔膜式雨淋报警阀。推杆式雨淋报警阀作为系统控制阀门，系统侧管网和水源侧管网通过阀瓣分隔，中间腔与报警管路相通，连接压力开关和水力警铃。控制腔连通供水侧管路，控制腔的压力通过活动顶杆、压扣作用在阀瓣上，隔断水源。同时水源的压力也通过阀瓣、压扣作用在活动顶杆上。准工作状态时，控制腔和水源侧的压力相等，由于杠杆原理阀瓣得以有效密封。当启动管路的阀门开启后，限流孔板的补水速度不及启动阀的排水速度，控制腔的水压迅速降低，水源侧压力通过压扣推动活动顶杆回退，阀瓣开启。同时水流进入报警管路，水力警铃报警，压力开关动作，连锁消防水泵启动。当阀瓣打开后，阀瓣对压扣的作用力不再存在，活动顶杆在控制腔的作用下，推动压扣回位，可以防止阀瓣重新回到关闭位置。

485. 角式隔膜雨淋报警阀的结构和工作原理是什么？

答：角式隔膜雨淋报警阀是利用隔膜上下运动实现阀门的启闭。隔膜将阀分为控制腔、出水腔和进水腔，控制腔和水源侧相通，在准工作状态下，控制腔的水压和进水腔相同，由于上下腔受水作用面积的差异，保证了隔膜雨淋阀具有良好的密封性。当启动管路的阀门启动时，控制腔的补水量小于泄放量，控制腔压力迅速降低，进水腔的水压推动隔膜向上运动，雨淋阀开启。同时水流进入报警管路，水力警铃报警，压力开关动作，连锁消防水泵启动。

486. 直通式隔膜雨淋报警阀的结构和工作原理是什么？

答：直通式隔膜雨淋报警阀是利用隔膜左右运动实现阀门的启闭，同样分为控制腔、出水腔和进水腔，其原理与角式隔膜雨淋报警阀相同。

487. 什么是干式报警阀？

答：干式报警阀是干式自动喷水灭火系统中的控制阀门，是一种在出口侧充以压缩气体，当气压低于一定值时，能使水自动流入喷水系统侧并进行报警的单向阀。干式报警阀包括差动式干式报警阀和机械式报警阀。差动式干式报警阀中气密封座的直径大于水密封座的直径，两个密封座被一个处于大气压的中间室隔离开来。机械式干式报警阀由机械放大机构使水密封件保持司应状态。差动式报警阀是最常用的干式报警阀，讲解如下：在准工作状态时，报警阀出口以后的管网（系统侧管网）充有一定压力的气体，当出现少量的泄漏时，气压维持装置通过节流孔补压，维持管网压力。报警阀的阀体被阀瓣分成上、下两个腔，上腔连接充有压缩气体的系统侧管网，下腔连接水源。报警阀的阀瓣扣在气密封座和水密封座上，其中气密封座的直径大于水密封座的直径，两个密封座被中间室隔离，中间室连通报警水道，通过滴水阀与大气相通。气密封座的直径大于水密封座的直径，下腔水对阀瓣的作用面积小于上腔气体对阀瓣的作用面积（二者的比值即差动比），系统侧只要较小的气体压力就可以平衡供水侧较大的工作压力。干式报警阀的系统侧，通常会在底座加注底水，用来密封阀瓣组件和防止动作部件黏结。干式报警阀设置有防复位锁止机构，防止阀瓣组件在动作后重新回到关闭位置上。干式报警阀的滴水阀，通过小孔与大气相通，用于排出中间室的少量渗水，防止系统误动，滴水阀在水流加大时自动关闭。火灾发生时，喷头开启，节流孔的补气速度远小于喷头喷放速度，系统侧管网气压迅速降低，阀瓣上、下腔的平衡被破坏，阀瓣开启水进入系统侧管网。阀瓣开启后，水流从中间室流向报警水道，驱动水力警铃和压力开关动作，同时滴水阀在水压的作用下自动关闭。

488. 什么是干式报警阀的加速器？

┃　答：在干式自动喷水灭火系统中，如果系统侧管网容量较大，喷头开放时，系统侧管网的气压下降速度就会较慢，干式报警阀将不能及时开启，这时需要增加加速器。加速器是加速干式报警阀开启时间的快开装置，可以缩短干式报警阀的开启时间。加速器能感应系统侧管网中快速、稳定的压力降。当喷头动作或开启末端试水装置时，系统侧管网会出现快速、稳定的压力降，加速器感应动作，将系统侧的加压气体直接传输至干式报警阀的中间室，阀瓣上、下腔的平衡被破坏，阀瓣迅速开启。

489. 什么是预作用自动喷水灭火系统的预作用装置？

┃　答：系统侧管网充有压缩空气的预作用系统，需要采用预作用装置。预作用装置由预作用报警阀组、控制盘、气压维持装置和空气供给装置组成。其中的预作用报警阀组，由预作用报警阀（单阀或组合阀）及其管路辅件组成。常见的预作用报警阀组，属于组合阀，类似于雨淋阀和单向阀的叠加。通常情况下，单向阀底座需要加注底水，用来密封阀瓣组件和防止动作部件黏结。预作用报警阀的结构原理与雨淋阀基本相同，可参照雨淋报警阀。空气供给装置通常采用空气压缩机。控制盘是预作用装置的控制主机，具有自动、手动启动预作用装置的功能，同时控制空气供给装置，维持管网一定的气压（0.03—0.05MPa）具备故障报警和高、低气压报警功能，并能向消防控制室反馈相关信号。当火灾发生时，控制盘接受火灾联动控制器的启动指令，启动预作用报警阀。启动管路的电磁阀开启，限流孔板的补水速度不及启动阀的排水速度，控制腔的水压迅速降低，水源侧压力通过压扣推动活动顶杆回退，控制阀开启。同时水流进入报警管路，水力警铃报警，压力开关动作，联锁消防水泵启动，向控制盘反馈启动信号。控制盘开启系统侧管网排气电动阀，同时停止空压机运行。

490. 水流指示器的作用是什么?

答：水流指示器是将水流信号转换成电信号的一种报警装置。水流指示器安装在每个防火分区或每个楼层的主干管出口位置，当洒水喷头动作时，水流推动水流指示器的叶片，叶片联动微动开关，输出开关报警信号，指示防火分区或楼层的报警位置。为防止水流波动引起误动作，水流指示器可以增加延迟功能，延迟时间可以调节。

491. 什么是末端试水装置?

答：为检验自动喷水灭火系统的可靠性，测试系统能否在开放一只喷头的最不利条件下可靠报警并正常启动，要求在每个报警阀组控制的最不利点洒水喷头处设置末端试水装置。末端试水装置分手动末端试水装置和电动末端试水装置，由试水阀、压力表、试水喷嘴及保护罩等组成，用于监测自动喷水灭火系统末端压力，并可以检验系统启动、报警及联动等功能。手动末端试水装置可通过手动方式控制装置的开启和关闭，手动末端试水装置应安装在方便操控的位置。电动末端试水装置可通过电动的方式控制末端试水装置的开启和关闭，一般带有信号反馈装置，方便远程操控。试水喷嘴出水口的流量系数，应等同于同楼层或防火分区内的最小流量系数洒水喷头。也就是说，末端试水装置开启后，等同于楼层或所在防火分区最小流量系数的喷头启动。以此测试水流指示器、报警阀、压力开关、水力警铃的动作是否正常，配水管道是否畅通，以及最不利点处的喷头工作压力等。末端试水装置的出水，应采取孔口出流的方式排入排水管道，排水立管宜设伸顶通气管，且管径不应小于 75mm。 每个报警阀组控制的最不利点喷头处，应设置末端试水装置。其他防火分区、楼层均应设置直径为 25mm 的试水阀。试水阀可以选配压力表。末端试水装置和试水阀应有标识，距地面的高度宜为1.5m，并应采取不被他用的保护措施。

492. 自动喷水灭火系统水泵接合器的设置位置有何要求？

答：使用消防水泵接合器时，说明建筑已处于扑救火灾状态，报警阀的报警作用已无必要，因此，自动喷水灭火系统的消防水泵接合器，可设置在报警阀的上游也可以设置在报警阀的下游。共用消防水泵接合器时，要注意报警阀组的止回作用，即某个报警阀组下游安装的消防水泵接合器，不能向该报警阀组上游的其他报警区域供水。

493. 什么是自动喷水灭火系统的作用面积？

答：在自动喷水灭火系统中，作用面积，是一次火灾中，系统按喷水强度保护的最大面积。当某次火灾发生时，我们只考虑作用面积内的喷头全部开放，在规定时间内（即火灾延续时间内）按设计选定的喷水强度持续喷水灭火（不考虑作用面积以外的喷头动作），并以此为依据，确定设计流量，配套管网、设备以及消防水池等设施。自动喷水灭火系统能有效扑救初期火灾，当火灾达到一定规模，就无法再有效发挥作用。因此，当某次火灾发生时，过大的保护范围无实际意义，只需要考虑自动喷水灭火系统能有效发挥作用的面积。作用面积的大小直接关系到消防用水量，影响到消防水池、水泵、管网以及配套设备等的投资造价。为了达到一个比较安全又相对经济的目标，也必须设定合理作用面积。

494. 怎样确定自动喷水灭火系统的作用面积？

答：作用面积的大小和系统类别、设置场所及火灾危险等级相关。在设置自动喷水灭火系统时，我们需要根据设置场所和火灾危险等级，确定作用面积的大小，火灾危险等级高的场所，作用面积也比较大。仅在走道设置洒水喷头的闭式系统，其作用面积应按疏散走道对应的走道面积确定。仓库等场所，起火后较难扑灭，其作用面积通常比民用建筑和厂房大。对于干式系统以及采用由火灾自动报警系统和压力开关联动控制的预作用系统，其管网在喷头动作后有个排气充水的过程，灭火效率不如湿式系统，作用面积比湿式系统大。对于采用火灾自动报警系统直接控制的预作用系统，系统能在喷头动作前完成管网充水，灭火效率和湿式相同，其作用面积也与湿式系统相同。对于雨淋系统，相对比较特殊，启动时每个雨淋报警阀所控制的开式洒水喷头同时喷水，因此，雨淋系统的作用面积就是雨淋报警阀所控制喷头的喷水面积。在设计雨淋系统时，喷水面积不宜大于作用面积。对大面积场所，可设多套雨淋报警阀组合控制一次灭火的保护范围。

495. 自动喷水灭火系统消防水泵直接自动启动方式有哪些？

答：有三种方式：方式一，由报警阀组压力开关直接自动启动消防水泵；方式二，由高位消防水箱出水管上的流量开关直接自动启动消防水泵；方式三，由消防水泵出水干管上设置的压力开关直接自动启动消防水泵。在方式一中，通过报警阀组的压力开关直接自动启动消防水泵，报警阀组的压力开关信号应直接引入消防水泵控制柜内。在方式二中，通过高位水箱出口的流量开关，直接自动启动消防水泵。当火灾发生时，洒水喷头开启，流量开关会发出报警，经延时后直接自动启动消防水泵，同时向火灾自动报警系统发出报警信号。由于管网漏水量不能确定，且可能大于单个洒水喷头的流量，容易造成误报和水泵的频繁启动。方式三中，通过消防水泵出水干管上设置的压力开关，直接自动启动消防水泵。对于只设置屋顶消防水箱、不设置稳压泵的临时高压给水系统，当火灾发生时，洒水喷头开启，屋顶水箱水位降低，消防水泵出水干管上的水压降低，当达到压力开关的设定值时，可以直接自动启动消防水泵，同时向火灾自动报警系统发出报警信号。洒水喷头开启后的流量非常有限，要使屋顶水箱降到一定值，需要好长时间，因此，这种方式不能满足设计要求。对于既设置屋顶消防水箱又设置稳压泵的系统，当火灾发生时，洒水喷头开启，稳压泵启动，只有开启的洒水喷头总流量超过稳压泵的流量时，管网压力才能下降，设置在消防泵出水干管上的压力开关才能动作。所以，这种方式也不能满足设计要求。总结，只有方式一可以直接及时自动启动消防水泵，方式二可能造成误报或水泵频繁启动，方式三会造成系统启动延迟，为了保障系统的可能性，方式一必须始终有效。

496. 预作用自动喷水灭火系统分为哪几类？

答：根据预作用装置的启动方式，可将预作用系统分为单联锁、双联锁和无联锁预作用系统。单联锁系统：由火灾自动报警系统直接控制；双联锁系统：由火灾自动报警系统和充气管道上设置的压力开关控制；无联锁系统：可以由火灾自动报警系统直接控制，同时也可以由充气管道上设置的压力开关控制（或类似干式报警阀启动的方式）。在单联锁系统中，通常由同一报警区域内两只及以上独立的感烟火灾探测器或一只感烟火灾探测器与一只手动火灾报警按钮的报警信号，作为预作用系统的启动条件，由火灾报警控制器发出联动指令。实际应用中，也可以采用两路不同类型的火灾探测器（比如一路烟感、一路温感），还可以设置紧急启停按钮，设定启动延时（0—30s），这种情况类似于气体灭火系统。火灾探测器的热敏性能优于闭式喷头，当火灾发生时，火灾探测器报警，联动开启预作用报警阀、电动阀，启动消防水泵，为系统侧管道充水，系统在闭式喷头动作前转换为湿式系统。单联锁预作用系统既兼有湿式、干式系统的优点，又避免了湿式、干式系统的缺点。在单联锁系统中，根据系统侧管网情况，又可分为系统侧管网充压和系统侧管网不充压两种形式。系统侧管网充压的预作用系统，需采用预作用装置，设置电动阀。预作用装置作为系统的控制阀门，同时确保配水管网一定的气压（0.03—0.05MPa），利用有压气体检测管道是否严密。系统侧管网不充压的预作用系统，可以采用雨淋阀。这种系统类似于雨淋系统，洒水喷头采用闭式喷头。双联锁系统，是由火灾自动报警系统和充气管道上设置的压力开关控制的预作用系统，系统侧管网充满压缩气体。火灾发生时，火灾探测器报警，火灾控制器向预作用控制盘发出启动指令，联动条件和单联锁系统相同。洒水喷头动作，系统侧管网压力降低，达到设定值后，充气管道上的压力开关发出报警信号。预作用控制盘在接到（火灾报警控制器的）启动指令和压力开关的报警信号后，开启预作用报警阀、电动阀，启动消防水泵，系统侧管道充水灭火。在双联锁系统中，由火灾自动报警系统和（充气管道上设置的）压力开关控制系统启动，消除了（火灾自动报警系统）误报风险，相对于单联锁系统，安全性更高。无联锁系统，可以由火灾自动报警直接控制系统启动，也可以由充气管道上设置的压力开关控制系统启动。实际上，无联锁系统等于是将双联锁系统的联动关系由"与"改为"或"。无联锁系统具备单联锁系统的功能，火灾发生时，可以由火灾自动报警系统直接启动。同时，无联锁系统还具备类似干式系统的功能，可以由充气管道上设置的压力开关联动开启。火灾发生时，洒水喷头动作，充气管道上设置的压力开关发出报警信号，预作用控制盘联动开启预作用系统。无联锁系统同时具备两种自动开启方式，提升了动作的可靠性，在火灾自动报警系统处于手动或故障时，均能提供有效保护。

497. 雨淋系统充液（水）管启动是怎么回事？

答：在一些不方便设置火灾探测器的场所，可以接入充液（水）传动管，通过湿式传动管网上的闭式喷头探测火灾，实现系统启动。湿式传动管网和闭式喷头设置在保护区，当火灾发生时，闭式喷头开启，小孔球阀的补水量小于喷头流量，传动管和控制腔压力降低，雨淋阀开启，其效果类似于电动或机械手动开启雨淋阀。保护区的闭式喷头，用于探测火灾，并非灭火功能。闭式喷头与雨淋阀之间的高程差，应根据雨淋报警阀的性能确定。充液（水）传动管启动的雨淋系统，其联动控制和信号反馈功能，和电动开启的雨淋系统一致。

498. 采用高位消防水箱的自动喷水灭火系统，消防水箱的供水管都是从报警阀组的前端接入，这是为什么？

答：湿式系统、干式系统，均采用闭式喷头探测火灾，要求在开放一只喷头后连锁报警阀，启动系统。充液（水）传动管联动的雨淋系统和水幕系统，也通过闭式喷头探测火灾，开放一只喷头后连锁报警阀，启动系统。以上情况，均采用闭式喷头探测火灾，要求任何一个喷头动作时连锁报警阀，因此，高位消防水箱的供水，必须从报警阀组的前端引入。当自动喷水灭火系统中设有 2 个及以上报警阀组时，报警阀组前应设环状供水管网。

499. 并联设置雨淋报警阀组的雨淋系统，雨淋报警阀控制腔的入口为什么应设置止回阀？

答：目前常用的雨淋报警阀有推杆式和隔膜式两种。这两种雨淋阀均是通过控制腔的压力来控制阀组的开启，控制腔和供水侧管路连通。在多台并联的报警阀组中，当某台报警阀组动作后，供水侧管路水压产生波动，有可能导致其他阀组的控制腔压力降低，引起其他阀组的误动作。为了稳定控制腔的压力，保证雨淋报警阀的可靠性，因此规定，并联设置雨淋报警阀组的雨淋系统，雨淋报警阀控制腔入口设置止回阀。

500. 什么是消防洒水软管？

答：2017 版《自动喷水灭火系统设计规范》新增了消防洒水软管的应用。消防洒水软管是连接洒水喷头与配水管道的挠性金属软管。消防洒水软管具有安装快速、简易、防振防错位功能等优点，可方便调整喷头的高度和布置间距。

501. 通透性吊顶喷头设置要求有哪些？

答：在商场等公共建筑中，往往装设网格状、条栅状等通透性吊顶，顶板下喷头的洒水分布将受到影响。装设通透性吊顶的场所喷水强度应按规定值的 1.3 倍确定。装设网格、栅板类通透性吊顶的场所，当通透面积占总面积的比例不大于 70% 时，喷头应设置在吊顶的下方。当通透面积占总面积的比例大于 70% 时，喷头应设置在吊顶的上方。

502. 什么是特殊应用喷头？

答：特殊应用喷头与特殊响应洒水喷头是不同的概念，特殊响应洒水喷头是响应时间指数 $50 < RTI \leqslant 80$（m·s）$^{0.5}$ 的闭式洒水喷头。特殊应用喷头，流量系数 $K \geqslant 161$，具有较大水滴粒径，在通过标准试验验证后，可用于民用建筑和厂房高大空间场所以及仓库的标准覆盖面积洒水喷头。特殊应用洒水喷头分非仓库型特殊应用洒水喷头和仓库型特殊应用洒水喷头。非仓库型特殊应用洒水喷头

用于民用建筑和厂房高大空间场所，合理设置非仓库型特殊应用喷头，能提供可靠、有效的保护。仓库型特殊应用洒水喷头是用于高堆垛或高货架仓库的大流量特殊洒水喷头，与早期抑制快速响应喷头相比，喷头最低工作压力较低，且障碍物对喷头的影响较小。

503. 什么是氯化聚氯乙烯（PVC-C）消防专用管？

答：《自动喷水灭火系统设计规范》（GB50084—2017），新增了氯化聚氯乙烯（PVC-C）管材及管件的应用。氯化聚氯乙烯管，具有重量轻，连接方法快速、可靠以及表面光滑、摩擦阻力小等优点。氯化聚氯乙烯管仅应用于公称直径不超过 DN80 的配水管及配水支管，且不应穿越防火分区；当设置在有吊顶场所时，吊顶内应无其他可燃物，吊顶材料应为不燃或难燃装修材料；当设置在无吊顶场所时，该场所应为轻危险级场所，顶板应为水平光滑顶板，且喷头溅水盘与顶板的距离不应超过 10mm。

504. 边墙型洒水喷头按保护面积如何分类？

答：按保护面积，边墙型洒水喷头可分为边墙型标准覆盖面积洒水喷头和边墙型扩大覆盖面积洒水喷头。边墙型标准覆盖面积洒水喷头，流量系数 $K \geqslant 80$，一只喷头的最大保护面积不超过 $18m^2$ 的边墙型洒水喷头。边墙型扩大覆盖面积洒水喷头，流量系数 $K \geqslant 80$，一只喷头的最大保护面积大于标准覆盖面积洒水喷头的保护面积，且不超过 $36m^2$ 的洒水喷头。

505. 防护冷却系统应该怎样使用？

答：根据规范要求，可以采用湿式自动喷水灭火系统，保护防火卷帘、防火玻璃等防火分隔设施，使之达到耐火完整性和耐火隔热性要求。当采用防护冷却系统保护防火卷帘、防火玻璃等防火分隔设施时，系统应独立设置，喷头设置高度不应超过 8m，当安装高度为 4—8m 时，应采用快速响应喷头；喷水设置高度不超过 4m 时，喷水强度不应小于 0.5L/（s·m），当超过 4m 时，每增加 1m，喷水强度应增加 0.1L/（s·m）；喷头的设置应确保喷洒到被保护对象后布水均匀，喷头间距应为 1.8—2.4m，喷头溅水盘与防火分隔设施的水平距离不应大于 0.3m。当防火卷帘、防火玻璃等防火分隔设施需采用防护冷却系统保护时，喷头应根据可燃物的情况一侧或两侧布置，外墙可只在需要保护的一侧布置。

506. 为什么严格限制隐蔽式洒水喷头的使用？

答：隐蔽式洒水喷头的受热条件差，根据规范要求，不宜选用隐蔽式洒水喷头，确需采用时，应仅适用于轻危险级和中危险级 1 级场所，且仅适用于湿式系统。隐蔽式洒水喷头的装饰盖板与吊顶齐平，隐蔽安装在吊顶内，主要应用在高档装修的场所和安装高度不够的场所。隐蔽式喷头包括装饰盖板、外罩、外罩座、活动溅水盘、洒水喷头等部分。正常情况下，带装饰盖板的外罩配合外罩座安装在吊顶内，当火灾发生时，装饰盖板受热脱落，溅水盘下放至吊顶下部，温度继续升高，洒水喷头动作，喷水灭火。

507. 为什么严格限制挡水板的使用？

答：洒水喷头动作的热量主要来自热对流，需要热的烟气流经喷头才能实现。有好多商场、超市采用增加挡水板的方式使喷头悬空布置，喷头与顶板的距离过大，使喷头的动作大大滞后。因此，新规范严格限制挡水板的使用。在火灾热对流的情况下，挡水板的集热功能非常有限。因此，新规不再强调挡水板的集热功能，其名称也由原来的"集热板"变更为"挡水板"。挡水板应为正方形或圆形金属板，其平面面积不宜小于 0.12m²，周围弯边的下沿宜与洒水喷头的溅水盘平齐。

508. 什么是水喷雾系统？

答：水喷雾系统，是由水源、供水设备、管道、雨淋报警阀（或电动控制阀、气动控制阀），过滤器和水雾喷头等组成，向保护对象喷射水雾，进行灭火或防护冷却的系统。水喷雾系统是在自动喷水灭火系统的基础上发展起来的，从系统形式上来说，水喷雾系统与雨淋系统高度相似，尤其是用于灭火的水喷雾系统，相对于雨淋系统，主要区别是水雾喷头代替了开式喷头，雨淋阀前增加了过滤器。水喷雾的灭火机理，主要包括冷却、窒息、乳化和稀释四个方面。水喷雾灭火系统不仅可扑救固体、液体和电气火灾，还可为液化烃储罐等火灾危险性大、扑救难度大的设施或设备提供防护冷却。水喷雾系统的关键部件是水雾喷头，在一定的压力下，水雾喷头将水流分解成细小水雾滴，进行灭火或防护冷却。水雾喷头包括离心式水雾喷头和撞击式水雾喷头。离心雾化型水雾喷头应带柱状过滤网，扑救电气火灾，应选用离心雾化型水雾喷头。

509. 水喷雾系统和细水雾灭火系统的区别是什么？

答：水喷雾系统，类似于自动喷水灭火系统的雨淋系统，通过水雾喷头，将水流分解成细小水雾滴，主要功能是灭火和防护冷却，主要灭火机理是冷却、窒息、乳化和稀释四个方面。细水雾灭火系统，通过特殊的喷头结构，通过高压喷水，将水雾化成细小的雾滴，充满整个防护空间或包裹并充满保护对象的空隙，通过冷却、窒息方式进行灭火。水雾喷头的雾滴体积百分比特征直径 $DV0.90$，应小于 1mm，也就是说，喷雾液体总体积中，在该直径以下雾滴所占体积的百分比不小于 90%。细水雾系统中经喷头喷出并在喷头轴线向下 1m 处的平面上形成的雾滴直径 $DV0.50$ 小于 $200\mu m$、$DV0.99$ 小于 $400\mu m$ 的水雾滴，也就是说，在这个平面上，有 99% 的雾滴直径小于 $400\mu m$，有 50% 的雾滴直径小于 $200\mu m$。由此可知，细水雾粒径更小，水渍损失更小，可以充满整个防护空间或包裹并充满保护对象的空隙，可以采用全淹没灭火方式，适用于部分代替气体灭火的场所。细水雾粒径小，比较容易受气流影响，不适宜室外场所。相比之下，水喷雾粒径较大，受气流影响比较小，可以应用在室外场所。

510. 室内净空高度对自动喷水灭火系统有什么影响？

答：随着室内净空高度增加，流经喷头的热气流温度和速度降低，可能导致喷头动作延迟，喷头开放时将面临更大的热释放速率，系统控火灭火的难度增大。而且，喷头喷洒的水滴与上升热烟气流接触的时间和距离加大，汽化水量增大，容易被热气流吹离布水轨迹，导致送达目标部位的灭火水量减少。

511. 为什么快速响应喷头只能用于湿式系统不能用于干式系统和预作用系统?

答:快速响应洒水喷头的响应时间指数(RTI)不大于 50(m·s)$^{0.5}$,热敏性能明显高于标准响应洒水喷头,可在火场中提前动作,如果用于干式系统或预作用系统,会因为喷水时间延迟造成过多的喷头开放,甚至可能会超过系统的设计作用面积,造成设计用水量的不足。因此,采用快速响应洒水喷头的场所,应采用湿式系统。早期抑制快速响应喷头是用于保护堆垛与高架仓库的标准覆盖面积洒水喷头,流量系数 $K \geqslant 161$,响应时间指数 $RTI \leqslant 28 \pm 8$(m·s)$^{0.5}$。早期抑制快速响应喷头适用于湿式系统,如果用于干式系统或预作用系统,除常规快速响应洒水喷头的问题外,还有一个重要原因,就是干式系统和预作用系统的报警阀打开后,管道排气充水需要一定的时间,导致喷水延迟,从而达不到早期抑制灭火的目的。

512. 采用干式系统应注意的事项有哪些?

答:在干式系统的系统侧,应严格控制配水管道的坡度,防止局部积水。干式系统应采用直立型洒水喷头或干式洒水喷头,干式洒水喷头应直接安装于配水支管,不得通过短立管连接。干式系统应用于环境温度低于 4℃(或高于 70℃)的场所,管道积水容易导致冰冻(或汽化),必须控制好管网坡度,并不得安装向下的短立管,确保系统动作后能及时排空管网。干式系统的空气供给装置和气压维持装置宜由干式报警阀组配套提供,也可单独配置。干式系统的配水管道有一个排气充水过程,为加快管网排气充水,干式系统应设置快速排气阀,快速排气阀主要通过电动阀(或电磁阀)控制。干式报警阀组的压力开关应连锁启动消防水泵和快速排气阀。干式系统的配水管道充水时间不宜大于 1min。干式报警阀组及系统水源应设置在不受冰冻影响的房间或场所,或采取防冻措施。

513. 采用预作用系统应注意的事项有哪些？

答：与干式系统类似，在预作用系统的系统侧，应严格控制配水管道的坡度，防止局部积水。预作用系统应采用直立型洒水喷头或干式洒水喷头，干式洒水喷头应直接连接于配水支管，不得通过短立管连接。预作用装置的预作用报警阀组、空气供给装置、气压维持装置、控制盘等应由预作用装置的生产厂家配套提供，不可以单独配置。预作用系统应设置快速排气阀。当预作用报警阀组的压力开关动作后，应连锁开启消防水泵和快速排气阀。连锁功能不应受火灾自动报警系统"手动/自动"状态和故障状态影响。由火灾自动报警系统和充气管道上设置的压力开关开启预作用装置的预作用系统，其配水管道充水时间不宜大于 1min；仅由火灾自动报警系统联动开启预作用装置的预作用系统，其配水管道充水时间不宜大于 2min。预作用装置及系统水源应设置在不受冰冻影响的房间或场所，或采取防冻措施。

514. 自动喷水灭火系统的喷水强度和作用面积概念以及二者的关系？

答：喷水强度表示系统在单位时间内向单位保护面积喷洒的水量，单位为 $L/(min \cdot m^2)$。作用面积是指一次火灾中系统按喷水强度保护的最大面积，单位为 m^2。喷水强度与场所的火灾危险等级和最大净空高度等相关，危险等级和火灾负荷越大，净空高度越高，控火灭火所需的喷水强度越大。喷水强度越大，控火灭火效果越好，所需的作用面积越小。

515. 采用防护冷却系统应注意的事项有哪些？

答：防护冷却系统宜采用专门用于保护防火分隔设施的窗式喷头，也可以采用边墙型洒水喷头，喷头设置应确保喷洒到保护对象后布水均匀，不应出现空白区域。当防火卷帘、防火玻璃墙等防火分隔设施采用防护冷却系统保护时，喷头应根据可燃物的情况一侧或两侧布置。防护冷却系统的系统形式、结构和组件等均类似于控火灭火的湿式自动喷水灭火系统（主要区别在于洒水喷头的应用形式），但两者属于不同类别的自动喷水灭火系统，且防护目的和持续喷水时间不同，因此，防护冷却系统应独立设置，确需共用系统水源时，应采取保障性措施。实际应用中，防护冷却系统主要用于防火玻璃保护，较少应用于防火卷帘，主要是因为无机特级防火卷帘（双轨双帘）和水雾式钢质特级防火卷帘（单帘）均可满足耐火完整性、隔热性要求，无须设置防护冷却系统保护。

516. 自动喷水灭火系统的持续喷水时间是怎样规定的？

答：用于灭火时，应大于或等于 1.0h，对于局部应用系统，应大于或等于 0.5h；用于防护冷却时，应大于或等于设计所需防护冷却时间；用于防火分隔时，应大于或等于防火分隔处的设计耐火时间。

517. 自动喷水灭火系统洒水喷头应符合哪些基本规定？

答：喷头间距应满足有效喷水和使可燃物或保护对象被全部覆盖的要求；喷头周围不应有遮挡或影响洒水效果的障碍物；系统水力计算最不利点处喷头的工作压力应大于或等于 0.05MPa；腐蚀性场所和易产生粉尘、纤维等场所内的喷头，应采取防止喷头堵塞的措施；建筑高度大于 100m 的公共建筑，其高层主体内设置的自动喷水灭火系统应采用快速响应喷头；局部应用系统应采用快速响应喷头。

518. 哪些场所需要设置快速响应喷头？

答：建筑高度大于 100m 的公共建筑，其高层主体内设置的自动喷水灭火系统应采用快速响应喷头；局部应用系统应采用快速响应喷头。采用防护冷却系统保护防火卷帘、防火玻璃墙等防火分隔设施时，系统应独立设置，喷头设置高度不应超过 8m；当设置高度为 4—8m 时，应采用快速响应喷头。公共娱乐场所、中庭环廊，医院、疗养院的病房及治疗区域，老年、少儿、残疾人的集体活动场所，超出消防水泵接合器供水高度的楼层，地下商业场所，宜采用快速响应喷头。

三、泡沫灭火系统

519. 泡沫灭火剂的概念和灭火原理是什么?

答:泡沫灭火系统是传统的四大固定式灭火系统(水、气体、泡沫、干粉)之一,泡沫灭火系统使用泡沫灭火剂。泡沫灭火剂按照泡沫产生方式,分为化学泡沫灭火剂和空气泡沫灭火剂。化学泡沫灭火剂已很少使用,现行泡沫灭火系统规范标准中所涉及的泡沫灭火剂,都是指空气泡沫灭火剂。在泡沫灭火系统中,储存在泡沫液储罐中的泡沫液,通过比例混合装置与水混合后,形成泡沫混合液,泡沫混合液通过泡沫产生装置,与空气混合产生泡沫,泡沫中的主要成分是空气。泡沫是热的不良导体,可以在液体表面生成凝聚的泡沫漂浮层,通过冷却、窒息、遮断等作用灭火。实际应用中,为增强灭火效果,氟蛋白泡沫液和水成膜泡沫液,可与干粉灭火剂联用。干粉灭火剂灭火速度快,可以迅速压住火势,泡沫则覆盖在油面上能够防止复燃。两者联用能充分发挥各自的长处,取得更好的灭火效果。

520. 泡沫灭火剂是怎么分类的?

答:泡沫灭火剂可以按照混合比、发泡倍数和泡沫基质等分成不同类别。按照混合比,我们常见的泡沫灭火剂有 3% 型和 6% 型,也有 8% 型和 1% 型。按照发泡倍数分类,可分为低倍数泡沫灭火剂(发泡倍数 1—20 倍)、中倍数泡沫灭火剂(发泡倍数 21—200 倍)和高倍数泡沫灭火剂(发泡倍数 201 倍以上)。按基质分类,可分为蛋白型泡沫灭火剂和合成泡沫灭火剂。蛋白型泡沫灭火剂又可分为蛋白泡沫液、氟蛋白泡沫液、成膜氟蛋白泡沫液;合成泡沫灭火剂又可分为 S 型合成泡沫液和水成膜泡沫液。蛋白泡沫液是由蛋白的原料经部分水解制得的泡沫液,流动性差,抗油污能力差,不能以液下喷射方式灭火。氟蛋白泡沫液是添加了氟碳表面活性剂的蛋白泡沫液,流动性好,抗油污能力强。成膜氟蛋白泡沫液可在某些烃类表面形成一层水膜的氟蛋白泡沫液,喷放后在可燃液体表面形成水膜，流动性更好，水膜隔离空气，阻止油气挥发，加速灭火（主要还是依靠泡沫灭火，水膜起辅助作用）。合成泡沫液是以表面活性剂的混合物和稳定剂为基料制成的泡沫液。水成膜泡沫液也称轻水泡沫，是以碳氢表面活性剂和氟碳表面活性剂为基料的泡沫液，可在某些烃类表面上形成一层水膜；功能上类似于成膜氟蛋白泡沫液，流动性好，灭火速度快，最大的特点是保存时间长。蛋白类泡沫液的保存期为 2 年，水成膜泡沫液的保存期可达到 8 年。另外，还有一种用来灭水溶性液体火灾的抗溶泡沫液，抗溶泡沫施放到醇类或其他极性溶剂表面时，可抵抗其对泡沫的破坏。上面讲到的所有泡沫液，经添加多糖等抗醇的高分子混合物均可具备抗溶功能。

521. 什么是A类泡沫灭火剂？

答：A 类泡沫灭火剂是主要适用于扑救 A 类火灾的泡沫灭火剂。A 类泡沫灭火剂，不仅可以用于扑救 A 类火灾及建筑物的隔热防护，还可以用于扑救非水溶性液体火灾。相对于其他类别的泡沫灭火剂，A 类泡沫灭火剂强调润湿性能和隔热防护性能。A 类泡沫灭火剂主要应用在压缩空气泡沫系统中。A 类泡沫灭火剂通过比例混合装置与水混溶后，形成泡沫混合液，泡沫混合液通入一定比例的压缩空气，撞击混合后产生泡沫。压缩空气泡沫系统（CAFS），是能在一定压力范围内压入适量的空气至泡沫液中，以形成各种发泡倍数和不同状态泡沫的产生系统。压缩空气泡沫系统的典型应用是压缩空气泡沫消防车。

522. 如何选用泡沫灭火剂？

答：泡沫灭火剂的选型原则，是先确定应用泡沫灭火系统的类别（低倍数、中倍数或高倍数系统），再确定泡沫灭火剂。对于非水溶性甲、乙、丙类液体储罐，当采用液上喷射，应采用蛋白、氟蛋白、成膜氟蛋白或水成膜泡沫液；当采用液下喷射，应选用氟蛋白、成膜氟蛋白或水成膜泡沫液。保护非水溶性液体的泡沫系统，当采用吸气型泡沫产生器时，应选用蛋白、氟蛋白、成膜氟蛋白或水成膜泡沫液；当采用非吸气型喷射装置时，应选用成膜氟蛋白或水成膜泡沫液。对于水溶性甲、乙、丙类液体和其他对泡沫有破坏作用的甲、乙、丙类液体，以及用一套系统同时保护水溶性和非水溶性甲、乙、丙类液体的情况，必须选用抗溶泡沫液。对于采用泡沫预混液的泡沫喷雾系统，通常选用 S 型泡沫液或水成膜泡沫液，并宜采用水成膜泡沫液。中倍数泡沫灭火系统的泡沫型号，主要包括中倍数泡沫液和专用 8% 型氟蛋白泡沫液，也可以采用高倍数泡沫液。高倍数泡沫灭火系统的泡沫液比较单一，可以选用高倍数泡沫液。高倍数泡沫灭火系统利用热烟气发泡时，应采用耐烟型高倍数泡沫液。泡沫液按适用水源的不同，分为淡水型泡沫液和适用海水型泡沫液，适用海水型泡沫液同时适用于淡水和海水，型号中会有"耐海水"的标注。

523. 泡沫液的选用原则是什么？

答：保护场所中所用泡沫液应与灭火系统的类型、扑救的可燃物性质、供水水质等相适应，并应符合下列规定：用于扑救非水溶性可燃液体储罐火灾的固定式低倍数泡沫灭火系统，应使用氟蛋白或水成膜泡沫液；用于扑救水溶性和对普通泡沫有破坏作用的可燃液体火灾的低倍数泡沫灭火系统，应使用抗溶水成膜、抗溶氟蛋白或低黏度抗溶氟蛋白泡沫液；采用非吸气型喷射装置扑救非水溶性可燃液体火灾的泡沫—水喷淋系统、泡沫枪系统、泡沫炮系统，应使用 3% 型水成膜泡沫液；当采用海水作为系统水源时，应使用适用于海水的泡沫液。

524. 储油罐泡沫灭火系统的保护面积是怎么规定的？

答：在固定顶储油罐中，火灾发生时，油罐的燃液暴露面为其储罐的横截面积，火灾多表现为全液面火灾，泡沫需覆盖全部燃液表面方能灭火。因此，固定顶储罐的保护面积应按储罐横截面积确定。在大型外浮顶储油罐中，目前普遍采用钢质单盘式或双盘式浮顶结构，浮顶和液面没有气相空间，发生火灾时，通常表现为环形密封处的局部火灾，发生全液面火灾的概率很小。因此，对于外浮顶储罐，通常在浮顶上设置泡沫堰板，外浮顶储罐的保护面积按罐壁与泡沫堰板间的环形面积确定。内浮顶储油罐的保护面积，分两种情况：（1）钢质单盘式、双盘式内浮顶储罐，其浮顶结构类似外浮顶储油罐，发生火灾时，通常表现为环形密封处的局部火灾，其保护面积，应按罐壁与泡沫堰板间的环形面积确定。（2）其他内浮顶储罐，比如采用铝合金材料浮盘的内浮顶储罐，这类浮盘容易被烧坏，发生火灾时，多表现为浮盘被破坏的火灾。因此，这类储油罐按固定顶储罐对待，保护面积应按储罐横截面积确定。

525. 外浮顶储罐泡沫产生器的设置方式有哪些?

答：泡沫产生器可以安装在罐壁的顶部，也可以安装在浮顶上部。泡沫产生器设置在罐壁顶部时，泡沫堰板应高出密封 0.2m，泡沫堰板与罐壁的间距不应小于 0.6m。泡沫产生器安装在浮顶上部，泡沫堰板与罐壁的间距不宜小于 0.6m，泡沫喷射口可以设置在密封或挡雨板上部，也可以设置在金属挡雨板下部。当泡沫喷射口设置在密封或挡雨板上部时，泡沫堰板应高出密封 0.2m，当泡沫喷射口设置在金属挡雨板下部时，泡沫堰板高度不应小于 0.3m。当泡沫混合液管道从储罐内通过时，连接储罐底部水平管道与浮顶泡沫混合液分配器的管道，应采用具有重复扭转运动轨迹的耐压、耐候性不锈钢复合软管。

526. 泡沫比例混合装置有哪几种?

答：泡沫比例混合装置主要有：平衡式比例混合装置、机械泵入式比例混合装置、泵直接注入式比例混合流程、囊式压力比例混合装置、管线式比例混合器等多种。平衡式比例混合装置：由单独的泡沫液泵按设定的压差向压力水流中注入泡沫液，并通过平衡阀、孔板或文丘里管（或孔板与文丘里管结合），能在一定的水流压力和流量范围内自动控制混合比的比例混合装置。机械泵入式比例混合装置：由叶片式或涡轮式等水轮机通过联轴节与泡沫液泵连接成一体，经泡沫消防水泵供给的压力水驱动水轮机，使泡沫液泵向水轮机后的泡沫消防水管道按设定比例注入泡沫液的比例混合装置。泵直接注入式比例混合流程：泡沫液泵直接向系统水流中按设定比例注入泡沫液的比例混合流程。囊式压力比例混合装置：压力水借助孔板或文丘里管将泡沫液从密闭储罐胶囊内排出，并按比例与水混合的装置。管线式比例混合器：安装在通向泡沫产生器供水管线上的文丘里管装置。

527. 什么是泡沫缓冲装置？

答：泡沫缓冲装置，可以引导泡沫缓慢地降落至液面，主要应用在液上喷射的水溶性可燃液体固定顶储罐中。主要有泡沫降落槽和泡沫溜槽。液上喷射的水溶性可燃液体固定顶储罐，泡沫自高处跌入液体后，受重力和冲击力影响，会和液体混合，由于该类液体分子的脱水作用而使泡沫遭到破坏，因此必须设置缓冲装置，使泡沫平缓降落至液体表面。外浮顶储罐的泡沫不和储罐液体接触，不需要设置泡沫缓冲装置。按照固定顶对待的内浮顶储罐，可以不设泡沫缓冲装置，但需要延长泡沫混合液供给时间。

528. 泡沫灭火系统中的文丘里管起什么作用？

答：文丘里管是先收缩而后扩大的管道，是一种真空发生装置。文丘里管包括入口段、收缩段、负压段、扩散段。文丘里管的基本原理是：水流或泡沫混合液从文丘里管的入口进入，通过收缩的喷口喷出，流速加快，在喷口的出口后侧形成负压区，可以吸入泡沫液或空气，形成泡沫混合液或泡沫。文丘里管应用在泡沫比例混合装置上时，可以通过吸液管吸入泡沫液，经扩散管混合后形成泡沫混合液。文丘里管应用在泡沫产生装置上时，可以通过吸气孔，吸入周围空气，经扩散管混合后形成泡沫。

529. 泡沫产生装置有哪些？

答：泡沫产生装置，是泡沫灭火系统的终端设备。泡沫产生装置将泡沫混合液与空气混合，产生泡沫，并投放至被保护区域。泡沫产生装置包括非吸气型喷射装置和吸气型喷射装置。非吸气型喷射装置无空气吸入口，使用水成膜等泡沫混合液，其喷射模式类似于喷水的装置，如水枪、水炮、洒水喷头等。吸气型泡沫产生装置是利用文丘里管原理，将空气吸入泡沫混合液中并混合产生泡沫，然后将泡沫以特定模式喷出的装置。如泡沫产生器、泡沫钩管、泡沫枪、泡沫炮、泡沫喷头等。高倍数泡沫灭火装置的发泡比高，文丘里管的方式不能解决问题，通常会设置风机。

530. 储油罐泡沫产生器的设置要求有哪些？

答：安装在甲、乙、丙类液体立式储罐上的泡沫产生器，可以采用竖直安装的立式泡沫产生器，也可以采用水平安装的横式泡沫产生器。立式泡沫产生器和横式泡沫产生器，都是利用文丘里管原理，泡沫混合液经喷嘴高速喷出，在喷口附近形成低压区，通过滤网吸入空气，在泡沫混合室内形成泡沫。立式泡沫产生器的安全性能较高，固定顶储罐、按固定顶储罐对待的内浮顶储罐，应选用立式泡沫产生器。横式泡沫产生器的安全性能较低，新《泡沫灭火系统技术标准》不建议使用。使用横式泡沫产生器时，出口应设置长度不小于 1m 的泡沫管。为防止储罐内的可燃气体进入泡沫产生器，应用于固定顶和内浮顶储罐的泡沫产生器，需要设置密封玻璃，密封玻璃在一定压力下应能破碎。外浮顶储罐上的泡沫产生器，不应设置密封玻璃。泡沫产生器密封玻璃有泄漏时，会导致氮封失效，可燃气体进入灭火系统管路，因此，需要定期检查氮封储罐泡沫产生器的密封。

531. 低倍数泡沫灭火系统按照安装方式可以分为哪几种？

答：低倍数泡沫灭火系统的应用形式，按照安装方式可以分为固定式、半固定式和移动式。固定式系统，是由固定的泡沫消防水泵、泡沫比例混合器、泡沫产生装置和管道等组成的灭火系统。泡沫消防水泵可以和其他消防泵设置在同一消防泵房，共用消防水池。泡沫比例混合器可以设置在消防泵房，但应满足启动时间要求（泡沫达到保护对象的时间不大于 5min），当不能满足要求时，应在离保护对象相对靠近的位置设置泡沫站，同一工程可以设置多个泡沫站，共用一个消防泵房。采用固定式泡沫灭火系统的储罐区，应沿防火堤外均匀布置泡沫消火栓，泡沫消火栓主要是供泡沫枪使用，连接泡沫枪后，可以扑救储罐区防火堤内的流散液体火灾。半固定式系统，由固定的泡沫产生器与部分连接管道组成，火灾发生时，消防车等通过专用接口输送泡沫混合液灭火。储罐区固定式泡沫灭火系统应具备半固定式系统功能。当泡沫混合液管道在防火堤外环状布置时，利用环状管道上设置的泡沫消火栓就能实现半固定系统功能，消防车可以通过泡沫消火栓向泡沫产生器输送泡沫，但不如在通向泡沫产生器的支管上设置带控制阀的管牙接口方便。移动式系统，是由消防车、机动消防泵、泡沫比例混合器、泡沫枪、泡沫炮或移动式泡沫产生器，用水带连接组成的灭火系统。

532. 什么是泡沫—水喷淋系统？

答：泡沫—水喷淋系统，也称为自动喷水—泡沫联用系统，通常的工作次序是先喷泡沫灭火，然后喷水冷却，具备灭火、冷却双重功效。泡沫—水喷淋系统是在自动喷水灭火系统的基础上发展起来的，通常是在报警阀组的部位增加泡沫比例混合装置，在泡沫罐至比例混合装置的泡沫液管道上增加了泡沫控制阀，准工作状态下，来自系统水源侧管网的压力水，经压力泄放阀，进入泡沫控制阀的控制腔，泡沫控制阀处于关闭状态。火灾发生时，闭式喷头探测火灾，受热开启，水流指示器发出报警信号，向消防控制室报告起火区域，湿式报警阀启动，水流进入报警水道，推动水力警铃和压力开关动作，压力开关连锁消防水泵启动，同时报警水道的水流推动压力泄放阀，压力泄放阀关闭进水通道，开启泄水通道泄水，泡沫控制阀的控制腔压力降低，泡沫液控制阀打开，泡沫液进入比例混合器，与压力水混合后，形成泡沫混合液，经喷头喷放泡沫灭火。泡沫—水喷淋系统的典型应用是车库的泡沫—水湿式系统。泡沫灭火时间不应小于 10min，加上后续的喷水灭火冷却时间，共计不应小于 1h。自系统启动至喷泡沫的时间不应大于 2min。

533. 为什么低倍数泡沫灭火系统通常采用手动控制？

答：低倍数泡沫灭火系统主要应用在甲、乙、丙类液体储罐区，这类高危险场所可以采用感温光纤、感温光栅等本质安全型火灾探测器，固定顶储罐可以设置在罐体外表面，外浮顶储罐可以设置在浮顶的密封圈处，内浮顶储罐可以参照固定顶储罐和外浮顶储罐，酌情设置。对于采用低倍数泡沫灭火系统保护的甲、乙、丙类液体立式储罐，误喷可能会导致严重后果。因此，即使这类储罐设置了火灾自动报警系统，也不宜采用自动控制方式，通常采用手动控制。但远程手动控制是必须设置的。泡沫灭火系统的各控制阀门应采用专用线路直接连接至消防控制室的消防联动控制器的手动控制盘，可以在消防控制室直接手动控制。

534. 泡沫液、泡沫混合液、泡沫预混液的区别是什么？

答：泡沫液就是我们所说的泡沫灭火剂，也称为泡沫浓缩液，是一种可按适宜的浓度与水混合，形成泡沫溶液（泡沫混合液）的浓缩液体。泡沫溶液也称为泡沫混合液，是泡沫液与水按特定混合比配制成的泡沫溶液。泡沫液可通过泡沫比例混合装置，按特定混合比与水混溶，形成泡沫混合液。泡沫预混液是泡沫液与水按特定混合比预先配制成的储存待用的泡沫溶液。泡沫预混液的典型应用是泡沫喷雾灭火系统，预先配制好的泡沫溶液储存在泡沫喷雾储罐中，火灾发生时，直接喷雾灭火。泡沫预混液通常选用 S 型泡沫液或水成膜泡沫液。

535. 低倍数、中倍数、高倍数泡沫灭火系统的灭火机理是什么？

答：低倍数泡沫灭火系统主要通过泡沫的冷却、窒息、遮断作用，将燃烧液体与空气隔离实现灭火。大部分的泡沫灭火系统属于低倍数泡沫灭火系统。低倍数泡沫灭火系统发泡倍数低，含水比率高。通常情况下，是以泡沫直接喷放覆盖可燃物的方式灭火。低倍数泡沫灭火系统广泛应用在甲、乙、丙类液体储罐，以及液体槽车装卸栈台、公路隧道等场所。中倍数泡沫灭火系统的灭火机理，取决于泡沫的发泡倍数和使用方式。当以较低的倍数用于扑救甲、乙、丙类液体流淌火时，灭火机理与低倍数泡沫相同。当以较高的倍数用于全淹没方式灭火时，其灭火机理与高倍数泡沫相同。高倍数泡沫灭火系统，主要通过密集状态的大量高倍数泡沫封闭区域，阻断新空气进入，实现窒息灭火。

536. 储罐的低倍数泡沫灭火系统类型有哪些规定？

答：储罐的低倍数泡沫灭火系统类型应符合下列规定：对于水溶性可燃液体和对普通泡沫有破坏作用的可燃液体固定顶储罐，应为液上喷射系统；对于外浮顶和内浮顶储罐，应为液上喷射系统；对于非水溶性可燃液体的外浮顶储罐和内浮顶储罐、直径大于 18m 的非水溶性可燃液体固定顶储罐、水溶性可燃液体立式储罐，当设置泡沫炮时，泡沫炮应为辅助灭火设施；对于高度大于 7m 或直径大于 9m 的固定顶储罐，当设置泡沫枪时，泡沫枪应为辅助灭火设施。

537. 泡沫混合液设计用量是如何计算的?

┃ 答: 储罐或储罐区低倍数泡沫灭火系统扑救一次火灾的泡沫混合液设计用量, 应大于或等于罐内用量、该罐辅助泡沫枪用量、管道剩余量三者之和最大的一个储罐所需泡沫混合液用量。泡沫混合液供给强度最大的储罐不一定是泡沫混合液设计用量最大。应根据每个储罐的泡沫混合液供给强度、保护面积和连续供给时间, 辅助泡沫枪、泡沫炮流量和连续供给时间, 以及管道剩余量等, 分别计算每个储罐的泡沫混合液设计流量和设计用量, 取最大值。泡沫混合液设计流量最大的储罐和设计用量最大的储罐, 不一定发生在同一个储罐上, 应按泡沫混合液设计流量最大的储罐设置泡沫消防水泵和泡沫比例混合装置, 按泡沫混合液设计用量最大的储罐储备消防用水量和泡沫液。

538. 泡沫混合液设计流量应如何计算?

┃ 答: 依储罐保护面积与标准规定的最小泡沫混合液供给强度计算出的泡沫混合液流量, 为灭火要求的最小设计流量。而泡沫产生装置的实际流量 $q=k\sqrt{10p}$, 与进口压力有关系, 系统压力越大泡沫产生装置的流量越大。若按标准规定的最低供给强度直接计算泡沫混合液流量, 或不按泡沫产生装置的实际工作压力复核泡沫混合液流量, 其计算出来的泡沫液储量可能不满足泡沫液连续供给时间要求, 即可能出现因实际泡沫混合液供给流量较大而导致泡沫液连续供给时间不能满足标准要求的情况。因此, 在对泡沫灭火系统进行水力计算, 根据泡沫产生装置的实际工作压力复核其实际流量, 实际流量不应小于最小设计流量, 并应以实际流量作为最终的设计流量。

539. 为什么固定顶储罐每个泡沫产生器应设置独立的泡沫混合液管道引至防火堤外?

┃ 答: 固定顶储罐与按固定顶储罐对待的内浮顶储罐, 容易累积可燃蒸汽, 发生爆炸和火灾的风险较大, 可能破坏泡沫产生器和储罐上的管道。为了防止被破坏的泡沫产生器影响其他泡沫产生器, 提高系统有效性, 对于固定顶储罐与按固定顶储罐对待的内浮顶储罐，要求除立管外，其他泡沫混合液管道不应设置在罐壁上，每个泡沫产生器应设置独立的混合液管道引至防火堤外，且每个泡沫产生器应在防火堤外设置独立的控制阀。

540. 泡沫站的设置有哪些规定？

答：储罐或储罐区固定式低倍数泡沫灭火系统，自泡沫消防水泵启动至泡沫混合液或泡沫输送到保护对象的时间应小于或等于 5min。当不能满足上述要求时应在储罐或储罐区设置泡沫站，泡沫站应符合下列规定：室内泡沫站的耐火等级不应低于二级；泡沫站严禁设置在防火堤、围堰、泡沫灭火系统保护区或其他火灾及爆炸危险区域内；靠近防火堤设置的泡沫站应具备远程控制功能，与可燃液体储罐罐壁的水平距离应大于或等于 20m。

541. 设置中倍数或高倍数全淹没泡沫灭火系统的防护区应符合哪些规定？

答：设置中倍数或高倍数全淹没泡沫灭火系统的防护区应符合下列规定：应为封闭或具有固定围挡的区域，泡沫的围挡应具有在设计灭火时间内阻止泡沫流失的性能；在系统的泡沫液量中应补偿围挡上不能封闭的开口所产生的泡沫损失；利用外部空气发泡的封闭防护区应设置排气口，排气口的位置应能防止燃烧产物或其他有害气体回流到泡沫产生器进气口。

542. 自动跟踪定位射流灭火系统的结构、工作原理是什么？

答：自动跟踪定位射流灭火系统，是由自动跟踪定位射流灭火装置组成的灭火系统，是以水或泡沫混合液为喷射介质的室内或室外固定射流灭火系统。自动跟踪定位射流灭火系统，通常应用在高大空间场所，因此，也称为大空间智能型主动喷水灭火系统。我们常说的自动消防炮系统，当灭火剂为水或泡沫时，也属于自动跟踪定位射流灭火系统。自动跟踪定位射流灭火系统是利用红外线、数字图像或其他火灾探测组件，对火、温度等进行早期火灾探测，自动跟踪定位，通过自动控制方式来实现灭火。由火灾探测系统、带探测组件和自动控制部分的灭火装置以及消防供液部分组成，消防供液部分包括供水管路和消防水泵等配套供水设施。在以泡沫混合液为喷射介质的自动跟踪定位射流灭火系统中，还会有泡沫比例混合装置和泡沫液罐等配套设施。对于较小流量的自动跟踪定位射流灭火装置，通常会集成在防护罩内，防护罩有利于美观。在保护区域，通常设置有红外（紫外）火焰探测器等大空间火灾探测器。防护区的红外（或紫外）火焰探测器报警，控制主机向自动跟踪定位射流灭火装置发出扫描探测指令，启动水平扫描定位探测装置，驱动灭火装置水平回转，然后再启动垂直扫描定位探测装置，驱动炮口仰俯回转，以此确定着火点的位置。着火点位置确定后，反馈信号至控制主机，控制主机发出联动指令，开启电动阀，同时启动消防水泵，自动跟踪定位射流灭火装置喷水灭火。额定流量大于16L/s的自动跟踪定位射流灭火装置称为自动消防炮灭火装置；额定流量不大于16L/s的自动跟踪定位射流灭火装置，称为自动射流灭火装置。

四、气体灭火系统

543. 什么是七氟丙烷灭火系统？

答：七氟丙烷灭火系统以七氟丙烷作为灭火剂，是目前应用最广泛的气体灭火系统。在工作温度范围内，七氟丙烷灭火剂是一种无色、无味的气体，具有清洁、不导电、灭火效率高的优点。七氟丙烷（HFC-227ea）在国外的商标名称是FM200，是美国杜邦公司开发的用于替代卤代烷1301、1211的灭火剂，分子式：CF_3CHFCF_3，分子量170，七氟丙烷的密度大约是空气的5.9倍。七氟丙烷的灭火机理：阻断燃烧链，化学抑制为主，灭火速度快。七氟丙烷在压力容器中以液体贮存，喷放时，通过喷嘴雾化后迅速汽化，吸收热量，因此也有一定的降温冷却作用。七氟丙烷在灭火链式反应中迅速消耗，为确保灭火效果，必须用最快的速度使防护区达到设计灭火浓度，七氟丙烷的喷放时间一般小于10s。七氟丙烷的灭火设计浓度一般低于10%，七氟丙烷的无毒性反应浓度为9%，有毒性反应浓度为10.5%，因此只要严格执行设计规范，七氟丙烷是相对安全的。七氟丙烷的饱和蒸气压为 0.39MPa（20℃），液化贮存，依靠自身压力（饱和蒸气压）无法快速将灭火剂输送到防护区，因此需要采用氮气增加贮存压力。七氟丙烷有内贮压和外贮压两种增压方式。内贮压式七氟丙烷的加压氮气和七氟丙烷药剂贮存在同一容器中，储存容器的增压压力分为 3 级：1 级 2.5MPa 主要用于柜式七氟丙烷灭火装置；2 级 4.2MPa 和 3 级 5.6MPa 都是用于有管网七氟丙烷灭火系统。实际应用中，还有 1.6MPa 的增压压力，主要用于悬挂式七氟丙烷灭火装置。外贮压方式，灭火剂和动力气体（氮气）分别贮存在不同的容器内。系统启动时，动力瓶组中的高压氮气注入七氟丙烷药剂储瓶内，使七氟丙烷储瓶压力迅速升高，推送七氟丙烷灭火剂在管网中长距离快速输送。

544. 什么是IG541气体灭火系统？

答：IG541 气体灭火系统以 IG541 作为灭火剂，是目前最清洁环保的气体灭火系统。IG541 灭火剂由氮气、氩气和二氧化碳按一定质量比混合而成（氮气 52%、氩气 40%、二氧化碳 8%），这三种组分均为大气组成部分，取自于天然或工业产物，是一种纯"绿色"的气体灭火剂。在工作温度范围内，IG541 是一种无色、无味的气体，具有清洁、不导电、灭火效率高的特点。IG541 灭火机理：窒息灭火，灭火速度较快。IG541 喷放后，防护区氧气浓度降低，使燃烧物得不到足够的氧气而熄灭。当 IG541 灭火剂喷放至设计用量的 95% 时，喷放时间不应大于 60s，且不应小于 48s。IG541 的无毒性反应浓度为 43%，有毒性反应浓度为 52%。IG541 的灭火设计浓度一般在 37%—43% 之间，因此在设计浓度范围内，人员短暂停留不会造成生理影响。IG541 无色无味，喷放时不会产生冷凝气雾，不会产生视觉障碍，但会伴有较大的喷放噪音。按贮存压力等级划分，IG541 分为一级充压系统（15MPa）和二级充压系统（20MPa），国内一般采用一级充压系统。IG541 系统压源高，管网可布置较远。IG541 主要成分（氮气、氩气）的临界温度远低于使用温度，属于自压式气体灭火系统，可以依靠自身压力完成灭火剂输送。由于贮存压力高，IG541 灭火系统一般采用有管网灭火系统，灭火剂瓶组设置在独立的贮瓶间。有管网灭火系统又分为单元独立式和组合分配式。

545. 什么是二氧化碳灭火系统?

答:二氧化碳灭火系统以二氧化碳作为灭火剂,二氧化碳是一种无色无味的气体,具有清洁、不导电、灭火效率高的特点。二氧化碳灭火系统一般采用全淹没灭火系统,也可以采用局部应用灭火系统,是目前唯一可以实施局部应用灭火的气体灭火系统。二氧化碳的饱和蒸气压较高(20℃时的饱和蒸气压 5.7MPa),依靠自身压力可以完成灭火剂输送,属于自压式气体灭火系统。二氧化碳灭火系统按灭火剂储存方式,可分为高压系统和低压系统。高压二氧化碳灭火系统常温贮存,管网起点计算压力 5.17MPa。低压二氧化碳灭火系统是指灭火剂在 -20℃至 -18℃条件下贮存的灭火系统(利用保温和制冷手段,将二氧化碳低温贮存在带隔热材料的压力容器中),管网起点计算压力 2.07MPa。二氧化碳灭火机理:窒息为主,也有一定的冷却作用。二氧化碳喷放后,防火区氧气浓度降低,使燃烧物得不到足够的氧气而窒息。二氧化碳的临界温度为 31.26℃,低于临界温度的二氧化碳气液两相共存,二氧化碳喷放时,通过喷嘴雾化后迅速汽化,吸收大量热量,由于二氧化碳设计用量大,产生强烈的制冷效应,有大量冷凝气雾产生,有一定的降温冷却作用,二氧化碳比空气重,密度大约是空气的 1.52 倍。二氧化碳设计浓度较高,不应小于灭火浓度的 1.7 倍,并不得低于 34%,二氧化碳的设计浓度大于 34%,远大于二氧化碳对人体的致死浓度(10%—20%)。因此,二氧化碳不能用于经常有人场所。设置二氧化碳灭火系统的防护区入口处应配备专用的空气呼吸器。

546. 气体灭火系统灭火剂分为哪几类?

答:气体灭火系统是传统的四大固定式灭火系统(水、气体、泡沫、干粉)之一,以一种或多种气体作为灭火介质,具有灭火效率高、速度快、电绝缘性好,对保护对象无污损等特点。按照使用的灭火剂分为三大类:以七氟丙烷为代表的卤代烷灭火系统,以 IG541 为代表的惰性气体灭火系统和二氧化碳灭火系统。卤代烷灭火剂是一种人工合成的灭火剂,主要包括:哈龙 1211(CF_3Br),已停用;哈龙 1301(CF_2ClBr),已停用;三氟甲烷(CHF_3),很少使用;六氟丙烷（$CF_3CH_2CF_3$），很少使用；七氟丙烷（CF_3CHFCF_3），目前广泛使用。惰性气体灭火剂是一种由氮气、氩气、二氧化碳按一定质量比混合而成的灭火剂，主要包括：IG01 气体灭火剂，是由氩气单独组成的气体灭火剂；IG100 气体灭火剂，是由氮气单独组成的气体灭火剂；IG55 气体灭火剂，是由氮气和氩气组成的气体灭火剂，各占 50%；IG541 气体灭火剂，是由 52% 的氮气、40% 的氩气和 8% 的二氧化碳组成的气体灭火剂。目前，常用的惰性气体灭火系统是 IG541 气体灭火系统。二氧化碳灭火系统采用二氧化碳作为灭火剂。

547. 惰性气体灭火剂与化学气体灭火剂的优缺点？

答：惰性气体灭火剂均为大气组分，取自于天然或工业副产品，是一种纯"绿色"的气体灭火剂，其臭氧耗损潜能值 ODP 为零，地球变暖潜能值 GWP 也为零。通常情况下，化学气体灭火剂液化贮存，喷放时会有一定的冷凝作用，可能对人体和高精密设备造成影响，同时会产生大量冷凝气雾，造成视觉障碍。而惰性气体灭火剂通常气态贮存，喷放时，基本无冷凝作用，不会产生类似问题。大部分化学灭火剂的主要灭火机理是通过中断燃烧链灭火，高温下会有分解产物。惰性气体灭火剂主要通过窒息灭火，基本不存在类似问题。化学气体灭火剂的优点：同一保护对象，储瓶用量少，贮存压力低，灭火时间短，具有更多的应用形式。

548. 灭火剂有效期限是怎样规定的？

答：七氟丙烷灭火剂，通过高压氮气加压贮存在容器内，属于长期有效的灭火剂。惰性气体灭火剂（IG541、IG100、IG55、IG01）和二氧化碳灭火剂，其组分均为大气成分，属于长期有效的灭火剂。气溶胶灭火剂的有效期一般为 5—6 年，具体以厂家标识的年限为准。干粉灭火剂，一般为 5—6 年更换一次。泡沫灭火剂的有效期：AFFF 8 年，S、中、高倍泡沫液 3 年，P、P/AR、FP、FP/AR、AFFF/AR、S/AR、FFFP、FFFP/AR 2 年，A 类泡沫 3 年。

549. 气体灭火系统的加压贮存方式有哪些？

答：气体灭火系统按加压贮存方式分类：自压式气体灭火系统（IG541 气体

灭火系统、二氧化碳气体灭火系统），内贮压式气体灭火系统（一级增压 2.5MPa 柜式灭火装置、二级增压 4.2MPa 有管网灭火装置、三级增压 5.6MPa 有管网灭火装置、1.6MPa 悬挂式灭火装置），外贮压式气体灭火系统（七氟丙烷气体灭火系统）。

550. 什么是饱和蒸气压？

答：想真正了解气体灭火系统，就必须了解饱和蒸气压。饱和蒸气压是指在密闭条件中，在一定温度下，与液体或固体处于相对平衡的蒸汽所具有的压力。同一物质在不同温度下有不同的饱和蒸气压，并随着温度的升高而增大。以七氟丙烷为例说明如下：假设在一个真空的钢瓶内注入液态的七氟丙烷，七氟丙烷进入钢瓶后迅速蒸发，钢瓶内的气态七氟丙烷压力不断升高，随着七氟丙烷蒸汽压力升高，气相的七氟丙烷也不断地凝结成液相七氟丙烷，最终，气相和液相达到一个平衡状态，这时的压力就是七氟丙烷的饱和蒸气压。在一定的温度下，某种物质的饱和蒸气压是恒定的，因此，单一贮存七氟丙烷药剂的储瓶，即使有泄漏，只要有液态七氟丙烷存在，瓶内压力就是恒定的，这就是外贮压式七氟丙烷药剂储瓶不能用压力表检测泄漏的原因。

551. 为什么二氧化碳贮存压力为5.7MPa需要使用15MPa的钢瓶呢？

答：这里涉及一个临界温度的问题，二氧化碳的临界温度是 31.26℃，在这个临界温度下，二氧化碳以液态存贮，钢瓶内压力为饱和蒸气压，超过临界温度以后，储瓶内的二氧化碳全部变为气态，导致压力升高，到 50℃，储瓶内的二氧化碳压力达到 12MPa。考虑安全系数以后，就需要 15MPa 的钢瓶。在二氧化碳临界温度以上，无论多大的压力都不能使二氧化碳液化，二氧化碳只能以气态贮存。同样，氮气、氩气的临界温度都很低，常温下根本不可能液化，只能高压气态贮存，这就是 IG541 贮存压力高的原因。七氟丙烷的临界温度高（101.7℃），常温下容易液化。

552. 气体灭火系统的防护区、储瓶间和泄压口有什么要求？

答：气体防护区是指满足全淹没灭火系统要求的有限封闭空间。全淹没灭火系统是指，当火灾发生时，在规定的时间内，向防护区喷放设计规定用量灭火剂，并使其均匀充满整个防护区。围护结构及门窗的耐火极限均不宜低于 0.5h，吊顶的耐火极限不宜低于 0.25h。防护区围护结构承受内压的允许压强，不宜低于 1200Pa。喷放灭火剂前，防护区内除泄压口外的开口应能自行关闭。灭火后的防护区应通风换气，地下防护区和无窗的地上防护区，应设置机械排风装置，排风口应设置在防护区的下部并应直通室外。防护区应有保证人员在 30s 内疏散完毕的通道和出口。防护区的门应向疏散方向开启，并能自行关闭，用于疏散的门必须能从防护区内打开。同一区域的吊顶层和地板下需要同时保护时，可合为一个防护区。采用管网灭火系统时，一个防护区的面积不宜大于 800m²，且容积不宜大于 3600m³。采用预制气体灭火系统时，一个防护区的面积不宜大于 500m²，且容积不宜大于 1600m³。储瓶间应有直通室外或疏散走道的出口，储瓶间的门应向外开启。储瓶间内应设置应急照明。储瓶间应保持干燥和良好的通风条件，地下储瓶间应设置机械排风装置，排风口应设置在下部，可通过排风管排出室外。储存装置的布置，应便于操作、维修及避免阳光照射。操作面距墙或两操作面之间的距离，不宜小于 1m，且不应小于储存容器外径的 1.5 倍。防护区应设置泄压口，七氟丙烷和二氧化碳灭火系统的泄压口应位于防护区净高的 2/3 以上，规范没有对 IG541 的泄压口高度做出规定，但因为 IG541 较空气重，也应该设置在防护区的上部。气体灭火系统喷放时，防护区内压强增加，达到一定值时泄压口自动打开泄压，以防止对防护区结构的破坏。防护区的泄压口，宜设置在外墙上，防护区不存在外墙的，可考虑设在与走廊相隔的内墙上。泄压口面积应按相应气体灭火系统设计规定计算。

553. 全淹没气体灭火系统的防护区应符合哪些规定？

答：防护区围护结构的耐超压性能，应满足在灭火剂释放和设计浸渍时间内保持围护结构完整的要求；防护区围护结构的密闭性能，应满足在灭火剂设计浸渍时间内保持防护区内灭火剂浓度不低于设计灭火浓度或设计惰化浓度的要求；防护区的门应向疏散方向开启，并应具有自行关闭的功能。

554. 全淹没气体灭火系统的设计灭火浓度或设计惰化浓度应符合哪些规定？

答：对于二氧化碳灭火系统，设计灭火浓度应大于或等于灭火浓度的1.7倍，且应大于或等于34%（体积百分比浓度）；对于其他气体灭火系统，设计灭火浓度应大于或等于灭火浓度的1.3倍，设计惰化浓度应大于或等于惰化浓度的1.1倍；在经常有人停留的防护区，灭火剂释放后形成的浓度应低于人体的有毒性反应浓度。

555. 设置气体灭火系统的房间有何要求？

答：围护结构及门窗的耐火极限不宜低于0.5h，吊顶的耐火极限不宜低于0.25h；围护结构及门窗的允许压强不宜小于1.2kPa；围护结构上应设置泄压口，泄压口应开向室外或走廊，泄压口下沿应位于房间净高2/3以上的位置，泄压口面积应经计算确定；门应向疏散方向开启，并应能自动关闭。

556. 如何理解气体灭火剂的浸渍时间？

答：灭火剂的浸渍时间，也称为抑制时间，是在防护区内维持设计规定的灭火剂浓度，使火灾完全熄灭所需的时间。为了确保火灾熄灭，防止复燃，有必要保证一定的灭火剂浸渍时间。浸渍时间与可燃物类别、物态形式等相关。比如，固体类可燃物人都有从表面火灾发展为深位火灾的危险，且在燃烧过程中表面火灾与深位火灾之间无明显的界面可以划分，是一个渐变的过程。在这类可燃物的灭火设计上，立足于扑救表面火灾，并应顾及浅度的深位火灾危险。因此，固体类可燃物的灭火剂浸渍时间相对较长，尤以木材、纸张、织物等可燃物为甚。气体、液体火灾主要表现为表面火灾，所有气体、液体灭火试验表明，当气体灭火剂达到灭火浓度后都能立即灭火，考虑到一定的冷却要求，规范规定它们的灭火浸渍时间不应小于1min。如果灭火前的燃烧时间较长，冷却不容易，浸渍时间应适当加长。

557. 对气体灭火系统的安全泄压设施是如何规定的？

答：气体灭火系统的管道和组件、灭火剂的储存容器及其他组件的公称压力，不应小于系统运行时需承受的最大工作压力。灭火剂的储存容器或容器阀应具有安全泄压和压力显示的功能，管网系统中的封闭管段上应具有安全泄压装置。安全泄压装置应能在设定压力下正常工作，泄压方向不应朝向操作面或人员疏散通道。低压二氧化碳灭火系统的安全泄压装置应通过专用泄压管将泄压气体直接排至室外。

558. 是否所有的灭火剂储存容器均需设置压力显示装置？

答：根据相关产品标准要求，并非所有灭火剂储存容器均需设置压力显示装置，通常情况下，需要设置压力显示装置的储存容器有：气体灭火装置的驱动气体瓶组（即启动瓶组）；内贮压式七氟丙烷灭火装置的灭火剂储存容器；外贮压七氟丙烷灭火装置的驱动氮气储存装置（即动力瓶组）；IG541、IG100、IG55、IG01惰性气体灭火系统的灭火剂储存容器。对于高压二氧化碳灭火装置，由于二氧化碳的临界温度为31.26℃，灭火剂在临界温度以下主要以液态的形式储存，储存温度不变的情况下压力不变。压力显示装置难以发现是否泄漏，通常采用称重装置测量灭火剂泄漏。对于外贮压七氟丙烷装置，由于七氟丙烷的临界温度为101.7℃，同样无法通过压力显示装置检测灭火剂储存容器的灭火剂是否泄漏，通常采用液位标尺观测灭火剂的液位情况。

559. 为什么低压二氧化碳灭火系统的安全泄放装置应通过专用的泄放管将泄放气体直接排至室外？

答：低压二氧化碳灭火系统需要配套制冷设施，使二氧化碳灭火剂在−20℃至−18℃条件下储存，以维持较低的储存压力（2.0MPa左右），储存容器设计压力不应小于2.5MPa。二氧化碳灭火剂在常温下（20℃）的饱和蒸气压为5.7MPa，远大于储存容器设计压力，一旦出现制冷故障或停电等特殊情况，灭火剂压力即可能超过储存容器设计压力。低压二氧化碳灭火系统的灭火剂集中储存在一个容器中，超压泄放装置一旦动作，即可能排放数以吨计的二氧化碳气体，不能直接向室内排放，应通过专用泄放管将泄放气体直接排至室外，且排放口不能位于经常有人场所或人员密集区域。

560. 气体灭火系统的机械应急启动应如何操作？

答：机械应急操作的启动功能，主要通过手动操作驱动气体瓶组来控制系统开启：当系统自动和手动均失效，确认防护区人员都已撤离的情况下，可以拉开相应防护区的驱动气体瓶组的手动保险销，按下电磁驱动装置上部的启动按钮，直接启动。在电磁驱动装置手动操作失效的情况下，也可以手动打开选择阀，再手动打开灭火剂瓶组容器阀，启动灭火。虽然柜式七氟丙烷等预制灭火装置具备机械应急操作控制功能，但规范不要求通过机械应急操作方式启动，实际应用中也不宜通过机械应急操作方式启动，仅需自动控制和手动控制。但是，对于设置于防护区外的预制灭火装置，仍应具备机械应急操作控制功能。

五、干粉灭火系统

561. 干粉灭火剂的灭火机理是什么？

答：干粉灭火剂的灭火机理主要是化学抑制，也有一定的降温和稀释作用。化学抑制，是阻断燃烧链式反应，即化学抑制作用。干粉灭火剂的基料在火焰的高温作用下会发生一系列分解反应，这些反应都是吸热反应，可以吸收火焰的部分热量。分解反应产生的一些非活性气体如二氧化碳、水蒸气等，对燃烧的氧浓度也具有稀释作用。

562. 干粉灭火系统是怎么分类的？

答：按照灭火剂种类可分为 BC 干粉灭火系统和 ABC 干粉灭火系统。按照灭火剂粒径大小可分为普通型干粉灭火系统和超细干粉灭火系统。按照系统的结构形式可分为：有管网干粉灭火系统、柜式干粉灭火装置、干粉炮系统、悬挂式干粉灭火装置和壁挂式干粉灭火装置。按照应用方式可分为全淹没灭火系统和局部应用灭火系统。

563. 如何理解干粉灭火装置?

答:干粉灭火装置主要包括悬挂式干粉灭火装置和壁挂式干粉灭火装置。干粉灭火装置固定安装在保护区域,能通过自动探测启动或控制装置手动启动,由驱动介质驱动干粉灭火剂实施灭火。按干粉灭火剂贮存的形式,干粉灭火装置可分为贮压式干粉灭火装置和非贮压式干粉灭火装置。贮压式干粉灭火装置类似于悬挂式气体灭火装置,干粉灭火剂与驱动气体贮存在同一容器内,通过氮气增压,平时保持一定的压力,启动时,通过氮气驱动干粉灭火剂喷放。非贮压式干粉灭火装置,平时罐体内没有压力,喷口用铝膜密封。启动时,引发产气装置,产生大量气体,罐体内压力增加,干粉灭火剂冲破铝膜,完成喷放。

564. 贮压式干粉灭火装置的启动方式有哪些?

答:贮压式干粉灭火装置类似于悬挂式气体灭火装置,干粉灭火剂与驱动气体贮存在同一容器内,通过氮气增压,平时保持一定的压力,启动时,通过氮气驱动干粉灭火剂喷放。贮压式干粉灭火装置,一般采用感温组件启动,也可以在感温组件启动的基础上扩展电引发器启动和热引发器启动。感温组件启动,感温组件是探测和启动为一体的装置,是贮压式干粉灭火装置最常见的启动方式,一般采用感温玻璃球组件,也可以采用易熔合金组件。当温度升高到设定值时,感温玻璃球破裂,实现装置启动。电引发器启动,简称电引发,是感温组件启动的扩展方式,是为了实现干粉灭火装置联动功能而采用的启动措施。在感温玻璃球的球体上,安装电爆头或小药包,系统启动时,控制器的启动信号引发电爆头(小药包),通过爆裂或升温的方式引爆玻璃球,实现装置启动。热引发器启动,简称热引发,也是感温组件启动的扩展方式。热引发一般采用工业导火索或热敏线作为引发媒介,导火索(热敏线)与玻璃球上的电爆头或小药包连接,也可以直接包裹在玻璃球上。根据保护对象的需要,导火索(热敏线)可以引出一定的长度。导火索(热敏线)在温度升高到设定值时自动引发,导火索（热敏线）引发后，可以直接引燃玻璃球上的小药包或电爆头。也可以将导火索（热敏线）直接缠绕在玻璃球上，通过导火索（热敏线）的高温引爆玻璃球，实现装置的启动。

565. 非贮压式干粉灭火装置是靠什么启动的？

答：非贮压式干粉灭火装置，平时罐体内没有压力，喷口用铝膜密封。非贮压式干粉灭火装置，通常都是采用电引发，通过电引发器启动产气装置。也可以采用热引发，通过工业导火索或热敏线的方式启动产气装置。这两种启动方式，可以同时并存，以适应不同的应用场所。需要说明的是，非贮压式干粉灭火装置的产气装置，实际上就是一种火工燃料装置，启动后产生大量气体，干粉灭火储罐内压力剧增，干粉冲破密封铝膜，释放灭火。这种装置的干粉喷放速度快，并伴有较大的声响。

566. 干粉灭火装置在设计使用中的注意事项有哪些？

答：干粉灭火装置喷放后，会产生明显的沉降物，不能用于洁净度要求高的场所。电引发和热引发的主要材料（电点火头、火药包、导火索、热敏线）都属于火工品，应用时要考虑安全因素，尤其是导火索和热敏线，裸露部分应该采取保护措施。当采用感温元件启动时，干粉灭火装置总数不应超过 6 具，且应在 1s 内全部启动。当采用电引发启动时，灭火剂总用量不宜超过 50kg。当采用热引发启动时，干粉灭火装置数量应为 1 具。

567. 干粉灭火系统的持续喷放时间是怎样规定的？

答：干粉灭火系统应保证系统动作后在防护区内或保护对象周围形成设计灭火浓度，并应符合下列规定：对于全淹没干粉灭火系统，干粉持续喷放时间不应大于 30s；对于室外局部应用干粉灭火系统，干粉持续喷放时间不应小于 60s；对于有复燃危险的室内局部应用干粉灭火系统，干粉持续喷放时间不应小于 60s；对于其他室内局部应用干粉灭火系统，干粉持续喷放时间不应小于 30s。

六、火灾自动报警系统

568. 火灾报警控制器的结构组成是怎样的？

答：火灾报警控制器和消防联动控制器，实际上是一体化的产品，称为火灾报警控制器（联动型）。火灾报警控制器（联动型）的主要结构包括：主板、显示板、总线联动控制盘、多线控制盘、网络接口组件、电源（电池）、回路板等部分。其中控制器的电源，除满足控制器本身和回路的需要外，还可以为部分联动设备供电。对于电源负荷较大的情况，可以在控制器上增加电源盘，也可以在现场分散设置单独的电源，为联动控制模块及被控设备供电。回路板有单回路和双回路两种形式，可以分别接入1路或2路总线回路。总线回路就是我们常说的报警联动总线，每个回路支持一定数量的地址点位，可以接入一定数量的编码器件，按地址进行编码，每个器件占用一个（或多个）地址点。各类探测器、手动报警按钮、模块以及带地址编码的声光警报器，均可并联接入总线回路。对于没有地址编码的非编码探测器或开关触点信号，可以通过输入模块或中继模块，加载地址码以后接入总线回路。不同厂家或不同型号的火灾报警控制器，可以负载不同的回路板数量，每回路的地址点位也是不同的。回路板是一种模块化组件，通过增加或减少回路板数量，可以调整控制器点位。

569. 火灾报警总线控制原理是什么？

答：总线回路就是我们常说的报警联动总线，每个回路支持一定数量的地址点位，可以接入一定数量的编码器件，按地址进行编码，每个器件占用一个（或多个）地址点。各类探测器、手动报警按钮、模块以及带地址编码的声光警报器等，均可并联接入总线回路。对于没有地址编码的非编码探测器或开关触点信号，可以通过输入模块或中继模块，加载地址码以后接入总线回路。在火灾报警系统中，每个报警联动器件，通过回路位置和所在回路的地址点，在系统中具备了唯一的地址码。火灾发生时，火灾触发器件的报警信号，通过总线反馈至火灾报警控制器（联动型）；控制器识别报警器件的回路和地址点编号，根据设定的控制逻辑发出控制信号，向指定回路和地址点编号的输出类模块或（编码型）声光警报器发出控制指令，实现系统功能控制。

570. 火灾报警总线设置有什么要求？

答：各厂家的报警系统，基本采用两总线制方式，总线的线径要考虑满足阻抗要求，且通常采用双绞线，禁止采用平行线，以防止外部电磁干扰和线路之间的串扰。任一台火灾报警控制器所连接的火灾探测器、手动火灾报警按钮和模块等设备总数和地址总数，均不应超过3200点，其中每一总线回路连接设备的总数不宜超过200点，且应留有不少于额定容量10%的余量。任一台消防联动控制器地址总数或火灾报警控制器（联动型）所控制的各类模块总数不应超过1600点，每一联动总线回路连接设备的总数不宜超过100点，且应留有不少于额定容量10%的余量。对于一个地址对应多个设备的情况，应按设备数量计算。对于一个设备对应两个地址的情况，应按两个地址数量计算。

571. 火灾自动报警系统的总线形式有哪两种？

答：在火灾自动报警总线制系统中，有树形总线和环形总线两种形式。树形总线的回路是单方向的，如果线路中某一点故障，后面的设备就无法使用。环形总线的回路闭合成环，在总线隔离器的配合下，线路中某一点故障，不会影响其余部分系统的运行。目前国内普遍采用树形总线的方式，树形总线成本低，施工布线简单，回路扩容方便，但可靠性不如环形总线。在树形结构总线的系统中，需要增加总线短路隔离器。每只总线短路隔离器保护的火灾探测器、手动火灾报警按钮和模块等消防设备的总数不应超过32点，也就是说每个分支回路的设备总数不应超过32点。当某一分支回路发生短路等故障时，短路隔离器动作，将该分支回路隔离，不影响其他分支回路设备的正常工作。当故障修复后，分离器自动将被隔离的部分重新纳入系统。环形总线可靠性高，但需要控制器提供环形总线接口，不方便扩容回路，布线相对复杂，总体成本高。在环形结构总线的系统中，需要增加总线短路隔离器。每两只总线短路隔离器保护的火灾探测器、手动报警按钮和模块等消防设备的总数不应超过 32 点，当总线中某一位置发生短路等故障时，其两侧的短路隔离器动作，将该段线路隔离，不影响本回路其他总线设备的正常工作。当故障修复后，隔离器自动将被隔离的部分重新纳入系统。

572. 如何选择火灾自动报警系统的系统形式？

答：火灾自动报警系统的系统形式包括区域报警系统、集中报警系统、控制中心报警系统。区域报警系统，仅需要报警，不需要联动其他消防设备的保护对象宜采用区域报警系统。系统由火灾探测器、手动火灾报警按钮、火灾声光警报器及火灾报警控制器等组成，系统中可包括消防控制室图形显示装置和指示楼层的区域显示器。在区域报警系统中，可以不设置消防控制室，但火灾报警控制器应设置在有人值班的场所。当系统设置消防控制室图形显示装置时，由图形显示装置完成远程传送信息和接受远程查询的功能。当系统未设置图形显示装置时，应设置火警传输设备，由火警传输设备完成类似功能。集中报警系统，不仅需要报警，同时需要联动其他消防设备，且只设置一台具有集中控制功能的火灾报警控制器和消防联动控制器的保护对象，应采用集中报警系统。集中报警系统需要采用火灾报警控制器（联动型）。一个集中报警系统可以接入多个区域报警系统。集中报警系统应设置消防控制室和图形显示装置。系统应由火灾探测器、手动火灾报警按钮、火灾声光警报器、消防应急广播、消防专用电话、消防控制室图形显示装置、火灾报警控制器、消防联动控制器等组成。系统中的火灾报警控制器、消防联动控制器和消防控制室图形显示装置、消防应急广播的控制装置、消防专用电话总机等起集中控制作用的消防设备，应设置在消防控制室内。应由消防控制室图形显示装置完成远程传送信息和接受远程查询的功能。控制中心报警系统，设置两个及以上消防控制室的保护对象，或已设置两个及以上集中报警系统的保护对象，应采用控制中心报警系统。在规模较大的系统中，由于系统容量限制，设置了多个起集中作用的火灾报警控制器（联动型），这种情况较为常见。当设置有两个及两个以上消防控制室时，应确定一个主消防控制室，主消防控制室应能显示所有火灾报警信号和联动控制状态信号，并应能控制重要的消防设备，各分消防控制室内消防设备之间可互相传输、显示状态信息，但不应互相控制。当只有一个消防控制室，设置有多个起集中控制作用的火灾报警控制器时，主控制器应设置在消防控制室，应能显示所有火灾报警信号和联动控制状态信号，应能控制所有联动设备。

573. 火灾自动报警系统的报警区域怎样划分？

答：报警区域，是将火灾自动报警系统的警戒范围按照防火分区或楼层等划分的单元，一个报警区域包括多个探测区域。划分报警区域的目的，是为了确定报警及火灾发生部位，同时方便解决消防系统联动设计的问题。报警区域应按照防火分区或楼层划分，也可将发生火灾时需要同时联动消防设备的相邻几个防火分区或楼层划分为一个报警区域。每个报警区域宜设置一台火灾显示盘（区域显示器），当一个报警区域包括多个楼层时，宜在每个楼层设置一台仅显示本楼层的区域显示器。火灾显示盘用于显示楼层和分区内的火警信息，方便识别管理。每个报警区域内应均匀设置火灾警报器。电缆隧道的一个报警区域宜由一个封闭长度区间组成，一个报警区域不应超过相连的三个封闭长度区间。道路隧道的报警区域应根据排烟系统或灭火系统的联动需要确定，且不宜超过150m。甲、乙、丙类液体储罐区的报警区域应由一个罐组组成，每个50000m³ 及以上的外浮顶储罐应单独划分为一个报警区域。列车的报警区域应按车厢划分，每节车厢应划分为一个报警区域。

574. 火灾自动报警系统的探测区域怎样划分？

答：为了迅速准确地识别出火灾发生部位，需将保护区划分成若干探测区域。有一些房间或走道，可能多个探测器组成一个探测区域。为方便管理和识别，宜对报警区域按顺序划分探测区域，在火灾报警控制器上，每个探测区域应有描述性注释。探测区域应按独立房间划分，一个探测区域的面积不宜超过500m²，从主要出入口能看清其内部，且面积不超过1000m² 的房间，也可划分为一个探测区域。红外光束感烟探测器和缆式线型感温火灾探测器的探测区域的长度，不宜超过100m。空气管差温火灾探测器的探测区域长度宜为20—100m。通常情况下，只有在应用红外光束感烟火灾探测器、缆式线型感温火灾探测器和空气管差温火灾探测器时，才会涉及探测区域的要求。

575. 火灾自动报警系统的模块有哪些?

◼ 答：火灾自动报警系统的模块分为：输入模块、输出模块、输入输出模块、双输入输出模块、切换模块。输入模块也称监视模块，用于接收被监视设备的动作信号，可以接入被监控设备的常开或常闭信号（开关量）。输入模块将被监视设备的动作信号加载地址码，通过信号总线传回火灾报警控制器，发出报警信号，也可以作为联动触发信号。输入模块可以配接现场各种需要反馈信号的设备，如水流指示器、压力开关、信号阀、控制柜，以及能够提供开关信号的各类外部联动设备。输入模块的输入端具有检线功能，可现场设为常闭检线或常开检线，当出现断线时，向控制主机反馈故障信号。输出模块是用于控制某些设备的启停或者切换的模块，一般用于控制没有信号反馈的设备，如声光警报器、警铃等，也可以作为消防广播的切换模块。输入输出模块是在输出模块的基础上增加了信号反馈功能，启动设备以后，可以接收设备的反馈信号，主要用于控制有信号反馈的设备，如排烟阀、送风阀、防火阀等。双输入输出模块相当于两个输入输出模块，通常用于控制需要两次动作的设备，比如疏散通道上的二步降防火卷帘门。切换模块可以配合输出类模块使用，以实现对强电或大电流设备的控制。前面所说的输出类模块属于弱电模块，不能直接控制强电或大电流设备，当需要控制这些设备时，可通过切换模块，切换模块的作用相当于继电器，起隔离保护作用。各类输出模块安装在信号总线上，通常需要电源支持（DC24V），电源可以由控制主机提供，也可以由现场消防电源提供。

576. 火灾自动报警系统的总线短路隔离器的作用是什么?

◼ 答：总线短路隔离器，简称总线隔离器。在总线制火灾自动报警系统中，需要安装总线隔离器，当某一部位的总线出现故障，总线隔离器自动将发生故障的总线部分与系统隔离开来（隔离两个总线隔离器之间的总线），保证系统的其他部分正常工作。同时，控制器（控制主机）指示被隔离部件的部位号，方便检修维护。当故障修复后，总线隔离器自动将被隔离的部分重新纳入系统。在环形结构总线系统中，每两只总线隔离器保护的火灾探测器、手动火灾报警按钮和模块等消防设备的总数不应超过 32 点。当总线中某一位置发生短路等故障时，其两侧的总线隔离器动作，将该段线路隔离，不影响本回路中其他总线设备的正常工作。当故障修复后，总线隔离器自动将被隔离的部分重新纳入系统。在树形结构总线的系统中，每一只总线隔离器保护的火灾探测器、手动火灾报警按钮和模块等消防设备的总数不应超过 32 点，也就是说每个分支回路的设备总数不应超过 32 点。当某一分支回路发生短路等故障时，总线短路隔离器动作，将该分支回路隔离，不影响其他分支回路设备的正常工作。当故障修复后，总线隔离器自动将被隔离的部分重新纳入系统。总线穿越防火分区时，应在穿越处设置总线隔离器。目前的产品，总线隔离器主要是针对信号总线进行保护，均没有对电源线路保护。

577. 火灾自动报警系统的中继模块的作用是什么？

答：中继模块的作用：一是用于接收非编码类火灾探测器的报警信号，赋予这些无编码设备一个地址；二是用于扩展探测器总线通信距离，增强整个系统的抗干扰能力。同一探测区域可以采用非编码类火灾探测器，通过中继模块接入火灾自动报警系统，多个探测器共用一个地址编码。另外，线型光束感烟火灾探测器、线型感温火灾探测器、点型红外／紫外火焰探测器、图像型火灾探测器、吸气式感烟火灾探测器等火灾探测器，通常是提供开关量的报警触点信号，可以通过中继模块接入火灾报警控制系统。防爆火灾探测场所的各类防爆型火灾探测器，通常也是非编码方式，也可以通过中继模块接入火灾报警控制系统。一些厂家的中继模块主要用于扩展探测器总线通信距离，增强整个系统的抗干扰能力。这类中继模块用于总线信号输入与输出间的电气隔离，完成探测器总线的信号隔离传输，在有比较强的电磁干扰的区域以及总线传输距离不能达到要求的场所，可以延长总线通信距离。

578. 火灾自动报警系统的火灾显示盘的作用是什么？

答：火灾显示盘，也称为区域显示器、楼层显示器，是一种安装在楼层或防火分区内的火灾报警显示装置。火灾显示盘可显示相关楼层或报警区域的火警、故障、动作等信息，并发出声光报警信号。火灾发生时，火灾探测器动作，消防控制室的火灾报警控制器报警，传输到报警区域的火灾显示盘上，火灾显示盘显示报警点的部位代号和注释信息，同时发出声光报警信号。每个报警区域宜设置一台区域显示器，宾馆、饭店等场所应在每个楼层设置一台区域显示器。区域显示器应设置在出入口等明显和便于操作的部位。当采用壁挂方式安装时，其底边距地高度宜为 1.3—1.5m。

579. 火灾报警系统的图形显示装置的作用是什么？

答：集中报警系统和控制中心报警系统，需要设置图形显示装置（简称 CRT 系统）。图形显示装置安装在消防控制室，用来模拟现场火灾触发器件和联动器件的建筑平面布局，能如实反映现场火灾、联动状况以及故障状况。图形显示装置接收火灾报警控制器和消防联动控制器（以下称控制器）发出的火灾报警信号和 / 或联动控制信号，当有火灾报警信号、联动信号输入时，图形显示装置应能显示报警部位对应的建筑位置、建筑平面图，在建筑平面图上指示报警部位的物理位置，记录报警时间、报警部位等信息。图形显示装置能查询并显示监视区域中监控对象系统内各个消防设备（设施）的物理位置及其对应的实时状态信息。但是，图形显示装置不能对控制器进行复位、系统设定以及联动设备的启动和停止等控制操作。电气火灾监控器、防火门监控器、可燃气体报警控制器的报警信息和故障信息，可以在图形显示装置上显示，但该类信息与火灾报警信息的显示应有区别，且应采用专用线路连接。图形显示装置应具有远程传送信息和接收远程查询的功能，传送和接受远程查询过程中应有状态指示。

580. 什么是火灾自动报警系统的总线控制盘和多线控制盘？

答：消防联动控制器应具有对每个受控设备进行手动控制的功能。对于一些需要及时操作的受控设备，可以通过总线控制盘控制。对于一些重要设备（消防水泵、防烟和排烟风机等），需要通过手动控制盘（多线控制盘）控制，盘上的启停按钮应与消防水泵、防烟和排烟风机的控制柜直接用控制线连接。总线控制盘为启动和停止总线设备提供了一种便捷的操作方式，可以代替控制器上的菜单操作。总线控制盘的面板设有多个操作按键，每个按键分别对应一个启动灯和一个反馈灯，分别用于提示按键状态、显示设备运行状态。总线控制盘的每个按键，均可通过编程设置，实现对各类、各分区、各具体部件的控制。比如：防排烟系统，可以通过编程，设置总线控制盘的按键，一键启动某防烟分区的所有排烟口（阀），也可以设置一键启动某防火分区所有前室的加压送风口。一台火灾报警控制器可以设置多个总线控制盘。消防水泵、防烟和排烟风机除采用联动控制方式外，还应在消防控制室设置手动直接控制装置，这个手动直接控制装置就是多线直接控制盘。直接控制盘上启停按钮与消防水泵、防烟和排烟风机的控制柜直接用控制线连接，可利用控制盘上的按键完成对现场设备的手动控制。

581. 火灾报警控制器和消防联动控制器是何种关系？

答：火灾报警控制器是一种纯报警控制器，能接入感烟/感温火灾探测器、手动报警按钮等火灾触发器件，或通过输入模块（或中继模块）接入非编码火灾探测器，也可以控制简单的联动设备（如声光警报器）。火灾报警控制器，能够接收并发出火灾报警信号和故障信号，同时完成相应的显示和控制功能。消防联动控制器接收火灾报警控制器或其他火灾触发器件发出的火灾报警信号，根据设定的控制逻辑发出控制信号，控制各类消防设备，实现相应功能。实际应用中，很少有单独的消防联动控制器。通常情况下，火灾报警控制器和消防联动控制器为一体化产品，称为火灾报警控制器（联动型）。火灾报警控制器（联动型），具备报警联动功能，可以实现火灾探测、发出火灾报警信号、并向各类消防设备发出控制信号，完成各项消防功能。实际应用中，火灾报警控制器（联动型），通常会配置有总线控制盘和多线控制盘，也可以组合消防应急广播设备和消防电话。琴台式机柜中，还可以组合图形显示装置（CRT显示系统），以及其他系统控制设备，有利于布局美观，方便管理。

582. 什么是消防应急广播系统？

答：消防应急广播系统是火灾逃生疏散和灭火指挥的重要设备，能有效地指挥建筑内各部位的人员疏散。集中报警系统和控制中心报警系统应设置消防应急广播。对于一些特殊场所，也应设置消防应急广播：步行街两侧建筑的商铺内外均应设置消防应急广播系统；避难走道内应设置应急广播和消防专线电话；避难层和避难间应设置消防专线电话和应急广播。消防应急广播由控制装置和广播扬声器组成。控制装置主要包括音源设备、广播功率放大器、分区控制器，可以是独立的控制主机，也可以组合安装在火灾报警控制柜内。火灾发生后，应同时向全楼进行消防应急广播，因此，很多情况下并不需要分区控制器和控制模块。有些广播功率放大器包含了音源控制等功能，通常称为消防广播主机。这种情况下，消防应急广播通常由消防广播主机和广播扬声器组成。消防应急广播的控制装置应设置在消防控制室内。民用建筑内扬声器应设置在走道和大厅等公共场所。消防应急广播系统的联动控制信号应由消防联动控制器发出，当确认火灾后，应同时向全楼进行广播，火灾声警报应与消防应急广播交替循环播放。消防应急广播与普通广播或背景音乐广播合用时，应具有强制切入消防应急广播的功能。

583. 什么是消防专用电话系统？

答：消防电话是消防通信的专用设备，火灾发生时，可以提供方便便捷的通信手段。通过专用的消防电话系统，重要场所可以通过消防专用电话分机（简称消防电话分机）和消防控制室进行通话，其他场所可以用便携式电话，通过电话插孔与控制室进行通话。集中报警系统和控制中心报警系统应设置消防专用电话。对于一些特殊场所，也应设置消防专用电话：避难走道内应设置应急广播和消防专线电话；避难层和避难间应设置消防专线电话和应急广播；消防电梯轿厢内部应设置专用消防对讲电话，并能直接与消防控制室通话。消防专用电话网络应为独立的消防通信系统，不能利用一般电话线路或综合布线网络代替消防专用电话线路。消防专用电话系统包括消防电话主机、消防电话分机、手提式消防电话分机和消防电话插孔等部分，和火灾自动报警系统类似，可分为总线制和多线制两种形式。在多线制系统中，每个电话分机应与总机单独连接，与消防电话主机之间有独立的信号回路，多个消防电话插孔可以共用一个信号回路（并联）。多线制系统布线较多，仅适用于小规模系统。在总线制系统中，通常为两总线方式，总线分机（带地址编码的消防电话分机）设置在总线回路上，可以和消防电话主机直接通话。也可以在总线回路中设置总线插孔（带地址编码的电话插孔），一个总线插孔可以并接多个无地址编码的普通电话插孔。总线制系统适用于各类规模的系统，是目前的主流形式。消防专用电话总机应设置在消防控制室内。在消防控制室，消防电话总机应能与所有消防电话、电话插孔相互呼叫与通话，总机应能显示每部分机或电话插孔的位置。设有手动火灾报警按钮或消火栓按钮等处，宜设置电话插孔，并宜选择带有电话插孔的手动火灾报警按钮。

584. 火灾探测器的主要类别有哪些？

答：火灾探测器是火灾自动报警系统的自动触发器件，能响应烟、温、光（火焰辐射）、气体浓度、视频信息等火灾特征参数，自动产生火灾报警信号。我们常见的有感烟类火灾探测器、感温类火灾探测器、感光类火灾探测器、一氧化碳火灾探测器、图像型火灾探测器等。其中，感烟类火灾探测器又包括：点型感烟火灾探测器、线型光束感烟火灾探测器、吸气式感烟火灾探测器；感温类火灾探测器又包括：点型感温火灾探测器和线型感温火灾探测器。线型感温火灾探测器按敏感部件形式又可分为：缆式、空气管式、分布式光纤、光纤光栅和线式多点型感温火灾探测器；感光类火灾探测器又可分为：点型红外火焰探测器、点型紫外火焰探测器、点型红外/紫外复合火焰探测器。

585. 早期火灾探测可以使用哪几种火灾探测器？

答：早期探测火灾的火灾探测器有：吸气式感烟火灾探测器、一氧化碳火灾探测器，以及线型感温火灾探测器。吸气式感烟火灾探测器，通过主动抽吸空气或烟雾样品，送到灵敏度非常高的探测腔内进行分析，可以探测微小的现场烟雾浓度变化，实现早期火灾探测。一氧化碳探测器，燃烧不充分的早期火灾和阴燃火灾会产生一氧化碳，通过探测火灾产生的一氧化碳来发现火灾，也是一种有效的火灾探测方法。线型感温火灾探测器，紧贴保护对象的感温电缆、感温光纤、光纤光栅等线型感温火灾探测器，可以探测到异常温升，也可以起到早期火灾探测的作用。

586. 什么是感光火灾探测器？

答：感光火灾探测器也称火焰探测器，是一种响应火灾光辐射的探测器，主要包括紫外火焰探测器和红外火焰探测器（还有红外/紫外复合火焰探测器）。火焰探测器只要有火焰的辐射就能够响应，对明火的响应比感温、感烟火灾探测器快很多。特别适用于大型油罐储区、石化作业区等易发生明火燃烧的场所。

587. 什么是图像型火灾探测器？

答：在火焰产生阶段，图像型火灾探测器，也可以有效发挥作用。图像型火灾探测器通过检测分析视频图像，识别烟火特征，进行火灾探测。

588. 什么是点型感温火灾探测器？

答：温升是火灾的基本特征，当温度或温升速率达到一定值时，点型感温探测器可有效发挥作用。点型感温火灾探测器是对某一点周围温度变化响应的探测器。相对于烟雾的扩散，环境的温升速度更慢，因此，点型感温火灾探测器的感应速度是较慢的。当某部位的点型感温火灾探测器报警时，表明火灾已经发展到一定程度，需要立即启动自动灭火设施。

589. 点型感温火灾探测器的工作原理是什么？

答：根据传感方式不同，点型感温火灾探测器可分为双金属片、膜盒、热敏电阻等结构形式，目前普遍采用热敏电阻的方式。双金属片式点型感温火灾探测器由膨胀系数不同的双金属片和固定触点组成。当环境温度升高到一定值时，双金属片向上弯曲，使触点闭合，输出信号给报警控制器。空气膜盒是温度敏感元件，其感热外罩与底座形成密闭气室，有一小孔与大气连通。当环境温度缓慢变化时，气室内外的空气可由小孔进出，使室内外压力保持平衡。如温度迅速升高，使室内空气受热膨胀来不及外泄，致使室内压力增高，金属波纹膜片鼓起与中心线柱相碰，电路接通报警。热敏电阻式感温火灾探测器，采用两个性能相同的热敏电阻，参考热敏电阻设置在屏蔽罩内，采样热敏电阻设置在外部，内部的由于隔热作用感应速度慢，利用它们的变化差异实现差温报警，同时外部采样热敏电阻可设置在某一固定温度报警，实现定温报警。热敏电阻点型感温火灾探测器，是采用负温度系数的热敏电阻，当温度升高时，电阻值降低，电流加大，达到预定值时，实现定温探测报警。根据传感器的响应特性，感温火灾探测器可分为定温探测器、差温探测器和差定温探测器。

590. 点型感烟火灾探测器的工作原理是什么？

答：点型感烟火灾探测器是对火灾烟雾敏感的火灾探测器，是对某一点周围烟雾浓度响应的火灾探测器。点型感烟火灾探测器包括点型离子感烟探测器和点型光电感烟探测器。点型离子感烟探测器，是根据电离原理进行火灾探测的点型火灾探测器。放射性辐射源（镅Am241）产生的辐射，使探测腔内的空气电离，加载电压后，两块电极板之间产生电流。当烟雾粒子进入到此探测腔时，受烟雾粒子的干扰，电流减弱，达到一定值时发出报警信号。离子感烟火灾探测器含有放射性物质（镅Am241），对环境有一定的危害，需要特殊的回收措施，目前已很少使用。但在高海拔地区，离子感烟火灾探测器具有较强的适应性，高海拔地区宜选择离子感烟探测器。光电感烟探测器，是目前最广泛使用的火灾探测器，主要有减光式和散射光式两种工作原理。点型减光式探测器的工作原理：检测室内装有发光器件及受光器件。在正常情况下，受光器件接收到发光器件发出的一定光量。火灾时，探测器的检测室进入了大量烟雾，发光器件的发射光受到烟雾的遮挡，使受光器件接收的光量减少，光电流降低，探测器发出报警信号。减光式探测器已很少使用。目前常用的是散射光工作原理的点型光电感烟火灾探测器。在探测器内，正常情况下，发光件发射的红外光线，不会进入受光件，当烟雾进入探测器时，经烟雾粒子散射的红外光线进入受光件，受光件的阻抗与接收的红外光线强度相关，烟雾浓度升高，散射的红外光线增强，受光件阻抗降低，烟雾浓度达到设定值时，发出火灾报警信号。

591. 编码和非编码火灾探测器的区别?

答: 在总线制的火灾报警控制系统中, 所有火灾触发器件和各类模块, 都会赋予唯一的地址编号。从本质上来说, 火灾探测器加载地址模块单元后, 就成了编码型火灾探测器。编码型火灾探测器可以直接接入总线回路中, 非编码型火灾探测器, 需要通过输入模块(或中继模块)加载地址码以后, 再接入总线回路。在总线回路中, 通常使用编码型火灾探测器, 但在实际应用中, 也需要应用到非编码型火灾探测器, 主要存在以下两种情况: 探测区域是火灾报警系统的最小单元, 在很多情况下, 同一探测区域的火灾探测器, 可以共用同一地址码, 在一些特殊的场所, 如使用非编码型火灾探测器, 将具有更大的灵活性。因此, 火灾报警设备的生产厂家, 通常会生产非编码火灾探测器, 也称为开关量探测器。一些特殊类型的火灾探测器, 由第三方厂家生产, 只能采用非编码型火灾探测器。比如: 线型光束感烟火灾探测器、防爆感烟/感温火灾探测器、红外/紫外火焰探测器, 以及线型感温火灾探测器(感温电缆、感温光纤、光纤光栅)、吸气式感烟火灾探测器、图像型火灾探测器等, 这些探测器往往由第三方厂家生产, 通常是提供故障和报警的开关触点信号。需要通过输入模块(或中继模块)加载地址码以后, 再接入总线回路。需要说明的是用于非编码火灾探测器的输入模块, 通常会有单独的型号, 以区别于其他设备的信号输入模块, 方便系统识别。有些厂家也称这类输入模块为中继模块。

592. 什么是吸气式感烟火灾探测器?

答: 吸气式感烟火灾探测器, 也称为空气采样烟雾探测器或及早期烟雾探测器, 属特种火灾探测器, 具有早期火灾探测功能及不同于常规感烟火灾探测器的特性。吸气式感烟火灾探测器按其采样方式可分为点型采样式和管路采样式。目前使用的大都是管路采样式, 通过采样管路扩展探测区域, 适用于较大规模场所。在管路采样式的吸气式感烟火灾探测系统中, 一条采样管路的探测区域不宜超过 $500m^2$, 且一台探测器的报警区域不应超过 $2000m^2$, 探测区域不应跨越防火分区。在吸气式感烟火灾探测器的预警阶段, 火灾特征并不明显, 为了更快地确认火灾位置, 不同的房间应划分为不同的探测区域。

593. 吸气式感烟火灾探测器系统应用场所有哪些?

答:吸气式感烟火灾探测器,具有早期火灾探测功能及不同于常规感烟式火灾探测器的特性,主要应用于下列场所:(1)具有高速气流的场所,可以采用吸气式感烟火灾探测器。比如,有些通过空气调节作用而保持正压的通信机房、计算机房、无尘室等,如果存在高速气流,就可以采用高灵敏度的吸气式感烟探测系统。(2)点型感烟、感温火灾探测器不适宜的大空间、舞台上方、建筑高度超过12m或有特殊要求的场所,这些场所可以采用吸气式感烟火灾探测器。(3)低温场所,有冷凝现象和冰晶生成的场所,可以采用吸气式感烟火灾探测器。常规的点型感烟探测器,工作温度范围不能低于−10℃,不适应冷冻冷藏库这些低温场所,这些场所可以采用吸气式感烟火灾探测器。(4)需要进行隐蔽探测的场所,可以采用吸气式感烟火灾探测器。比如一些文化遗产建筑和艺术陈列馆等。(5)需要进行火灾早期探测的重要场所,可以采用吸气式感烟火灾探测器。比如通信和珍贵文档文物馆等。(6)人员不宜进入的场所,可以采用吸气式感烟火灾探测器。比如高洁净场所。

594. 线型光束感烟火灾探测器工作原理是什么?

答:线型光束感烟火灾探测器,通常是指线型红外光束感烟火灾探测器,是利用减光原理探测烟雾的火灾探测器。相对于点型感烟火灾探测器,线型光束感烟火灾探测器适用于无遮挡的大空间或有特殊要求的房间。线型光束感烟火灾探测器,通常包括发射器和接收器(有些是发射器和反射板),在发射器和接收器之间构成(不可见的)红外探测光路。当火灾烟雾上升时,光束被挡住,到达接收器的信号减弱,当减光率达到预设值时,探测器就会发出火灾报警信号。线型感烟火灾探测器具备感烟火灾探测器功能,同时,可以识别一定程度的灰尘污染,被遮挡时可以发出(遮挡)故障信号,适用于初始火灾有烟雾形成的大空间火灾探测。可分为对射式和反射式。对射式探测器的发射器和接收器分开布置,红外光束从发射器发出,由另一端的接收器接收,这种形式的布线相对复杂,通常情况下,发射器和接收器都需要电源支持。反射式探测器的发射器和接收器一体化,另一端安装反射板，红外光束从发射器发出，经反射板反射后，由接收器接收。反射板也称反射镜，不需要电源支持，布线相对简单。

595. 线型感温火灾探测器有哪些类型？

答：线型感温火灾探测器，是对某一路线周围温度和／或温度变化响应的线型火灾探测器，是将温度值信号或是温度单位时间内变化量信号，转换为电信号以达到探测火灾并输出报警信号的目的。线型感温火灾探测器由敏感部件和与其相连的信号处理单元部分组成，敏感部件可分为感温电缆、空气管、感温光纤、光纤光栅及其接续部件、点式感温元件及其接续部件等。其中感温电缆、感温光纤、光纤光栅是较多使用的探测器。按动作性能可分为定温、差温和差定温；按可恢复性能可分为可恢复式和不可恢复式；按定位方式可分为分布定位和分区定位；按探测报警功能可分为探测型和探测报警型。

596. 缆式线型感温火灾探测器是如何分类的？

答：缆式线型感温火灾探测器，就是常说的感温电缆。主要由信号处理单元、感温电缆和终端等组成。按动作性能可分为：定温、差温、差定温三类。对应的感温电缆为：定温型感温电缆、差温型感温电缆、差定温型感温电缆。按可恢复性能可分为可恢复式和不可恢复式。对应的感温电缆为：可恢复式感温电缆、不可恢复式感温电缆，其中的可恢复式感温电缆，也称为模拟量感温电缆；不可恢复式感温电缆，也称为开关量感温电缆。我们常见的感温电缆类型有：不可恢复式定温型感温电缆、可恢复式定温型感温电缆、可恢复式差定温型感温电缆。缆式线型感温火灾探测器的信号处理单元，可以提供火警和故障的（继电器）开关触点信号，可以通过中继模块或输入模块接入火灾报警控制系统，实现报警联动控制。

597. 不可恢复式缆式线型感温火灾探测器的结构原理是什么？

答：不可恢复式缆式线型感温火灾探测器，就是常说的不可恢复式感温电缆，也称为开关量感温电缆，属定温型感温电缆。由信号处理单元（也称转换模块）、感温电缆和终端盒等组成。常见的不可恢复式感温电缆，内部为两根绞合的弹性钢丝，每根钢丝的外面包有绝缘的温度敏感材料。正常状态下，两根钢丝处于绝缘状态，当周边环境温度上升到预定动作温度时，温度敏感材料融化破裂，两根绞合的弹性钢丝产生短路，发出报警信号，可以通过输入模块等接入火灾报警控制系统。在电缆的末端，连接有终端电阻（通常为3K），终端电阻一般安装在终端盒内。首端信号处理单元的电压，在感温电缆形成微弱的监视电流。当感温电缆出现断路时，监视电流中断，可以发出断路故障信号。当感温电缆上升到预定动作温度出现短路时，监视电流突然增大，触发火灾报警。不可恢复式感温电缆的信号处理单元也称为转换模块，有些报警系统具备感温电缆专用的中继模块，不需要另外设置信号处理单元（转换模块）。不可恢复式感温电缆，是最经济实用的线型感温火灾探测器，不受电磁干扰，极少误报，维护简便。虽然某段电缆动作后不可恢复，但可以通过接入同类型电缆的方式，快速恢复正常使用。

598. 可恢复式感温电缆的结构原理是什么?

答：可恢复式缆式线型感温火灾探测器，就是常说的可恢复式感温电缆。主要包括信号处理单元（俗称微机头）、可恢复式感温电缆和终端盒。可恢复式感温电缆，有定温、差温和差定温三类，常用的是定温和差定温两种。可恢复式定温型感温电缆，通常是两芯绞合结构，加载有一定的电压，和不可恢复式感温电缆不同的是，每芯导体的外面是负温度系数的热敏绝缘材料。当环境温度升高时，热敏绝缘材料的绝缘电阻变小。在两芯电缆间会形成一定的短路电流。正常情况下，信号处理单元的电压，通过终端电阻在感温电缆形成微弱的监视电流，当感温电缆出现断路时，监视电流中断，可以发出断路故障信号。当环境温度升高时，热敏绝缘材料的绝缘电阻变小，导体的泄漏电流变大，根据泄漏电流的大小，可以实现定温报警。温度正常以后，泄漏电流恢复正常。只要不造成结构性的损坏，这种电缆可以重复使用。相对于可恢复式定温型感温电缆，可恢复式差定温感温电缆分为两对双绞线组合，分别用于监测泄漏电流的大小和泄漏电流的变化率，实现定温和差定温报警，通常采用四芯绞合结构。从技术上，可恢复式感温电缆是可以实现报警定位的，但由于感温电缆探测区域长度不宜超过 100m（规范要求），报警定位的意义不大，一般采用分区报警的方式，因此，目前的可恢复式感温电缆，一般都没有加载分布定位功能。

599. 缆式线型感温火灾探测器的设置要求及应用场所有哪些？

答：缆式线型感温火灾探测器的标准报警长度不应大于 1m，也就是说，必须是满足一定长度的感温电缆达到设定温度，才会产生报警。缆式线型感温火灾探测器在电缆接头处应保证有效探测长度。缆式线型感温火灾探测器和线式多点型感温火灾探测器敏感部件总长度不大于 2km。缆式线型感温火灾探测器在保护电缆、堆垛等类似保护对象时，应采用接触式布置。在各种皮带输送装置上设置时，宜设置在装置的过热点附近。设置在顶棚下方的缆式线型感温火灾探测器，至顶棚的距离宜为 0.1m，探测器至墙壁的距离宜为 1—1.5m，探测器的保护半径应符合点型感温火灾探测器的保护半径要求。在储油罐、变压器等露天保护的场所，应采用接触式布置。缆式线型感温火灾探测器应采用"S"形布置在每层电缆的上表面。缆式线型感温火灾探测器的探测区域的长度，不宜超过 100m。设置缆式线型感温火灾探测器的场所有联动要求时，宜采用两只不同火灾探测器的报警信号组合。与缆式线型感温火灾探测器连接的模块不宜设置在长期潮湿或温度变化较大的场所。下列场所可以设置缆式线型感温火灾探测器：电缆隧道、电缆竖井、电缆夹层和电缆桥架；不易安装点型探测器的夹层、闷顶；各种皮带输送装置；其他环境恶劣不适合点型探测器安装的场所。

600. 缆式线型感温火灾探测器与线型光纤感温火灾探测器的区别是什么？

答：缆式线型感温火灾探测器（感温电缆）包括可恢复式感温电缆（模拟量感温电缆）和不可恢复式感温电缆（开关量感温电缆）。线型光纤感温火灾探测器包括分布式光纤线型感温火灾探测器（感温光纤）和光纤光栅线型感温火灾探测器（光纤光栅探测器）。定位方式：开关量感温电缆和大部分的模拟量感温电缆，均不具备分布定位的功能，一般采用分区定位的方式。线型光纤感温火灾探测器，感温光纤和大部分光纤光栅均具备分布定位的功能。探测区域：缆式线型感温火灾探测器，感温电缆的探测区域长度不宜超过100m，每信号处理单元敏感部件总长度不大于2km。线型光纤感温火灾探测器，感温光纤和分布式定位的光纤光栅对探测区域长度没有要求，每信号处理单元敏感部件总长度不大于15km。安全性：感温电缆的传导和探测部件为金属材料，在某些场所可能会受到限制。感温光纤和光纤光栅均由石英材料组成，本质安全，适合一些需要定位报警和防爆等特殊场所的保护。另外，从工程造价上讲，缆式线型感温火灾探测系统相对较低，线型光纤感温火灾探测系统相对较高。

601. 光纤光栅型感温火灾探测器的结构及探测原理是什么？

答：光纤光栅线型感温火灾探测器，主要由光纤光栅测温主机（信号处理单元）、传输光纤、光纤光栅感温探测器等部分组成。光纤光栅线型感温火灾探测器的敏感部件为光纤光栅感温探测器，通过传输光纤将信号传送至光纤光栅测温主机（信号处理单元），可实现点式温度探测或长距离线型温度探测。光纤光栅感温探测器是具有一定光栅周期或纤芯折射率的光纤器件。当光源通过光栅时，会产生特定波长的反射光。当光纤光栅的温度发生变化时，将导致光栅周期或纤芯折射率产生变化，从而导致光栅反射光的波长发生变化，可以通过检测反射光波长的变化，实现温度测量。光纤光栅火灾探测器可以采用并联的方式，通过光分路器与光纤光栅测温主机连接，这种情况比较适应开关柜、控制柜等设备的热点监控。通过波分复用技术，可以实现光纤光栅火灾探测器串联。传感器与传感器之间靠连接光缆首尾相接，形成线型的光栅串，达到长距离的温度监测。这种情况比较适合于隧道、储油罐、电缆等保护场所。光纤光栅感温火灾探测器的传输光纤，也称为传输光缆。根据保护现场情况，可能要采用不同类型的构件及附属保护层结构。光纤光栅型感温火灾探测器，可以通过上位机组成光纤光栅火灾探测系统，也可以接入火灾报警联动控制系统。光纤光栅测温主机（信号处理单元）可以提供火警和故障的（继电器）开关触点信号，可以通过中继模块或输入模块接入火灾报警控制器，实现报警联动控制。

602. 光纤光栅线型感温火灾探测器的设置要求有哪些?

答：光纤光栅线型感温火灾探测器，就是常说的光纤光栅感温探测器。光纤光栅线型感温火灾探测器的传输光纤（光缆）和光纤光栅均由石英材料组成，防雷、抗电磁干扰，应用场所和分布式光纤线型感温火灾探测器基本相同。设置在顶棚下方的光纤光栅线型感温火灾探测器，至顶棚的距离宜为 0.1m，探测器至墙壁的距离宜为 1—1.5m，探测器的保护半径应符合点型感温火灾探测器的保护半径要求。但是，对于道路隧道等场所，光纤光栅线型光纤感温火灾探测器应设置在车道顶部距顶棚 0.1—0.2m 处，每根光纤光栅感温火灾探测器保护的车道数量不应超过 2 条，光纤光栅感温火灾探测器的间距不应大于 10m。在保护电缆、堆垛等类似保护对象时，应采用接触式布置，对于电缆连接件等关键部位，需要设置光纤光栅感温火灾探测器。在各种皮带输送装置上设置时，宜设置在装置的过热点附近。在储油罐、变压器等露天保护的场所，应采用接触式布置。保护外浮顶油罐时，两个相邻光栅间距不应大于 3m。在开关柜等设备的热点监控场所，必须是紧贴可能的发热部位保护。对于电缆隧道的场所，光纤光栅线型感温火灾探测器应采用接触式的敷设方式对隧道内的所有的动力电缆进行探测，光纤光栅线型光纤感温火灾探测器应采用一根感温光缆保护一根动力电缆的方式，并应沿动力电缆敷设。设置光纤光栅线型感温火灾探测器的场所有联动要求时，宜采用两只不同火灾探测器的报警信号组合。与光纤光栅线型感温火灾探测器连接的模块不宜设置在长期潮湿或温度变化较大的场所。

603. 什么是火焰探测器?

答：火焰探测器（感光火灾探测器）包括红外火焰探测器和紫外火焰探测器。物质燃烧时，产生烟雾和放出热量，同时也产生不同波段的光辐射（电磁波），比如：紫外辐射、可见光辐射、红外辐射等。火焰探测器，也称为感光式火灾探测器，是一种响应火灾光辐射的探测器，通过感应火焰辐射的电磁波，检测火焰的特定波长及闪烁频率，发出报警信号。为了避免环境可见光引起的错误报警，通常选用非可见光的紫外或红外光谱。对紫外光辐射敏感的探测器称为紫外火焰探测器，对红外光辐射敏感的探测器称为红外火焰探测器，实际应用中，还有红外 / 紫外复合探测器。红外火焰探测器分为：单波段、双波段和三波段等型号。单波段红外火焰探测器受发热设备及高温物体的影响，容易产生误报。双波段、三波段红外火焰探测器增加了额外波段的红外传感器，通过信号处理技术对两个或多个波段信号进行比较，可以有效防止误报，提高红外火焰探测器的灵敏度。火焰探测器只要有火焰辐射就能响应，对明火的响应比感温、感烟火灾探测器快很多，特别适用于大型油罐储区、石化作业区等易发生明火燃烧的场所或者明火的蔓延可能造成重大危险等场所的火灾探测。实际应用中，会较多地使用双波段、三波段红外火焰探测器，可以有效防止误报，提高火焰探测器灵敏度。从火灾趋势图可以看出，感光类火灾探测器适应于有火焰产生阶段的火灾探测。

604. 什么是图像型火灾探测器?

答：图像型火灾探测器属于识别图像信息的探测器，是通过使用摄像机、红外热成像器件等视频设备或其组合方式，获取监控现场的视频信息，通过检测分析视频图像，识别烟火特征，进行火灾探测。当某个监控区域报警时，控制中心同步切换至该区域的视频影像，使值班人员同步看到火灾现场情况，迅速采用措施。最初的图像型火灾探测器，是在监控主机上增加火灾检测监控单元，通过分析每路摄像机的现场图像，匹配火焰及火灾烟雾影像特征，实现火灾监控报警。这种系统操作简单、造价低，可以利用普通的电视监控系统，只需要增加火灾检测监控单元即可，尤其适用于已有监控系统的升级改造。为了增加图像型火灾探测器的灵敏度和准确性，通常会增加红外热成像器件（红外摄像机），采用红外摄像机和普通彩色摄像机的组合方式，也称为双波段探测器。普通摄像机获取彩色图像，红外摄像机获取红外图像，通过彩色视频图像和红外视频图像的分析比对，可以大幅提升火灾探测的灵敏度和准确性，对阴燃火灾也有较好的探测效果（双波段探测器采用红外 CCD 和彩色 CCD 传感器作为探测器件，获取监控现场的红外图像和彩色图像，通过对序列图像的亮度、颜色、纹理、运动等特性进行分析而确认火灾的火焰型火灾探测）。根据图像型火灾探测系统的结构形式，主要有前端处理型和后端处理型两种。前端处理型，是在每个探测器内置火灾检测监控单元，对彩色视频图像和红外视频图像进行分析比对，火灾发生时，通过视频图像向控制中心报警，同时通过其他输出方式向消防控制中心报警。后端处理型，是将各路火灾探测器的彩色视频和红外视频传至火灾检测监控主机，火灾检测监控单元对现场图像分析比对，进行火灾监控。火灾发生时，主机发出报警信号，同时向火灾报警系统传送相关信息。从火灾趋势图可以看出，图像型火灾探测器适用于有火焰产生阶段的火灾探测。也有识别火灾烟雾图像的图像型火灾探测器，可实现烟雾阶段的火灾探测。火焰探测器和图像型火灾探测器的结构原理是完全不同的，但有相似的应用场所。

605. 什么是一氧化碳火灾探测器?

答：大多数火灾都会产生一氧化碳（CO）气体，对于燃烧不充分的早期火灾和阴燃火灾，一氧化碳特征更加明显。一氧化碳气体密度与空气相当，扩散性能比烟雾更好，通过探测火灾产生的一氧化碳来发现火灾，是一种有效的火灾探测方法。从火灾趋势图可以看出，一氧化碳火灾探测器应用于产生一氧化碳的阴燃和烟雾阶段。点型一氧化碳火灾探测器应用于下列场所：烟不容易对流或顶棚下方有热屏障的场所；在顶棚上无法安装其他点型火灾探测器的场所；需要多信号复合报警的场所。对火灾初期有阴燃阶段，且需要早期探测的场所，宜增设一氧化碳火灾探测器。需要说明的是，一氧化碳火灾探测器是直接接入火灾自动报警控制器，与一氧化碳有毒气体探测器（通常接入可燃气体探测报警系统）是完全不同的两个概念。

606. 什么是空气管式线型感温火灾探测器?

答：空气管式线型感温火灾探测器，是采用空气管结构的线型感温火灾探测器，由信号处理单元和空气管组成。空气管一般采用柔性的小口径铜管（外径小于5mm），末端封堵，可延展铺设在需要探测的部位。信号处理单元内置有补偿气泵，保证空气管一定的压力，当空气管出现泄漏时，压力持续降低，可以引发故障报警。当火灾发生时，空气管受热膨胀，管内压力升高，信号处理单元分析压力值和压力变化速率，发出报警信号，实现定温或差温报警。空气管线型感温火灾探测器一般采用柔性的小口径铜管，不容易损坏，可重复使用，属于可恢复式探测器。空气管铜管耐脏，不惧污染，安装简便，相对其他类别的线型感温火灾探测器，能承受更高的现场温度，不容易造成结构性破坏。可探测各种油类、化学类等场所火灾，以及内燃机车、喷漆车间等环境苛刻的场所。在某些不方便维修和人员进入的场所，可以把空气管线型感温火灾探测器的信号处理单元设置在保护区外部，不受现场环境影响。空气管式线型感温火灾探测器，可以多路探测，但单个敏感部件长度应在 20—100m 之间，总长度不大于 800m。空气管式线型感温火灾探测器的标准报警长度不应大于最大使用长度的 10%，且不大于 10m。空气管式线型感温火灾探测器的信号处理单元，提供火警和故障的（继电器）开关触点信号，可以通过中继模块或输入模块接入火灾报警控制系统，实现报警联动控制。

607. 什么是可燃气体探测报警系统？

答：可燃气体探测报警系统和电气火灾监控系统，均属于火灾自动报警系统的独立子系统，属于火灾预警系统。可能散发可燃气体、可燃蒸气的场所，应设置可燃气体报警装置。可燃气体探测器宜设置在可能产生可燃气体部位附近。被探测气体密度小于空气密度的可燃气体探测器，应设置在被保护空间的顶部；被探测气体密度大于空气密度的可燃气体探测器应设置在被保护空间的下部；被探测气体密度与空气密度相当时，可燃气体探测器可设置在被保护空间的中间部位或顶部。石化行业的可燃气体探测器应按照《石油化工可燃气体和有毒气体检测报警设计规范》（GB/T50493—2019）的有关规定设置，但其报警信号应接入消防控制室。

608. 什么是防爆型火灾探测器、防爆型可燃气体探测器？

答：设置在爆炸环境中的电气设备，应符合有关防爆的要求。爆炸性环境的种类很多，在火灾自动报警系统和可燃气体报警系统的设置场所中，涉及较多的是爆炸性气体环境。爆炸性气体环境根据危险程度分为 0 区、1 区和 2 区。对于火灾报警系统和可燃气体报警系统，所应用的爆炸性危险场所，大多数属于 2 区，通常采用本安型（ib）防爆设备或隔爆型（d）防爆设备。本安型（ib）设备，也称本质安全型设备，防爆类点型感烟／感温火灾探测器、手动火灾报警按钮等，通常属于本质安全型设备。在防爆区域，采用无地址编码的防爆火灾探测器、经安全栅隔离后，通过中继模块接入总线回路，确保本质安全电路的电压电流限制在一定安全范围内。本质安全型设备必须设置安全栅。还有一些特殊类型的本质安全型火灾探测器，比如感温光纤（分布式光纤线型感温火灾探测器）和感温光栅（光纤光栅型感温火灾探测器），其探测线路不存在电流，可以应用在各类爆炸性危险场所，但报警控制主机应设置在安全区域。隔爆型（d）设备，是指由隔爆外壳保护的设备，其外壳能够承受内部爆炸而不损坏，并且即使内部爆炸，也不会引燃外部的爆炸性或可燃性气体。固定安装的防爆可燃气体探测器，以及防爆类点型红外／紫外火焰探测器、线型光束感烟火灾探测器、声光警报器等，通常属于隔爆型设备。

609. 火灾自动报警系统和可燃气体报警系统安全栅的选用原则是什么？

答：在防爆区域设置火灾报警系统和可燃气体报警系统时，需要通过安全栅接入报警系统的设备有：点型感温／感烟火灾探测器、手动火灾报警按钮等；不需要通过安全栅接入报警系统的设备有：可燃气体探测器、火灾声光警报器、红外／紫外火焰探测器等。对于火灾自动报警系统和可燃气体报警系统，所应用的爆炸性危险场所，大多数情况属于 2 区，通常采用本安型（ib）或隔爆型（d）设备。对于本安型设备，必须限制电路产生的电火花和热效应，除了设备电路本身要达到本质安全电路的要求外，也必须严格限制外部能量（电涌、超限的电流、电压等）的引入。因此，本安型设备防护区的线路入口，必须设置安全栅，安全栅应安装在安全区域。安全栅设置在本质安全电路和非本质安全电路之间，将供给本质安全电路的电压电流限制在一定安全范围内。防爆类点型感烟／感温火灾探测器、手动火灾报警按钮等，通常属于本安型（ib）设备，需要通过安全栅接入火灾报警系统。安全栅的主要功能为限流限压，有齐纳式安全栅和隔离式安全栅。齐纳式安全栅的核心元件为齐纳二极管，限流电阻及快速熔断丝。齐纳式安全栅必须依靠非常可靠的接地系统，否则不能有效发挥作用，这是设备选型和施工中必须注意的问题。隔离式安全栅不但有限能的功能，还有隔离功能，它主要有回路限能单元、信号和电源隔离单元、信号处理单元组成。隔离式安全栅没有接地要求，安装方便，但造价相对较高。对于隔爆型设备，其外壳能够承受内部爆炸而不破坏，并且不会引燃外部的爆炸性和可燃性气体，因此不需要严格限制设备电路的电压电流，没有必要设置安全栅。

610. 为什么报警区域的划分需要根据联动控制需求来进行？

答：根据系统的联动控制需求，划分报警区域，可简化系统调试，防范编程误区。比如：火灾声光警报系统、机械加压送风系统、防火卷帘、应急照明和疏散指示系统、消防广播系统等，通常以防火分区或楼层为单位划分报警区域。当一个楼层包括多个防火分区时，以防火分区为单位划分；当一个防火分区包括多个楼层时，以楼层为单位划分。机械排烟系统、挡烟垂壁等，通常以防烟分区为单位划分报警区域。气体灭火系统、雨淋系统、开式细水雾灭火系统等，通常以防护区为单位划分报警区域。水喷雾灭火系统、泡沫灭火系统等，通常以防护区或保护对象为单位划分报警区域。自动跟踪定位射流灭火系统等，通常以保护区域为单位划分报警区域。

611. 消防联动控制信号、消防联动反馈信号和消防联动触发信号之间的关系？

答：消防联动控制信号、消防联动反馈信号和消防联动触发信号是消防联动控制器与受控消防设备（设施）之间相互联系的非常重要的信号，消防联动控制器在接收到消防联动触发信号后，根据预先设定的逻辑进行判断，然后发出消防联动控制信号，受控设备（设施）在接收到消防联动控制信号并执行相关的动作后向消防联动控制器发出消防联动反馈信号，从而实现消防联动控制功能。

612. 火灾自动报警系统短路隔离器应如何设置？

答：火灾自动报警系统总线上应设置总线短路隔离器，每只总线短路隔离器保护的火灾探测器、手动火灾报警按钮和模块等设备的总数不应大于 32 点。总线在穿越防火分区处应设置总线短路隔离器。

613. 火灾自动报警系统的声光警报器有何规定?

答：火灾自动报警系统应设置火灾声、光警报器。火灾声、光警报器应符合下列规定：火灾声、光警报器的设置应满足人员及时接受火警信号的要求，每个报警区域内的火灾警报器的声压级应高于背景噪声 15dB，且不应低于 60dB；在确认火灾后，系统应能启动所有火灾声、光警报器；系统应同时启动、停止所有火灾声警报器工作；具有语音提示功能的火灾声警报器应具有语音同步的功能。

614. 消防联动控制应符合怎样的规定?

答：消防联动控制应符合下列规定：需要火灾自动报警系统联动控制的消防设备，其联动触发信号应为两个独立的报警触发装置报警信号的"与"逻辑组合；消防联动控制器应能按设定的控制逻辑向各相关受控设备发出联动控制信号，并接受其联动反馈信号；受控设备接口的特性参数应与消防联动控制器发出的联动控制信号匹配。

615. 为什么可燃气体探测器不应直接接入火灾报警控制器的总线上?

答：可燃气体探测报警系统是一个独立的子系统，属于火灾预警系统，应独立组成。可燃气体探测器不能直接接入火灾报警系统的总线上，主要原因如下：可燃气体探测器的功耗较大，远大于火灾探测器，对总线影响较大；火灾报警产品使用寿命一般为 12 年，可燃气体探测器的使用寿命不超过 5 年，报废更换对总线有一定的影响；可燃气体探测器的检定周期一般不超过 1 年，检定期间对同一总线的火灾探测器会产生影响；可燃气体报警信号与火灾报警信号的时间与含义均不相同，需要采取的处理方式也不同。当可燃气体的报警信号需要接入火灾自动报警系统时，应由可燃气体报警控制器接入。可燃气体探测报警系统的相关信息，可通过可燃气体报警控制器接入火灾报警控制器或消防控制室图形显示装置。

七、电气火灾监控系统

616. 为什么要设置电气火灾监控系统?

答:已经设置了火灾自动报警系统的场所为什么还要设置电气火灾监控系统很多人不明白。火灾自动报警系统是一种事后保护措施,电气火灾监控系统是一种事前预防措施。设置电气火灾监控系统的目的是消除电力设备的火灾隐患。通过探测电力线路的剩余电流值或者探测电力线路的故障电弧,或者探测电气部件的温升,超出安全值即发出报警。由此可知,电气火灾监控系统可以对电力设备的日常运行进行监控,有效消除电力设备的火灾隐患,可用于具有电气火灾危险的场所。因此,设置火灾自动报警系统与设置电气火灾监控系统并不矛盾,有些重要场所,应同时设置电气火灾监控系统。

617. 电气火灾监控系统的工作原理是什么?

答:我们知道,漏电、短路、过载、接触不良是电气火灾的主要成因,电气火灾监控就是围绕这四个成因采取监控措施。设备漏电时,电流通过地线漏电或直接对大地漏电,可以采用剩余电流式电气火灾监控探测器,通过检测电气回路的剩余电流,发现漏电故障。短路,电流还是从中性线回流,不会在电气回路产生剩余电流,不能采用剩余电流式电气火灾监控探测器。短路和接触不良通常会伴随电弧(电火花)发生,可以采用故障电弧探测器,通过监测故障电弧(电火花)发现故障。短路、过载的典型特征是发热,可以采用测温式电气火灾监控探测器,通过对线路或连接点的温度监测,间接实现对短路、过载的监测报警。

618. 什么是电气火灾监控系统剩余电流式火灾监控探测器?

答:剩余电流式电气火灾监控探测器是用于监测被保护线路中的剩余电流值变化的探测器,当被保护电气线路中的剩余电流超过报警设定值时,能发出报警和控制信号。一般由剩余电流传感器和信号处理单元组成。剩余电流传感器（简称传感器）测量被保护线路中的剩余电流值变化，一般采用闭合成环的高导磁的铁芯材料（比如高导磁镍钢或超晶合金等）。穿过传感器的保护线路出现剩余电流时，传感器将感应数据传送至信号处理单元。信号处理单元接收传感器的测量数据，并对数据进行分析处理。一个信号处理单元可以接入多个传感器。剩余电流传感器按外形划分为圆形传感器和方形传感器。圆形传感器主要适用线缆穿过，方形传感器主要适用铜排和并排布置的电缆穿过。其中圆形传感器又分为闭合式和开合式，开合式由两部分组成，主要应用在无法停电拆装线路的改造项目中（有些场所不能停电，无法拆装线缆，线缆不能穿过传感器）。按系统形式，剩余电流式电气火灾监控探测器包括独立式和非独立式两种类型。独立式探测器带声光警报功能，可以独立使用；非独立式探测器可以通过信号处理单元接入上位机（电气火灾监控设备），依靠电气火灾监控设备实现系统功能，不能独立运行。

619. 什么是电气火灾监控系统测温式火灾监控探测器？

答：测温式电气火灾监控探测器能探测被保护线路中的温度参数变化，可以监测线路或连接点的温度异常情况，探测器应设置在电缆接头、端子、重点发热部位。测温式电气火灾监控探测器包括信号处理单元和测温传感器。测温传感器测量被保护线路中的温度参数变化，一般由热敏电阻或红外测温元件等组成。信号处理单元接收传感器温度参数的测量数据，并对数据进行分析处理。线型火灾探测器（缆式、空气管式、分布式光纤、光纤光栅等、线式多点型等）也可以作为测温式电气火灾监控探测器，为了便于统一管理，可将其报警信号接入电气火灾监控设备。测温式电气火灾监控探测器包括独立式和非独立式两种类型。独立式探测器带声光警报功能，可以独立使用。非独立式探测器可以通过信号处理单元接入上位机（电气火灾监控设备），依靠电气火灾监控设备实现系统功能，不能独立运行。

620. 什么是电气火灾监控系统故障电弧探测器?

答:常见的电弧故障有三种:线缆断裂、部件接触不良;绝缘受损导致相线和中性线(也称火线和零线)的绝缘击穿;相线(即火线)对地短路。以上三种电弧故障中,只有第三种电弧故障会在回路中产生剩余电流,可以通过剩余电流式电气火灾监控探测器探测。前两种电弧故障都不会在回路中产生剩余电流,可以通过故障电弧探测器进行探测。故障电弧探测器是用于探测被保护电气线路中产生故障电弧的探测器,可对供电系统中电气线路及用电设备发生的故障电弧进行实时在线检测,其保护线路的长度不宜大于100m。故障电弧探测器包括独立式和非独立式两种类型。独立式探测器带声光警报功能,可以独立使用。非独立式探测器可以通过信号处理单元接入上位机(电气火灾监控设备),依靠电气火灾监控设备实现系统功能,不能独立运行。故障电弧探测器和剩余电流式电气火灾监控探测器作用不同,二者不能相互替代。也就是说,有些设置了故障电弧探测器的场所,可能同样还要设置剩余电流式电气火灾监控探测器。

621. 什么是电气火灾监控系统独立式探测器?

答:独立式电气火灾监控探测器,具备监控报警功能,探测器在报警时发出声光报警信号,并显示报警值,能够独立使用。在无消防控制室且电气火灾监控探测器设置数量不超过8只时,可采用独立式电气火灾监控探测器。独立式电气火灾监控探测器的每个信号处理单元最多可以带4个传感器(这4个传感器可以是测温式或剩余电流式)。设有火灾自动报警系统时,独立式电气火灾监控探测器的报警信息和故障信息,应在消防控制室图形显示装置或集中火灾报警控制器上显示,一般情况下,可以通过中继模块接入火灾自动报警系统,但该类信息与火灾报警信息的显示应有区别。独立式电气火灾监控探测器可以接入火灾报警控制器的探测器回路,非独立式电气火灾监控探测器不应接入火灾报警控制器的探测器回路。未设置火灾自动报警系统时,独立式电气火灾监控探测器应将报警信号传至有人值班的场所。

622. 什么是电气火灾监控系统非独立式探测器?

答:非独立式探测器不能独立运行,需要依靠电气火灾监控设备实现系统功能。非独立式探测器组成的电气火灾监控系统,是目前的主流形式,适用于较大监控点位的系统,主要包括火灾监控器、火灾监控探测器、通信线路以及图形显示装置。非独立式电气火灾监控探测器组成的电气火灾监控系统,可以接入多个回路,每个回路均可挂接多个探测器。电气火灾监控设备主要是指电气火灾监控器,能接收来自电气火灾监控探测器的信号,发出声光警报和控制信号,指示报警部位,记录、保存并传送报警信息。电气火灾监控器可设置在消防控制室,也可以设置在保护区域附近,设置在保护区域附近时,应将报警信息和故障信息传入消防控制室。在设置有消防控制室的场所,电气火灾监控器的报警信息和故障信息应在消防控制室的图形显示装置上显示,或在具有集中控制功能的火灾自动报警控制器上显示,该类信息与火灾报警信息的显示应有区别。在实际使用中,和火灾报警控制器通信会涉及协议转换的问题,很难实现。因此,目前的电气火灾监控系统,一般自带图形显示装置,不会接入火灾自动报警控制器或共用火灾报警系统的图形显示装置。在没有设置消防控制室的场所,应将电气火灾监控器设置在有人值班的场所。

623. 剩余电流式电气火灾监控探测器的设置要求是什么?

答:剩余电流式电气火灾监控探测器应以设置在低压配电系统首端为基本原则,宜设置在第一级配电柜的出线端。在供电线路泄漏电流大于500mA时,宜在其下一级配电柜设置。实际应用中,剩余电流传感器可以安装在配电箱主开关出线处,注意:相线和零线穿入剩余电流传感器,必须是同一方向穿入,地线不得穿入。双电源切换开关的配电箱内,剩余电流式电气火灾监控探测器的传感器应设置在双电源切换开关出线侧。剩余电流式电气火灾探测器的电源线宜就地取电,其电源线 L 端接入被保护线路配电开关前端的相线,N 端接入被保护线路配电开关前端的 N 线。禁止从配电开关的后端取电。

624. 剩余电流式电气火灾监控探测器在不同的供电系统中是如何应用的?

答:电力供电系统可分为 TN、TT、IT 三种供电方式,IT 系统不能使用剩余电流式电气火灾探测器。TN 系统是目前应用最广泛的系统,分为 TN-C、TN-S、TN-C-S 三种形式,TN-C-S 包含了 TN-C 和 TN-S 两部分,因此,我们以 TN-C-S 系统为例进行讲解。在 TN-C 部分,用电设备的地线 PE 和中性线 N 是合并的,即使漏电,也是通过合并的 PEN 线返回,不会产生剩余电流,因此不能使用剩余电流式电气火灾探测器。可以将 TN-C 部分的接地方式局部改为 TN-S 或 TT 后,使用剩余电流式电气火灾探测器。在 TN-S 部分,L1、L2、L3 和 N 线穿过剩余电流式传感器(互感器),设备外露导电部分接 PE 线,当发生漏电时,漏电电流通过 PE 线回流,L1、L2、L3 和 N 线会产生剩余电流,可以使用剩余电流式电气火灾探测器。需要注意的是 PE 线不能穿过剩余电流传感器。TT 方式供电系统是指将电气设备的金属外壳直接接地的保护系统,发生漏电时,一部分电流从大地回流,三相线和 N 线会产生剩余电流,可以使用剩余电流式电气火灾探测器。IT 系统的电源端不做系统接地(或高阻抗接地),在发生接地故障时由于不具备故障电流返回电源的通路,不会产生对地的漏电电流,不可以使用剩余电流式电气火灾探测器。剩余电流式电气火灾监控探测器不宜设置在消防配电线路中。消防供电线路由于本身要求较高,且平时不用,因此也没有必要设置剩余电流式电气火灾监控探测器。

625. 消防电源监控系统和电气火灾监控系统的区别是什么?

答:消防电源监控系统和电气火灾监控系统,是两个完全不同的概念。消防设备电源监控系统用于监控消防设备电源工作状态,在电源发生过压、欠压、过流、缺相等故障时能发出报警信号的监控系统,由消防设备电源状态监控器、电压传感器、电流传感器、电压 / 电流传感器等部分或全部设备组成。电气火灾监控系统是探测被保护线路中的剩余电流、温度、故障电弧等电气火灾危险参数变化和由于电气故障引起的烟雾变化及可能引起电气火灾的静电、绝缘参数变化。当被保护电气线路中的被探测参数超过报警设定值时，能发出报警信号、控制信号并能指示报警部位，由电气火灾监控设备和电气火灾监控探测器组成。设置消防电源监控系统的目的是对消防设备的电源进行实时监控，通过检测电源的电流、电压值等工作状态，确保消防设备电源时刻处于正常状态，保障消防设备可靠运行。设置电气火灾监控系统的目的，电气火灾监控系统属于火灾预警系统，通过探测电力线路的剩余电流值，或者探测电气部件的异常温升，消除电气设备的火灾隐患。两者的设置方式不同：在电气火灾监控系统中，不管是单相还是三相电源回路，线路都要同时穿过剩余电流传感器，剩余电流传感器检测的是漏电电流，当漏电电流达到预定值时，发出报警信号；在消防电源监控系统中，每相线路单独穿过电流传感器，电流传感器检测的是单独的每相电流，当电流值偏离正常值时，发出报警信号。两者的设置位置不同：剩余电流式电气火灾监控探测器应以设置在低压配电系统首端为基本原则，宜设置在第一级配电柜的出线端（在供电线路泄漏电流大于 500mA 时，宜在其下一级配电柜设置）；消防电源监控系统的电压／电流传感器，通常安装在用电回路的末端位置，比如现场配电箱、双电源切换柜或启动柜等部位。

八、消防应急照明和疏散指示系统

626. 消防应急照明和疏散指示系统是如何分类的？

答：根据消防应急灯具的控制方式，可把应急照明和疏散指示系统分为集中控制型系统和非集中控制型系统。集中控制型系统设置应急照明控制器，根据应急灯具的供电方式，可分为灯具采用集中电源供电方式的集中控制型系统（即：灯具的蓄电池电源采用应急照明集中电源供电方式的集中控制系统）和灯具采用自带蓄电池供电方式的集中控制型系统（即：灯具的蓄电池电源采用自带蓄电池供电方式的集中控制型系统，简称自带电源集中控制系统）。集中电源集中控制系统由应急照明控制器，应急照明集中电源、集中电源集中控制型消防应急灯具及相关附件组成。由应急照明控制器集中控制并显示应急照明集中电源及配接的消防应急灯具工作状态。火灾发生时，火灾报警系统的消防联动控制器向应急照明控制器发出联动指令，应急照明控制器控制应急照明集中电源及其配接的消防应急灯具，并显示其工作状态，为安全疏散和救援提供应急照明和疏散指示。自带电源集中控制系统由应急照明控制器、应急照明配电箱、自带电源集中控制型消防应急灯具及相关附件组成。由应急照明控制器集中控制并显示应急照明配电箱及其配接的消防应急灯具工作状态。火灾发生时，火灾报警系统的消防联动控制器向应急照明控制器发出联动指令，应急照明控制器控制应急照明配电箱及其配接的消防应急灯具，并显示其工作状态，为安全疏散和救援提供应急照明和疏散指示。需要说明的是，在同一集中控制系统中，根据实际需要，可以同时存在采用集中电源供电方式的消防应急灯具和自带蓄电池供电方式的消防应急灯具。非集中控制型系统未设置应急照明控制器，由应急照明集中电源或应急照明配电箱分别控制其配接消防应急灯具工作状态。根据消防应急灯具的供电方式，同样可分为灯具采用集中电源供电方式的非集中控制型系统（即：灯具的蓄电池电源采用应急照明集中电源供电方式的非集中控制型系统，简称"集中电源非集中控制型系统"）和灯具采用自带蓄电池供电方式的非集中控制系统（即：灯具的蓄电池电源采用自带蓄电池供电方式的非集中控制型系统，简称"自带电源非集中控制系统"）。集中电源非集中控制型系统，由应急照明集中电源、集中电源非集中控制型消防应急灯具及相关附件组成。火灾发生时，火灾报警系统的消防联动控制器向应急照明集中电源发出联动指令，由应急照明集中电源控制消防应急灯具的工作状态，为安全疏散和救援提供应急照明和疏散指示。自带电源非集中控制系统，由应急照明配电箱、自带电源非集中控制型消防应急灯具及相关附件组成。火灾发生时，火灾报警系统的消防联动控制器向应急照明配电箱发出联动指令，由应急照明配电箱控制消防应急灯具的工作状态，为安全疏散和救援提供应急照明和疏散指示。设置消防控制室的场所应设置集中控制型系统，设置火灾自动报警系统，但未设置消防控制室的场所宜选择集中控制型系统，其他场所可选择非集中控制型系统。

627. 消防应急灯具是如何分类的？

答：消防应急灯具，是为人员疏散、消防作用提供照明和指示标志的各类灯具，包括消防应急照明灯具和消防应急标志灯具。按额定工作电压分为：A型消防应急灯具（主电源和蓄电池电源额定工作电压不大于DC36V的消防应急灯具）和B型消防应急灯具（主电源或蓄电池电源额定工作电压大于DC36V或AC36V的消防应急灯具）。按蓄电池电源供电方式分为：自带电源型消防应急灯具（由自带蓄电池供电，电池、光源及相关电路装在灯具内部）和集中电源型消防应急灯具（灯具内无独立的电池，由应急照明集中电源供电）。按适应系统类型分为：集中控制型消防应急灯具（灯具的工作状态由应急照明控制器控制的消防应急灯具）和非集中控制型消防应急灯具。按用途可分为：消防应急标志灯具（用图形、文字指示疏散方向，指示疏散出口、安全出口、楼层、避难层的灯具）、消防应急照明灯具（为人员疏散和发生火灾时仍需要工作的场所提供照明的灯具）和消防应急照明标志复合灯具（同时具备消防应急照明灯具和消防应急标志灯具功能的消防应急灯具）。按工作方式分为：持续型消防应急灯具（光源在主电源和应急电源工作时均处于点亮状态的消防应急灯具，消防应急标志灯具应选择持续型灯具）和非持续型消防应急照明灯具（光源在主电源工作时不点亮，仅在应急电源工作时处于点亮状态的消防应急灯具）。按供电方式和控制方式分为：集中电源集中控制型、自带电源集中控制型、集中电源非集中控制型、自带电源非集中控制型。

628. 消防应急照明灯具的基本性能指标包括哪些？

答：消防应急照明灯具的基本性能指标包括：地面水平照度、光源色温、光通量。地面水平照度是指消防应急照明灯具投射到其设置场所地面上的光通量（$d\phi$）除以设置场所地面面积（dA）所得之商，单位Lx，$1Lx=1Lm/m^2$。消防应急照明灯具设置场所地面水平照度指标主要取决于消防应急照明灯具的光通量指标，同时还与灯具的设置方式、设置间距、设置高度等有关。光源色温是指光源的色品与某一温度下黑体的色品相同时，该黑体的绝对温度为此光源的色温，单位为K。光源色温与人体视觉功效有很大的关联，高色温的光源可以提高兴奋程度，使其注意力更加集中，加快其对周围事件的反应。照明灯具光源发光色温应在2700K至8000K之间，疏散用手电筒的发光色温应在2700K至6500K之间。

光通量是根据辐射对标准光度观察者的作用导出的光度量，单位为 Lm，通常消防应急照明灯具的光通量数值越大，所提供的照明性能越好。

629. 消防应急标志灯具的常见类型有哪些？

答：消防应急标志灯的常见类型有：安全出口标志灯、疏散出口标志灯、方向标志灯、楼层（或避难层）标志灯、多信息复合标志灯、消防应急照明标志复合灯具。安全出口标志灯，采用出口指示标志和"安全出口"等文字辅助标志组合作为主要标志信息，标识安全出口位置。疏散出口标志灯，采用出口指示标志作为主要标识信息，标识疏散出口位置。方向标志灯，包括单向方向标志灯、双向方向标志灯和辅助指示出口距离的方向标志灯。楼层标志灯，是采用阿拉伯数字和字母 F 组合作为主要标志信息，标识楼层位置的消防应急疏散标志灯具。多信息复合标志灯，是可以在同一只消防应急疏散标志灯具的面板上标识疏散方向和楼层位置信息的消防应急疏散标志灯具。消防应急照明标志复合灯具，是同时具备消防应急照明灯具和消防应急标志灯具功能，一般安装在安全出口的上方，这种灯具的灯光会影响"安全出口"标志的识别，因此很少使用。

630. 应急照明和疏散指示系统供配电措施有哪些？

答：根据消防应急灯具的供电方式和控制方式，可以把应急照明和疏散指示系统分为集中控制型系统和非集中控制型系统，其中，集中控制型系统应采用消防电源供电，非集中控制型系统可以采用正常照明配电箱供电。在集中控制型系统中，应急照明控制器的主电源应由消防电源供电，控制器应自带蓄电池，自带蓄电池电源应至少使控制器在主电源中断后工作 3h。设置在消防控制室的应急照明控制器，应由消防双电源切换装置供电，设置在其他场所的应急照明控制器，宜由所属防火分区或楼层的消防双电源切换装置供电，也可以采用专用消防供电回路，从变配电室的消防负荷侧供电。在灯具采用自带蓄电池供电方式的集中控制型系统中，应急照明配电箱应由消防电源的专用应急回路或所在防火分区、同一防火分区的楼层、隧道区间、地铁站台和站厅的消防电源配电箱供电。在灯具采用集中电源供电方式的集中控制型系统中，灯具由集中电源供电，集中设置的集中电源应由消防电源的专用应急回路供电，分散设置的集中电源应由所在防火分区、同一防火分区的楼层、隧道区间、地铁站台和站厅的消防电源配电箱供电。在灯具采用自带蓄电池供电方式的非集中控制型系统中，应急照明配电箱应由防火分区、同一防火分区的楼层、隧道区间、地铁站台和站厅的正常照明配电箱供电。在灯具采用集中电源供电方式的非集中控制型系统中，灯具由集中电源供电，集中设置的集中电源应由正常照明线路供电，分散设置的集中电源应由所在防火分区、同一防火分区的楼层、隧道区间、地铁站台和站厅的正常照明配电箱供电。

631. 消防备用照明和疏散照明的区别是什么?

答：备用照明是用于确保正常活动继续或暂时继续进行的应急照明，备用照明涉及的情形很多，其中，为消防作业提供的照明是指消防备用照明。避难间（层）及配电室、消防控制室、消防水泵房、自备发电机房等发生火灾时仍需工作、值守的区域应同时设置备用照明、疏散照明和疏散指示标志，也就是说，在这些场所中，应同时设置备用照明和疏散照明，这两类照明都属于消防应急照明。虽然消防备用照明和疏散照明都属于消防应急照明，但是，消防备用照明的连续供电时间、照度与疏散照明有较大区别，不能共用消防应急照明灯具，且应采用独立的配电回路。备用照明灯具可采用正常照明灯具，在火灾时应保持正常的照度，最小持续供电时间不应低于180min。备用照明的持续工作时间，大于消防应急照明和疏散指示系统的工作时间，不能共用消防应急照明灯具及配电回路。备用照明灯具应由正常照明电源和消防电源专用应急回路互投后供电，在正常照明电源切断后转入消防电源专用应急回路供电。

632. 什么是蓄光消防安全标志?

答：蓄光消防安全标志，采用蓄光材料制作，在有光照时吸收光能储光，环境变暗时自动持续发光。蓄光消防安全标志必须设置在平时有一定照度的场所。规范中要求的应急照明和疏散指示灯具都是指自带光源的消防应急灯具，不能用蓄光消防安全标志代替。蓄光型指示标志可作为消防应急标志灯具以外的指示标志设施。在已按规范要求设置消防应急标志灯具的场所，蓄光型指示标志可作为辅助加强设施。

633. 应急照明、疏散照明、备用照明、安全照明的区别是什么？

答：根据《建筑照明设计标准》（GB50034—2013）要求，应急照明是指因正常照明的电源失效而启用的照明，应急照明包括疏散照明、备用照明、安全照明。根据《消防应急照明和疏散指示系统技术标准》（GB51309—2018）要求，消防应急照明和疏散指示系统是为人员疏散、消防作业提供照明和疏散指示的系统。其中为人员疏散提供的照明是指疏散照明，作业提供的照明是指备用照明。因此，疏散照明和备用照明又统称为消防应急照明。安全照明用于确保处于潜在危险之中的人员安全的应急照明，如使用圆盘锯等作业场所。

634. 建筑内哪些场所需要同时设置备用照明和疏散照明？

答：消防控制室、消防水泵房、防排烟机房、自备发电机房、配电间以及发生火灾时仍需要坚持工作的消防设备用房应设置备用照明。照度不应低于正常照明的照度。同时这些场所也需要设置疏散照明。

635. 国家标准对需要设置疏散照明场所地面水平最低照度是如何规定的？

答：疏散照明地面水平最低照度应符合下列规定：疏散走道不应低于1Lx。人员密集场所和避难层不应低于3Lx，对于老年人照料设施和医疗建筑的避难间不应低于10Lx。楼梯间、前室、合用前室、避难走道不应低于5Lx，对于老年人照料设施、医疗建筑和人员密集建筑的楼梯间、前室、合用前室、避难走道不应低于10Lx。

636. 建筑内应设置疏散照明的部位有哪些？

答：建筑内应设置疏散照明的部位，主要是人员安全疏散必须经过的重要节点部位和建筑内人员相对集中、人员疏散时易出现拥堵情况的场所。

637. 消防应急照明都包括哪些？

答：消防应急照明是指火灾时的疏散照明和备用照明。

九、防排烟系统

638. 什么是防排烟系统？

答：火灾事实说明，烟气是造成建筑火灾人员伤亡的主要因素。设置防排烟系统的目的，是及时排除房间、走道等空间的有害烟气，防止烟气进入楼梯间、前室等空间，保障建筑内人员的安全疏散和有利于消防救援的展开。当房间发生火灾时，排烟系统启动，排出房间和走道的烟气，有利于人员疏散。同时防烟系统也启动，向防烟楼梯间和前室输入一定的风量，使得防烟楼梯间的压力大于防烟前室，同时前室的压力大于走道，防止烟气进入前室和疏散楼梯间，确保人员安全疏散。防排烟系统包括排烟系统和防烟系统两部分，是相互独立的两个系统，排烟系统主要设置在房间和走道，防烟系统主要设置在前室和疏散楼梯间等部位（避难层和避难走道也需要设置防烟系统）。当建筑的某部位着火时，通过排烟系统排除房间和走道的烟气和热量；同时，通过防烟系统（通风或形成正压），确保前室、楼梯间等疏散通道不进入烟气。排烟系统的实质，是采用机械排烟或自然排烟的方式，将房间、走道等空间的烟气排至建筑物外的系统。机械排烟系统由排烟风机、排烟口及排烟管道等设施组成，自然排烟系统由可开启外窗等设施组成。防烟系统的实质，是采用机械加压送风或自然通风的方式，防止烟气进入楼梯间、前室、避难层（间）等空间的系统。防烟系统的机械加压送风系统，由送风机、送风口及送风管道等设施组成。防烟系统的自然通风系统由可开启外窗等自然通风设施组成。

639. 建筑物内哪些部位需要设置防烟系统？

答：建筑物内的防烟楼梯间、前室（防烟楼梯间前室、消防电梯前室、合用前室，避难走道前室）、避难走道、避难层（间）等，都是火灾发生时的安全疏散及救援通道。需要采用一定的防烟措施，防止烟气进入这些部位。建筑防烟系统的设计应根据建筑高度、使用性质等因素，采用自然通风系统或机械加压送风系统。建筑高度大于50m的公共建筑和工业建筑、建筑高度大于100m的住宅建筑应设置机械加压送风系统；建筑高度小于等于50m的公共建筑和工业建筑、建筑高度小于等于100m的住宅建筑（除三合一前室）可以采用自然通风系统或机械加压送风系统。建筑高度小于等于50m的公共建筑和工业建筑、建筑高度小于等于100m的住宅建筑防烟系统应符合下列规定：（1）采用敞开的阳台或凹廊；设有两个及以上不同朝向的可开启外窗，且独立前室两个外窗面积分别不小于$2m^2$，合用前室两个外窗面积分别不小于$3m^2$。楼梯间可不设置防烟系统。（2）当独立前室、共用前室及合用前室的机械加压送风口设置在前室的顶部或正对前室入口的墙面时，楼梯间可采用自然通风系统。当机械加压送风口未设置在前室的顶部或正对前室入口的墙面时，楼梯间应采用机械加压送风系统。（3）当防烟楼梯间在裙房高度以上部分采用自然通风时，不具备自然通风条件的裙房的独立、共用前室及合用前室应设置机械加压送风系统，且独立前室、共用前室及合用前室送风口的设置方式应符合第二款的规定。建筑地下部分的防烟楼梯间前室及消防电梯前室，当无自然通风条件或自然通风不符合要求时，应采用机械加压送风系统。防烟楼梯间及其前室的机械加压送风系统的设置应符合下列规定：（1）建筑高度小于等于50m的公共建筑和工业建筑、建筑高度小于等于100m的住宅建筑：当采用独立前室且其仅有一个门与走道或房间相通时，可仅在楼梯间设置机械加压送风系统；当独立前室有多个门时，楼梯间、独立前室应分别独立设置机械加压送风系统。（2）当采用合用前室时，楼梯间、合用前室应分别独立设置机械加压送风系统。（3）当采用剪刀楼梯间时，其两个楼梯间及其前室的机械加压送风系统应分别独立设置。封闭楼梯间应采用自然通风系统，不能满足自然通风条件的封闭楼梯间，应设置机械加压送风系统。当地下、半地下建筑的封闭楼梯间不与地上楼梯间共用且地下仅为一层时，可不设置机械加压送风系统，但首层应设置有效面积不小于$1.2m^2$的可开启外窗或直通室外的疏散门。

640. 自然排烟系统有哪些规定？

答：自然排烟系统由具有排烟作用的可开启外窗或开口组成，利用火灾热烟气流的浮力和外部风压作用，通过建筑开口将建筑内的烟气直接排至室外。建筑排烟系统的设计应根据建筑的使用性质、平面布局等因素，优先采用自然排烟系统。采用自然排烟系统的场所，应设置自然排烟窗（口）。自然排烟窗（口）是具有排烟作用的可开启外窗或开口，可通过自动、手动、温控释放等方式开启。防烟分区内任一点与最近自然排烟窗（口）之间的水平距离不应大于30m，当工业建筑采用自然排烟方式时，其水平距离尚不应大于建筑内空间净高的2.8倍；当公共建筑空间净高大于或等于6m，且具有自然对流条件时，其水平距离不应大于37.5m。自然排烟窗（口）应设置在排烟区域的顶部或外墙，并应符合下列规定：（1）当设置在外墙上时，自然排烟窗（口）应在储烟仓以内，但走道、室内空间净高不大于3m的区域的自然排烟窗（口）可设置在室内净高度的1/2以上；（2）自然排烟窗（口）的开启形式应有利于火灾烟气的排出；（3）当房间面积不大于200m² 时，自然排烟窗（口）的开启方向可不限；（4）自然排烟窗（口）宜分散均匀布置，且每组的长度不宜大于3m；（5）设置在防火墙两侧的自然排烟窗（口）之间最近边缘的水平距离不应小于2m。自然排烟窗（口）应设置手动开启装置，设置在高位不便于直接开启的自然排烟窗（口），应设置距地面高度1.3—1.5m的手动开启装置。净空高度大于9m的中庭、建筑面积大于2000m² 的营业厅、展览厅、多功能厅等场所，尚应设置集中手动开启装置和自动开启设施。除洁净厂房外，设置自然排烟系统的任一层建筑面积大于2500m² 的制鞋、制衣、玩具、塑料、木器加工储存等丙类工业建筑，除自然排烟所需排烟窗（口）外，尚应在屋面上增设可熔性采光带（窗），其面积应符合下列规定：（1）未设置自动喷水灭火系统的，或采用钢结构屋顶，或采用预应力钢筋混凝土屋面板的建筑，不应小于楼地面面积的10%；（2）其他建筑不应小于楼地面面积的5%。

641. 机械加压送风系统压差控制是如何实现的？

答：机械加压送风量应满足走廊至前室至楼梯间的压力呈递增分布，余压值应符合：前室、避难层（间）与走道之间的压差应为25—30Pa；楼梯间与走道之间的压差应为40—50Pa。当系统余压值超过最大允许压力差时应采取泄压措施。实际应用中，主要有以下两种压差控制措施：（1）采用电动余压阀控制防烟楼梯间正压值；（2）采用旁通管控制加压送风正压值。采用电动余压阀控制防烟楼梯间正压值，通常适用于楼梯间设置机械加压送风而前室不需要设置机械加压送风的情况。电动余压阀设置在前室和楼梯间之间，前室和楼梯间均设置压力传感器。根据压力传感器的压力反馈信号，自动调节电动余压阀的开度，以实现对楼梯间或前室的余压控制。采用旁通管控制加压送风正压值的方式，是在风机处设置旁通管和电动调节阀，在前室和楼梯间设置压力传感器。根据压力传感器的压力反馈信号，自动调节电动阀的开度，以实现对楼梯间或前室的余压控制。根据规范要求，消防风机控制柜不应采用变频启动及控制方式。因此，不宜采用变频风机控制加压送风正压值，只能采用旁通阀的方式。

642. 防火阀、排烟防火阀、排烟阀、排烟口、补风口、加压送风口的区别是什么？

答：防火阀，是安装在通风、空气调节系统的送、回风管道上的阀门，平时呈开启状态，火灾时当管道内烟气温度达到70℃时关闭，并在一定时间内能够满足漏烟量和耐火完整性要求，起隔烟阻火作用。防火阀一般由阀体、叶片、执行机构和温感器等部件组成。实际应用中，还有一些特殊的防火阀，比如防烟防火阀和防火调节阀。防烟防火阀是在防火阀的基础上增加了电动或电磁关闭机构，可以接收火灾自动报警联动信号关闭。排烟防火阀，是安装在机械排烟系统的排烟管道或排烟风机入口管道上的阀门，平时呈开启状态，火灾时当排烟管道内烟气温度达到280℃时关闭，并在一定时间内满足漏烟量和耐火完整性要求，起隔烟阻火作用。和防火阀相比，结构基本相同（由阀体、叶片、执行机构和温感器等部件组成），主要是安装的系统不同，动作温度也不一样。排烟阀，是安装在机械排烟系统各支管端部（烟气吸入口）处，平时呈关闭状态并满足漏风量要求，火灾时可手动和电动开启，起排烟作用的阀门。火灾发生时，所在的防烟分区的排烟阀开启排烟。和防火阀、排烟防火阀相比，排烟阀没有温控装置（温感器件），但增加了电动开启方式，且应确保现场手动操作方便。需要说明的是，排烟阀通常不会独立存在，会配套装饰口或进行装饰处理，形成成套的闭式排烟口。补风口，应用在补风系统中，有常开和常闭两种形式。补风口和加压送风口的功能类似，实际应用中，可以用加压送风口代替补风口。加压送风口，应用在机械加压送风系统中，有常开和常闭两种形式，加压送风口与排烟口的结构形式和动作原理相似。前室、合用前室等部位通常采用常闭式加压送风口，平时呈关闭状态，火灾时手动或电动打开。楼梯间通常采用常开式加压送风口。

643. 什么是机械加压送风系统？

答：机械加压送风系统由送风机、送风口及送风管等设施组成。火灾发生时，通过排烟系统排出房间和走道的烟气；通过机械加压送风系统向楼梯间和前室分别加压送风，确保室内走道—前室—楼梯间的压力逐级加大，有效防止烟气进入，有利人员疏散。根据设置部位的不同，可分为楼梯间和前室机械加压送风系统、避难层（间）机械加压送风系统和避难走道机械加压送风系统。在楼梯间和前室机械加压送风系统中，风机通过送风管道、送风口，分别向楼梯间和前室送风，使得室内走道—前室—楼梯间的压力逐级加大，有效防止火灾烟气进入。在避难层（间）的机械加压送风系统中，风机通过送风管道送风口，向避难层（间）送风，使得避难层（间）与走道之间形成压力差，有效防止火灾烟气进入避难层（间）。在避难走道的机械加压送风系统中，风机通过送风管道、送风口，向避难走道和前室送风，使得防火分区室内—前室—避难走道的压力逐级加大，有效防止火灾烟气进入避难走道。机械加压送风机，宜采用轴流风机或中、低压离心风机，其设置应符合下列规定：（1）送风机的进风口应直通室外，且应采取防止烟气被吸入的措施；（2）送风机的进风口宜设置在机械加压送风系统的下部；（3）送风机的进风口不应与排烟风机的出风口设在同一平面上，当确有困难时，送风机的进风口与排烟风机的出风口应分开布置，竖向布置时，送风机的进风口应设置在排烟风机出风口的下方，其两者边缘最小垂直距离不应小于 6m，水平布置时，两者边缘最小水平距离不应小于 20m；（4）送风机宜设置在系统的下部，且应采取保证各层送风量均匀性的措施；（5）送风机应设置在专用的风机房内；（6）当送风机出风管或进风管上安装单向风阀时，应采用火灾时自动开启阀门的措施。加压送风口的设置应符合下列规定：（1）送风口的风速不宜大于 7m/s；（2）送风口不宜设置在被门挡住的部位。机械加压送风系统应采用管道送风，送风管道应采用不燃材料制作且内壁应光滑。机械加压送风管道的设置和耐火极限应符合下列规定：（1）竖向设置的送风管道应独立设置在管道井内，当确有困难时，未设置在管道井内或与其他管道合用管道井的送风管道，其耐火极限不应低于 1h；（2）水平设置的送风管道，当设置在吊顶内时，其耐火极限不应低于 0.5h，当未设置在吊顶内时，其耐火极限不应低于 1h。机械加压送风系统的管道井应采用耐火极限不低于 1h 的隔墙与其他部位分隔，当墙上必须设置检修门时应采用乙级防火门。采用机械加压送风的场所不应设置百叶窗，不宜设置可开启外窗。

644. 机械排烟系统排烟风机的设置有何要求？

答：消防排烟风机，是机械排烟系统中用于排除烟气的固定式电动装置。排烟风机宜设置在排烟系统的最高处，烟气出口宜朝上，并应高于加压送风机和补风机的进风口。排烟风机应设置在专用风机房内。对于排烟系统与通风空气调节系统共用的系统，其排烟风机与排风风机的合用机房应符合下列规定：（1）机房内应设置自动喷水灭火系统；（2）机房内不得设置用于机械加压送风的风机与管道；（3）排烟风机与排烟管道的连接部件应能在 280℃时连续 30min 保证其结构完整性。排烟风机应满足 280℃时连续工作 30min 的要求，排烟风机应与风机入口处的排烟防火阀连锁，当该阀关闭时，排烟风机应能停止运转。

645. 机械排烟系统排烟管道的设置有何要求？

答：机械排烟系统应采用管道排烟，排烟管道应采用不燃烧材料制作且内壁应光滑。当排烟管道内壁为金属时，管道设计风速不应大于 20m/s；当排烟管道内壁为非金属时，管道设计风速不应大于 15m/s。排烟管道的设置和耐火极限应符合下列规定：（1）排烟管道及其连接部件应能在280℃时连续30min保证其结构完整性。（2）竖向设置的排烟管道应设置在独立的管道井内，排烟管道的耐火极限不应低于0.5h。（3）水平设置的排烟管道应设置在吊顶内，其耐火极限不应低于0.5h；当确有困难时，可直接设置在室内，但管道的耐火极限不应小于1h。（4）设置在走道部位吊顶内的排烟管道，以及穿越防火分区的排烟管道，其管道的耐火极限不应低于1h，但设备用房和汽车库的排烟管道耐火极限可不低于0.5h。当吊顶内有可燃物时，吊顶内的排烟管道应采用不燃材料进行隔热，并应与可燃物保持不小于150mm的距离。排烟管道的下列部位应设置排烟防火阀：（1）垂直风管与每层水平风管交接处的水平管段上；（2）一个排烟系统负担多个防烟分区的排烟支管上；（3）排烟风机入口处；（4）穿越防火分区处。设置排烟管道的管道井应采用耐火极限不小于1h的隔墙与相邻区域分隔；当墙上必须设置检修门时，应采用乙级防火门。

646. 防烟分区和储烟仓的作用是什么？

答：防烟分区和储烟仓，是针对排烟系统的概念，只有安装了排烟设施的场所，才需要划分防烟分区。在设置排烟系统的场所（或部位），应采用挡烟垂壁、结构梁及隔墙等划分防烟分区。挡烟垂壁、结构梁及隔墙形成蓄积火灾烟气的空间，这个空间就是储烟仓，储烟仓的高度就是设计烟层的厚度。挡烟垂壁和结构梁的高度应满足储烟仓的高度要求。设置防烟分区的目的，就是将烟气控制在着火区域的顶部空间范围内（储烟仓内），并限制烟气从储烟仓内向其他区域蔓延。排烟系统以防烟分区为单位，将储烟仓中蓄积的烟气排除。挡烟垂壁等挡烟分隔设施的深度，不应小于储烟仓厚度。对于有吊顶的空间，当吊顶开孔不均匀或开孔率小于等于25%时，吊顶内空间高度不得计入储烟仓厚度。一个排烟系统可以担负多个防烟分区，防烟分区不应跨越防火分区。在设置排烟设施的建筑内，敞开楼梯和自动扶梯穿越楼板的开口部位应设置挡烟垂壁。同一个防烟分区应采用同一种排烟方式。在划分防烟分区时，需要注意以下情况：（1）当工业建筑采用自然排烟系统时，其防烟分区的长边长度不应大于建筑内空间净高的8倍。（2）公共建筑、工业建筑中的走道宽度不大于2.5m时，其防烟分区的长边长度不应大于 60m。需要说明的是，当空间净空高度大于 9m 时，防烟分区可不设置挡烟设施，防烟分区的面积最大允许 2000m²，长边最大允许长度 60m。汽车库防烟分区的建筑面积不宜大于 2000m²。

647. 什么是挡烟垂壁？

答：挡烟垂壁作为防烟分区的防烟分隔物，是用不燃烧材料制成，垂直安装在建筑顶棚、横梁或吊顶下，能在火灾时形成一定的蓄烟空间的挡烟分隔设施。设置挡烟垂壁是划分防烟分区的主要措施。在设置排烟系统的场所，应采用挡烟垂壁、结构梁及隔墙等划分防烟分区。挡烟垂壁、结构梁及隔墙形成蓄积火灾烟气的储烟仓。火灾时，烟气上升，积聚在储烟仓内，通过排烟系统排除。挡烟垂壁可分为固定式和活动式挡烟垂壁。固定式挡烟垂壁是固定安装，能够满足设定挡烟高度的挡烟垂壁，固定式挡烟垂壁的主要材料有钢板、防火玻璃、不燃无机复合板、防火帘面（无机纤维织物）等。活动式挡烟垂壁通常采用无机纤维织物，平时收缩在滚筒内，火灾发生时，可自动下放至挡烟工作位置，并满足设定挡烟高度。当采用自然排烟方式时，储烟仓的厚度不应小于空间净高的 20%，且不应小于 500mm；当采用机械排烟方式时，储烟仓的厚度不应小于空间净高的 10%，且不应小于 500mm。同时储烟仓底部距地面的高度应大于安全疏散所需的最小清晰高度。采用不燃无机复合板、金属板材、防火玻璃等材料制作刚性挡烟垂壁的单节长度不应大于 2m；采用无机纤维织物等制作柔性挡烟垂壁的单节宽度不应大于 4m。

648. 消防补风系统都有哪些要求？

答：根据空气流动的原理，必须要有补风才能排出烟气。除地上建筑的走道或建筑面积小于 50m² 的房间外，设置排烟系统的场所应设置补风系统。补风系统应直接从室外引入空气，且补风量不应小于排烟量的 50%。补风系统可以采用疏散外门、手动或自动可开启外窗等自然进风方式以及机械送风方式，防火门、窗不得用作补风设施。补风系统的风机应设置在专用机房内。补风口与排烟口设置在同一空间内相邻的防烟分区时，补风口位置不限；当补风口与排烟口设置在同一防烟分区时，补风口应设置在储烟仓下沿以下，补风口与排烟口水平距离不应少于 5m。补风系统应与排烟系统联动开启或关闭。机械补风口的风速不宜大于 10m/s，人员密集场所补风口的风速不宜大于 5m/s；自然补风口的风速不宜大于 3m/s。补风管道耐火极限不应低于 0.5h，当补风管道跨越防火分区时，管道的耐火极限不应小于 1.5h（所属防火分区部分仍为 0.5h）。

649. 机械防烟系统当任一常闭加压送风口开启时，相应的加压风机应能联动启动还是连锁启动？

答：现场手动开启常闭加压送风口后，宜连锁启动相应的加压送风机，不宜采用火灾自动报警系统的总线联动控制启动加压送风机。火灾自动报警系统联动控制需要两个独立的报警信号的"与"逻辑组合才能发出联动指令，不能凭单一的加压送风口开启信号联动加压送风机启动。另外，火灾自动报警系统联动控制必须在火灾报警控制器处于"自动"控制状态下才有效，而实际应用中，大部分系统处于"手动"控制状态，导致无法自动启动。而且，火灾自动报警系统联动控制受火灾报警控制器故障状态影响。因此，现场手动开启加压送风口后，为确保加压送风机能直接启动，宜连锁启动加压送风机，不宜采用火灾自动报警系统的总线联动控制启动加压送风机。

650. 当楼梯间和前室均需设置机械加压送风系统时应符合怎样的规定？

答：对于采用合用前室的防烟楼梯间，当楼梯间和前室均设置机械加压送风系统时，楼梯间、合用前室的机械加压送风系统应分别独立设置；对于在梯段之间采用防火隔墙隔开的剪刀楼梯间，当楼梯间和前室（包括共用前室和合用前室）均设置机械加压送风系统时，每个楼梯间、共用前室或合用前室的机械加压送风系统均应分别独立设置；对于建筑高度大于 100m 的建筑中的防烟楼梯间及其前室，其机械加压送风系统应竖向分段独立设置，且每段的系统服务高度不应大于 100m。

651. 机械加压送风系统各送风部位与疏散走道的压差值是多少？

答：机械加压送风系统的送风量应满足不同部位的余压值要求。不同部位的余压值应符合下列规定：前室、合用前室、封闭避难层（间）、封闭楼梯间与疏散走道之间的压差应为 25—30Pa；防烟楼梯间与疏散走道之间的压差应为 40—50Pa。

652. 为什么防烟分区的面积和长度不应过大过长？

答：当防烟分区面积过大或长边过长时，烟气水平射流的扩散中，会卷吸大量冷空气而沉降，不利于烟气的及时排出。

653. 机械排烟系统应符合哪些规定？

答：沿水平方向布置时，应按不同防火分区独立设置；建筑高度大于 50m 的公共建筑和工业建筑、建筑高度大于 100m 的住宅建筑，其机械排烟系统应竖向分段独立设置，且公共建筑和工业建筑中每段的系统服务高度应小于或等于 50m，住宅建筑中每段的系统服务高度应小于或等于 100m。

654. 机械排烟系统的哪些部位应设置排烟防火阀？

答：下列部位应设置排烟防火阀：垂直主排烟管道与每层水平排烟管道连接处的水平管段上；一个排烟系统负担多个防烟分区的排烟支管上；排烟风机入口处；排烟管道穿越防火分区处。

655. 避难走道防烟系统的设置有哪些要求？

答：避难走道，是采取防烟措施且两侧设置耐火极限不低于 3h 的防火隔墙，用于人员安全通行至室外的走道。为了严防烟气侵入避难走道，需要在前室和避难走道分别设置机械加压送风系统。避难走道一端设置安全出口，且长度小于 30m；避难走道两端设置安全出口，且总长度小于 60m；这两种情况可以仅在前室设置机械加压送风系统。避难走道的机械加压送风量，应按避难走道的净面积每平方米不少于 30m³/h 计算。避难走道前室的送风量应按直接开向前室的疏散门的总面积乘以 1m/s 门洞风速计算。

十、固定消防炮灭火系统

656. 室外固定消防炮应符合哪些规定？

答：消防炮的射流应完全覆盖被保护场所及被保护物，喷射强度应满足灭火或冷却的要求；消防炮应设置在被保护场所常年主导风向的上风侧；炮塔应采取防雷击措施，并设置防护栏杆和防护水幕，防护水幕的总流量应大于或等于6L/s。

657. 固定水炮灭火系统的供给强度、流量、连续供水时间等应符合怎样的规定？

答：灭火及冷却用水的供给强度应满足完全覆盖被保护区域和灭火、控火的要求。水炮灭火系统的总流量应大于或等于系统中需要同时开启的水炮流量之和、灭火用水计算总流量与冷却用水计算总流量之和两者的较大值。灭火用水的连续供给时间，对于室内火灾，应大于或等于1.0h；对于室外火灾，应大于或等于2.0h。

658. 固定泡沫炮灭火系统的泡沫混合液流量、泡沫液储存量应符合怎样的规定？

答：泡沫混合液的总流量应大于或等于系统中需要同时开启的泡沫炮流量之和、灭火面积与供给强度的乘积两者的较大值；泡沫液的储存总量应大于或等于其计算总量的1.2倍；泡沫比例混合装置应具有在规定流量范围内自动控制混合比的功能。

659. 固定干粉炮灭火系统的干粉存储量、连续供给时间应符合怎样的规定？

答：干粉的连续供给时间应大于或等于60s；干粉的储存总量应大于或等于其计算总量的1.2倍；干粉储存罐应为压力储罐，并应满足在最高使用温度下安全使用的要求；干粉驱动装置应为高压氮气瓶组，氮气瓶的额定充装压力应大于或等于 15MPa；干粉储存罐和氮气驱动瓶应分开设置。

660. 自动跟踪定位射流灭火系统应符合怎样的规定？

答：自动消防炮灭火系统中单台炮的流量，对于民用建筑，不应小于 20L/s；对于工业建筑，不应小于 30L/s。持续喷水时间不应小于 1.0h。系统应具有自动控制、消防控制室手动控制和现场手动控制的启动方式。消防控制室手动控制和现场手动控制相对于自动控制应具有优先权。自动消防炮灭火系统和喷射型自动射流灭火系统在自动控制状态下，当探测到火源后，应至少有 2 台灭火装置对火源扫描定位和至少 1 台且最多 2 台灭火装置自动开启射流，且射流应能到达火源。喷洒型自动射流灭火系统在自动控制状态下，当探测到火源后，对应火源探测装置的灭火装置应自动开启射流，且其中应至少有一组灭火装置的射流能到达火源。

十一、灭火器

661. 灭火器是如何分类的？

答：常见的灭火器有简易式灭火器、手提式灭火器和推车式灭火器。简易式灭火器，是不可重复充装使用的一次性贮压式灭火器，具有以下特征：可任意移动，灭火剂充装量小于 1000ml（或 g），可由一只手指开启，不可重复充装使用。手提式灭火器，是能在其内部压力作用下，将所装的灭火剂喷出以扑救火灾，并可手提移动的灭火器具。按照驱动灭火器的压力形式，可分为贮气瓶式灭火器和贮压式灭火器，目前的灭火器均为贮压式灭火器。贮气瓶式灭火器，灭火剂由灭火器的贮气瓶释放的压缩气体的压力驱动的灭火器。贮压式灭火器，灭火剂由贮于灭火器同一容器内的压缩气体压力驱动的灭火器。手提式灭火器按照充装灭火剂的不同可分为：水基型灭火器、干粉灭火器、二氧化碳灭火器和洁净气体灭火器。推车式灭火器，是指装有轮子，可由一人推（或拉）至火场，并能在其内部压力作用下，将灭火剂喷出以扑救火灾的灭火器。按照驱动灭火剂的形式可分为推车贮气瓶式灭火器和推车贮压式灭火器。目前使用的均为推车贮压式灭火器。

662. 常见的灭火器按照所使用的灭火剂类型不同分为哪几类？

答：常见的灭火器有干粉灭火器、水基灭火器、洁净气体灭火器和二氧化碳灭火器。干粉灭火器又分为：ABC 干粉灭火器（磷酸铵盐干粉灭火器）和 BC 干粉灭火器。由于大部分火灾场所均具有 A 类火灾特征，且 BC 干粉灭火剂和 ABC 干粉灭火剂的价格差别不大，因此，现在很少使用 BC 干粉灭火器。干粉灭火器的灭火原理：主要通过中断燃烧链灭火，伴随化学反应发生，也有一定的窒息冷却作用，灭火效果较好。ABC 干粉灭火器的粉剂可黏附于固体可燃物，可适用于部分浅深位火灾，是适用火灾类别较广泛的灭火器，通常用于扑救 A 类、B 类、C 类、E 类火灾。BC 干粉灭火器的粉剂对固体可燃物无黏附作用，主要适用表面火灾，通常用于扑救 B 类、C 类、E 类火灾。水基灭火器可分为水型、泡沫型和喷雾型灭火器。水基灭火器的灭火原理：水基灭火器的灭火介质为清洁水或带添加剂的水，如湿润剂、阻燃剂或发泡剂等。水基灭火器的水可冷却、覆盖燃烧物，添加剂可大大增强灭火效能。通常用于扑救 A 类、B 类、F 类火灾。也有部分水基灭火器可扑救 E 类火灾，如喷雾型水基灭火器。洁净气体灭火器，卤代烷（1211）洁净气体灭火器已淘汰，目前主要采用六氟丙烷洁净气体灭火器，六氟丙烷灭火原理为化学抑制，中断燃烧链，灭火迅速，通常用于扑救 A 类、B 类、E 类火灾。二氧化碳灭火器，二氧化碳灭火器主要通过冷却、窒息灭火，主要用于扑救表面火灾，对于气体火灾，也有较强的稀释作用，通常用于扑救 B 类、E 类火灾。

663. 灭火器配置基本原则是什么？

答：灭火器的最大保护距离和最低配置基准应与配置场所的火灾危险等级相适应。灭火器设置点的位置和数量应根据被保护对象的情况和灭火器的最大保护距离确定，并应保证最不利点至少在 1 具灭火器的保护范围内。一个计算单元内配置的灭火器数量应经计算确定且不应少于 2 具。

664. 灭火器灭火级别的含义是什么？

答：灭火器的灭火级别表示灭火器能够扑灭不同种类火灾的效能，由表示灭火效能的数字和灭火种类的字母组成。例如：4kg 的 MF/ABCE4 手提式内贮压干粉灭火器，该型灭火器的灭火级别为 2A、55B，其中 A 表示该灭火器能够灭 A 类火灾，2A 表示能扑灭 2A 等级的 A 类火灾。B 表示该灭火器能够灭 B 类火灾，55B 表示能扑灭 55B 等级的 B 类火灾。

665. 灭火器处于什么情况下应报废？

答：有下列情况之一的灭火器应报废：（1）筒体严重锈蚀，锈蚀面积大于、等于筒体总面积的 1/3，表面有凹坑；（2）筒体明显变形，机械损伤严重；（3）器头存在裂纹、无泄压机构；（4）没有生产厂名称和出厂年月，包括铭牌脱落，或虽有铭牌，但已看不清生产厂名称，或出厂年月钢印无法识别。

666. 如何选用灭火器？

答：磷酸铵盐干粉灭火器通用于扑救 A 类、B 类、C 类和 E 类火灾，磷酸铵盐干粉灭火器也就是我们常说的 ABC 干粉灭火器。碳酸氢钠干粉灭火器通用于扑救 B 类、C 类和 E 类火灾，碳酸氢钠干粉灭火器也就是我们常说的 BC 干粉灭火器。水基型灭火器通用于扑救 A 类、B 类、F 类火灾，也有的水基型灭火器可以扑救 E 类火灾，水基型灭火器不能用于扑救 C 类火灾。二氧化碳灭火器，通常用于 B 类、E 类火灾。二氧化碳灭火器用于扑救 E 类火灾时，不得选用装有金属喇叭筒的二氧化碳灭火器，有触电的危险。洁净气体灭火器，通常适用于 A 类、B 类、E 类火灾。现在的洁净气体灭火器主要是指六氟丙烷灭火器。D 类火灾场所应选择扑救金属火灾的专用灭火器。

667. 如何来划分灭火器的计算单元？

答：灭火器配置的设计与计算，应按计算单元进行。按计算单元进行建筑灭火器配置的设计与计算，既可简化设计计算，也便于监督和管理。相同楼层的建筑灭火器配置设计图、计算书和配置清单均可套用，减少设计工作量。同一计算单元不得跨越防火分区和楼层，当一个楼层或一个防火分区内各场所的危险等级和火灾种类相同时，可将其作为一个计算单元。当一个楼层或一个水平的防火分区内各场所的危险等级和火灾种类不相同时，应将其分别作为不同的计算单元。计算单元保护面积的确定，建筑物按其建筑面积确定，可燃物露天堆场和甲、乙、丙类液体储罐区以及可燃气体储罐区按堆垛、储罐的占地面积确定。

668. 灭火器的配置类型是怎样规定的？

答：灭火器的配置类型应与配置场所的火灾种类和危险等级相适应，并应符合下列规定：A 类火灾场所应选择同时适用于 A 类、E 类火灾的灭火器。B 类火灾场所应选择适用于 B 类火灾的灭火器。B 类火灾场所存在水溶性可燃液体（极性溶剂）且选择水基型灭火器时，应选用抗溶性的灭火器。C 类火灾场所应选择适用于 C 类火灾的灭火器。D 类火灾场所应根据金属的种类、物态及其特性选择适用于特定金属的专用灭火器。E 类火灾场所应选择适用于 E 类火灾的灭火器。带电设备电压超过 1kV 且灭火时不能断电的场所不应使用灭火器带电扑救。F 类火灾场所应选择适用于 F 类火灾的灭火器。当配置场所存在多种火灾时，应选用能同时适用扑救该场所所有种类火灾的灭火器。

669. 灭火器配置数量有怎样的规定？

答：灭火器配置场所应按计算单元计算与配置灭火器，并应符合下列规定：计算单元中每个灭火器设置点的灭火器配置数量应根据配置场所内的可燃物分布情况确定。所有设置点配置的灭火器灭火级别之和不应小于该计算单元的保护面积与单位灭火级别最大保护面积的比值。一个计算单元内配置的灭火器数量应经计算确定且不应少于 2 具。

十二、消防设施常见问题

670. 如何选用灭火剂？

答：目前消防使用的灭火剂有四类：水、气体、泡沫和干粉。水主要靠冷却灭火，水作为灭火剂，是最经济、最环保、最容易得到的。气体灭火剂有七氟丙烷（HFC-227ea/MF200）、IG541 和二氧化碳。七氟丙烷主要靠化学抑制灭火，IG541 和二氧化碳主要靠窒息灭火。七氟丙烷灭火效率高，不像 1211 和 1301 破坏臭氧层，并且毒性低、不导电、不污染保护对象，被广泛采用，但是，在火灾高温下会分解出有毒气体，将来也会慢慢被其他灭火剂取代。IG541 又被称为烟烙尽，是使用混合气体作为灭火剂的灭火系统，其中 IG 是 inergen 烟烙尽的缩写，是美国安素公司的产品名称，国内也为了统一名称而沿用了此称呼。5 是指灭火剂中氮气含量为 52%，4 是指灭火剂中氩气的含量是 40%，1 是指灭火剂中二氧化碳的含量为 8%。IG541 中的氮气、氩气和二氧化碳都是大气中的成分，是最为环保并且不破坏臭氧层的清洁灭火剂。IG541 的灭火设计浓度低于无毒性反应浓度，更是低于有毒性反应浓度，误喷后对人不会产生伤害，但是，灭火效能没有七氟丙烷好。除了 IG541 外，还有 IG100（完全是氮气）、IG55（氮气、氩气各 50%）、IG01（完全是氩气）。二氧化碳灭火剂主要靠窒息作用灭火，灭火浓度需要在 34% 及以上，而浓度 10% 就可以致人死亡，因此，二氧化碳灭火剂不允许使用在有人的场所，使用范围严重受限。泡沫灭火剂主要分为抗溶泡沫液（AR）和非抗溶泡沫液。非抗溶泡沫灭不了水溶性可燃液体，比如酒精。目前常用的泡沫灭火剂有：水成膜（AFFF）、抗溶水成膜（AFFF/AR）、氟蛋白（FP）和抗溶氟蛋白（FP/AR）等。水成膜泡沫灭火剂主要由碳氢化合物和氟碳表面活性剂组成，当施放到可燃液体上，可在可燃液体表面形成水膜和泡沫，由于其极低的表面张力，水膜和泡沫会在液体表面快速铺展，隔绝氧气从而快速灭火。这里要说明的是，2018 年以前，我国的泡沫灭火剂大部分含有 PFOS（全氟辛烷磺酸盐）和 PFOA（全氟辛酸）类物质，该类物质是目前世界上最难降解的有机污染物之一，具有高度的生物蓄积性和潜在的生物毒性，在环境中历久不散。因此，全世界已经开始禁止使用该类泡沫灭火剂。干粉灭火剂又分为：ABC 干粉灭火剂（磷酸铵盐干粉灭火剂）和 BC 干粉灭火剂。由于大部分火灾场所均具有 A 类火灾特征，且 BC 干粉灭火剂和 ABC 干粉灭火剂的价格差别不大，因此，现在很少使用 BC 干粉灭火剂。干粉灭火剂的灭火原理：主要通过中断燃烧链灭火，也有一定的窒息冷却作用，灭火效果较好。ABC 干粉可黏附于固体可燃物表面，可适用于部分浅深位火灾，是适用火灾类别较广泛的灭火剂，通常用于扑救 A 类、B 类、C 类、E 类火灾。BC 干粉对固体可燃物无黏附作用，主要适用表面火灾，通常用于扑救 B 类、C 类、E 类火灾。

671. 什么是防火涂料？

答：防火涂料是用于提高被保护对象的耐火极限或耐火性能的涂料，主要分为钢结构防火涂料、混凝土结构防火涂料、饰面型防火涂料和电缆防火涂料。钢结构防火涂料是施涂于建（构）筑物钢结构表面，能形成耐火隔热保护层以提高钢结构耐火极限的涂料。混凝土结构防火涂料是涂覆在石油化工储罐区防火堤等建（构）筑物和公路、铁路、城市交通隧道混凝土表面，能形成耐火隔热保护层，以提高其结构耐火极限的防火涂料。根据不同的使用场所，混凝土结构防火涂料可分为防火堤防火涂料和隧道防火涂料。饰面型防火涂料是涂覆于可燃基材（如木材、纤维板、纸板及制品）表面，具有一定装饰作用，受火后能膨胀发泡形成隔热保护层的涂料。按分散介质分类，饰面型防火涂料可分为水基性饰面型防火涂料和溶剂性饰面型防火涂料。电缆防火涂料是涂覆于电缆（如聚乙烯、聚氯乙烯、交联聚乙烯等材料作为导体绝缘和护套的电缆）表面，具有防火阻燃保护及一定装饰作用的防火涂料。饰面型防火涂料的涂层厚度不应小于 0.5mm，电缆防火涂料的涂层厚度不应小于 0.8mm，非膨胀型钢结构防火涂料的涂层厚度不应小于 15mm，膨胀型钢结构防火涂料的涂层厚度不应小于 1.5mm。

672. 为什么冷却灭火法采用水？

答：不仅仅是因为水来源丰富、使用方便、最为经济、对人无毒无害，更重要的是水的热容为 4.18kJ/（kg·℃），蒸发热为 2255KJ/Kg，比其他任何液体都大。因此，水在与炽热的燃烧物接触时，在被加热与汽化的过程中，可吸收大量的热，具有显著的冷却作用。水与燃烧物接触时会汽化产生大量水蒸气，形成"蒸气幕"，可防止空气进入燃烧区，并能冲淡燃烧区中可燃气体和氧气的浓度。水完全汽化为水蒸气，体积扩大 1000 多倍。

673. 为什么地铁设备区选用IG541气体灭火系统？

答：因为 IG541 中的氮气、氩气和二氧化碳都是大气中的成分，是最为环保并且不破坏臭氧层的清洁消防灭火气体。IG541 的灭火设计浓度低于无毒性反应浓度，更是低于有毒性反应浓度，误喷后对人不会产生伤害。IG541 的无毒性反应浓度（NOAEL）是 43%，有毒性反应浓度（LOAEL）是 52%。IG541 的灭火设计浓度基本上都小于 43%。

674. 为什么有人的场所不允许采用二氧化碳灭火系统？

答：空气中氧气的含量为 21%，氮气的含量为 78%，二氧化碳的含量为 0.03%。在人的生理活动中，需要消耗氧气，产生二氧化碳。而氮气是不参与人体生理活动的。气体在肺泡中是进入血液中还是从血液中出来，就要看血液中气体浓度大还是外界气体浓度大。对于氧气，当然是空气中的氧浓度大于血液中的氧浓度，因此，在肺泡中氧气是从外界进入血液中；对于二氧化碳则是血液中的二氧化碳浓度比外界浓度高，因此，二氧化碳是从血液中出来，进入大气中。当外界二氧化碳的浓度升高，超过血液中的浓度，二氧化碳会从外界进入血液中。人体窒息感的来源并不是体内氧浓度的降低，而是体内二氧化碳浓度的升高。二氧化碳在低浓度时促进呼吸，高浓度的时候抑制呼吸。当环境中的二氧化碳含量达到 10% 就会抑制呼吸中枢，导致窒息死亡。而二氧化碳灭火系统的灭火设计浓度均在 34% 及以上，一旦误喷会存在很大安全风险。因此，有人的场所不允许采用二氧化碳灭火系统。

675. 为什么IG541中氮气占52%、氩气占40%、二氧化碳占8%？

答：二氧化碳的窒息作用是不需要降低氧气的含量（即使氧气的含量为

21%），只要二氧化碳的含量大于10%，就会抑制呼吸，不呼吸了，氧气进不到体内，大脑就会缺氧死亡；氮气和氩气不参与人体的生理活动，氮气和氩气的窒息作用则是通过降低氧气的含量实现的，环境中氮气和氩气的占比增大，致使氧气的占比减小时会发生危险（如果氧气含量不变是不会发生危险的），当氧气的含量为2%时，人会在1分钟内死亡，死亡过程没有痛苦。因此，为了安全起见，将IG541中各气体占比设定为氮气52%、氩气40%、二氧化碳8%。

676. 水泵为什么会发生汽蚀？

答：饱和蒸汽压是指蒸汽与液体保持动态平衡时的压强，由液体物质本身性质决定，饱和蒸汽压随温度升高而增大。当外界压强大于液体饱和蒸汽压时，通常仅在液体表面发生汽化，当液体饱和蒸汽压与外界压强相等时，液体的内部和外部可同时发生汽化，开始沸腾。离心泵在工作时，在进水口泵轴附近形成低压区，同时在叶轮末端和导流壳体区域形成高压区，泵进水口处的压强随吸水深度的增加而降低，当达到水的饱和蒸汽压时，水会发生沸腾，产生大量气泡，气泡进入叶轮末端及导流壳体区域时，压力剧增（远大于饱和蒸汽压），气泡瞬间溃灭，水质点高速填充气泡空间，产生频率和压力极高的水击，对叶轮和导流壳体造成损坏，并伴随噪声和水流工况失衡，这种现象称为汽蚀，危害较大。

677. 如何理解汽蚀余量和必需汽蚀余量？

答：汽蚀余量可以理解为某点的总水头与汽化压力水头（饱和蒸汽压）的差值，当水处于静止时，可以理解为水压强与饱和蒸汽压的差值，这个差值应为正，否则就会发生沸腾。汽蚀余量是评价水泵汽蚀性能的重要参数，是指在水泵进口断面，绝对总水头与汽化压力水头的差，也可以理解为单位重量液体具有的超过汽化压力的富裕能量，汽蚀余量的单位为米。必需汽蚀余量可以这样认为，在保证水泵内部不发生沸腾的条件下，水泵进口断面的最低汽蚀余量，也就是水泵要求的必需汽蚀余量。必需汽蚀余量是在规定的流量、转速和输送液体的条件下，泵达到规定性能的最小汽蚀余量，是保证水泵内部不发生汽蚀所必须具有的汽蚀余量。

678. 用于控火、灭火的消防设施有哪些？

答：消火栓系统，包括室内消火栓系统、室外消火栓系统和市政消火栓系统。固定消防炮系统，包括水炮系统、泡沫炮系统和干粉炮系统。自动喷水灭火系统，包括湿式自动喷水灭火系统、干式自动喷水系统、预作用自动喷水灭火系统、雨淋系统和水幕系统。水喷雾灭火系统。细水雾灭火系统，包括闭式细水雾灭火系统和开式细水雾灭火系统。自动跟踪定位射流灭火系统，包括自动射流灭火系统和自动消防炮灭火系统。气体灭火系统，包括七氟丙烷气体灭火系统、IG541气体灭火系统、IG100气体灭火系统、IG55气体灭火系统、IG01气体灭火系统、二氧化碳气体灭火系统和全氟己酮气体灭火系统。泡沫灭火系统，包括低倍数泡沫灭火系统：储罐区低倍数泡沫灭火系统、泡沫—水喷淋系统、泡沫喷雾系统、泡沫枪系统、泡沫炮系统和泡沫消火栓系统；中倍数泡沫灭火系统；高倍数泡沫灭火系统。干粉灭火系统。探火管灭火装置，包括直接式探火管灭火装置和间接式探火管灭火装置。灭火器，包括手提式灭火器和推车式灭火器。

679. 用于防护冷却的消防设施有哪些？

答：主要包括防护冷却系统、防护冷却水幕和水喷雾灭火系统。防护冷却系统由闭式洒水喷头、湿式报警阀组等组成，与湿式自动喷水灭火系统类似；防护冷却水幕由水幕喷头、雨淋报警阀组（或感温雨淋报警阀）等组成，属于开式系统；水喷雾灭火系统主要由雨淋报警阀组、水雾喷头等组成。

680. 消防设施的启动方式有哪些？

答：消防设施的启动方式，主要有自动控制、手动控制和机械应急操作。自动控制包括火灾自动报警系统联动控制和自启动控制。火灾自动报警系统联动控制，是自动灭火系统的常规控制方式。自启动控制是指系统自有的连锁启动功能，是一种不依赖火灾自动报警系统的控制方式，不受火灾自动报警系统的手动或自动状态和故障状态的影响。比如：在自动喷水灭火系统的湿式系统和干式系统中，当洒水喷头动作时，系统自动启动。手动控制，通常是指通过电气线路实现的手动控制，主要包括"消防控制室远程手动控制"和"现场手动控制"，是大多数自动消防设施具备的基本功能。机械应急操作，通常是指不依赖电气线路的手动控制方式，是自动控制和手动控制同时失效时的应急处置措施。比如：在气体灭火系统中，可通过手动操作驱动气体瓶组的容器阀实施启动；在雨淋系统、水幕系统和水喷雾灭火系统中，可通过手动操作雨淋报警阀组的手动阀实施启动。

681. 影响消防设施的环境因素有哪些？

答：主要有温度、水、粉尘、固体异物以及腐蚀性、爆炸性环境等。温度，通常情况下，消防设施均有适用的温度范围，当环境温度超过适用温度范围时，应采取措施，包括改善环境条件、更换为与环境条件相适应的系统、采取其他保护措施等。比如：湿式自动喷水灭火系统的适用环境温度为不低于4℃且不高于70℃，对低于4℃的场所，可改善环境温度（采暖等），也可更换为与环境条件相适应的系统（干式系统或预作用系统等）。存在水、粉尘、固体异物侵害的环境，应采取相对应保护措施，常见措施有：改善环境条件，使之满足消防设施要求；提升消防设施防护等级，使之适应环境要求。比如：消防水泵控制柜位于消防水泵控制室内时，其防护等级不应低于IP30；位于消防水泵房内时，其防护等级不应低于IP55。再比如：电梯的动力和控制线缆与控制面板的连接处、控制面板的外壳防水性能等级不应低于IPX5。腐蚀性环境，多存在于工业场所及沿海地区，当可能危害消防设施时，有必要采取合适的防腐措施。比如：消防设施采用耐腐蚀材料，或在消防设施上涂覆保护层等。爆炸性环境，是指在大气条件下气体、蒸汽、粉尘、薄雾、纤维或飞絮与空气形成的混合物引燃后，能够保持燃烧自行传播的环境。设置在爆炸危险性环境中的电气控制的灭火设施应采取防爆措施。

682. 举例说明消防设施应如何设置标识？

答：例如：水泵接合器处应设置永久性标志铭牌，并应标明供水系统、供水范围和额定压力。室内消火栓的箱门正面应以直观、醒目、匀整的字体标注"消火栓"字样，文字应采用发光材料，中文字体高度不应小于100mm，宽度不应小于80mm。对有视线障碍的灭火器设置点，应设置指示其位置的发光标志。气体灭火防护区的入口处应设置相应气体灭火系统的永久性标志牌。消防给水及消火栓系统的架空管道应刷红色油漆或涂红色环圈标志，并应注明管道名称和水流方向标识。

683. 消防管道控制阀门应采取哪些防止误动措施？

答：当消防水泵的吸水管上采用蝶阀时，应带自锁装置，以防水泵振动引发关闭。高位消防水箱在屋顶设置时，进出水管的阀门应采取锁具或阀门箱等保护措施。自动喷水灭火系统连接报警阀进出口的控制阀应采用信号阀，当不采用信号阀时，控制阀应设锁定阀位的锁具。当自动喷水灭火系统设有 2 个及以上报警阀组时，报警阀组前应设环状供水管道，环状供水管道上设置的控制阀应采用信号阀，当不采用信号阀时，应设锁定阀位的锁具。闭式细水雾灭火系统的分区控制阀应为带开关锁定或开关指示的阀组。不方便观测的控制阀门（比如自动喷水灭火系统水流指示器前端的控制阀门等），应采用信号阀。

684. 火灾延续时间和设计持续供水时间是一回事吗？

答：火灾延续时间通常是指从消防车达到火场开始出水时起，至火灾被基本扑灭止的这段时间。在现行的规范标准中，消火栓系统仍采用火灾延续时间的概念，并以此确定设计持续供水时间，而在其他一些系统中，通常直接表述为设计持续供水时间。除消火栓系统外，部分消防电气设备也以火灾延续时间确定持续供电时间。对于不同的消防系统，设计持续供水时间并不一定等于建（构）筑物的火灾延续时间，需要根据系统类别、防护目的、建（构）筑物功能、火灾危险性分类等因素确定。

685. 为什么采用有空气隔断的倒流防止器应设置在清洁卫生的场所？

答：有空气隔断的倒流防止器由两级止回阀、中间腔和泄水阀等部件组成，当阻断回流时，泄水阀自动开启将回流水排出，空气进入中间腔形成空气隔断，这时中间腔与大气相通，容易受到外部污染。为了保护水源，有空气隔断的倒流防止器应安装在清洁卫生的场所，其排水口应采取防止被水淹的措施，且应有足够的维修空间，不应安装在地下阀门井内等可能被水淹的场所。

686. 什么情况下需要设置消防水池？

答：当生产、生活用水量达到最大时，市政给水管网或入户引入管不能满足室内、室外消防给水设计流量；当采用一路消防供水或只有一条入户引入管，且室外消火栓设计流量大于 20L/s 或建筑高度大于 50m 时；市政消防给水设计流量小于建筑室内外消防给水设计流量。

687. 用作两路消防供水的市政给水管网应符合哪些要求？

答：市政给水厂应至少两条输水干管向市政给水管网输水；市政给水管网应为环状管网；应至少有两条不同的市政给水干管上不少于两条引入管向消防给水系统供水。

688. 消防水池有效容积的计算原则是什么？

答：当市政给水管网能保证室外消防给水设计流量时，消防水池有效容积应满足设计持续供水时间内的室内消防用水量要求；当市政给水管网不能保证室外消防给水设计流量时，消防水池有效容积应满足设计持续供水时间内的室内消防用水量和室外消防用水量不足部分之和的要求；当消防水池采用两路消防供水且在火灾中连续补水能满足消防用水量要求时，在仅设置室内消火栓系统的情况下，有效容积不应小于 50m³，其他情况下不应小于 100m³。

689. 除了规范规定必须设置高位消防水箱的建筑外，其他建筑是否需要设置高位消防水箱？

答：高层民用建筑、3 层及以上单体总建筑面积大于 10000m² 的其他公共建筑，当室内采用临时高压消防给水系统时，应设置高位消防水箱。对于其他建筑，也应设置高位消防水箱，但当设置高位消防水箱确有困难，且采用安全可靠的消防给水形式（比如：消防水泵按一级负荷要求供电，当不能满足一级负荷要求供电时采用柴油发电机组作备用动力；工业建筑备用泵采用柴油机消防水泵）。时，可不设高位消防水箱，但应设稳压泵；当市政供水管网的供水能力在满足生产、生活最大小时用水量后，仍能满足初期火灾所需的消防流量和压力时，市政直接供水可替代高位消防水箱。

690. 高位消防水箱的有效容积是如何规定的?

答：一类高层公共建筑，不应小于 36m³，但当建筑高度大于 100m 时，不应小于 50m³，当建筑高度大于 150m 时，不应小于 100m³；多层公共建筑、二类高层公共建筑和一类高层住宅，不应小于 18m³，当一类高层住宅建筑高度超过 100m 时，不应小于 36m³；二类高层住宅，不应小于 12m³；建筑高度大于 21m 的多层住宅，不应小于 6m³；工业建筑室内消防给水设计流量当小于或等于 25L/s 时，不应小于 12m³，大于 25L/s 时，不应小于 18m³；总建筑面积大于 10000m² 且小于 30000m² 的商店建筑，不应小于 36m³，总建筑面积大于 30000m² 的商店，不应小于 50m³，当与一类高层公共建筑规定不一致时应取其较大值。

691. 高位消防水箱的设置位置是怎样规定的?

答：高位消防水箱的设置位置应高于其所服务的水灭火设施，且最低有效水位应满足水灭火设施最不利点处的静水压力，并应按下列规定确定：一类高层公共建筑，不应低于 0.10MPa，但当建筑高度超过 100m 时，不应低于 0.15MPa；高层住宅、二类高层公共建筑、多层公共建筑，不应低于 0.07MPa，多层住宅不宜低于 0.07MPa；工业建筑不应低于 0.10MPa，当建筑体积小于 20000m³ 时，不宜低于 0.07MPa；自动喷水灭火系统等自动水灭火系统应根据喷头灭火需求压力确定，但最小不应小于 0.10MPa；当高位消防水箱不能满足上述规定的静压要求时，应设稳压泵。

692. 消防水泵自灌式吸水的最低水位是怎么要求的?

答：为保证消防水泵随时启动供水，消防水泵应充满水。消防水泵应采用自灌式吸水，消防水池最低有效水位应满足消防水泵自灌式吸水的最低水位要求。对于卧式消防水泵，满足自灌式启泵的最低水位，应高于泵壳顶部放气孔；对于立式消防水泵，满足自灌式启泵的最低水位，应高于水泵出水管中心线。

693. 为什么当消防水泵从市政给水管网直接吸水时，倒流防止器应设置在消防水泵的出水管上？

答：当消防水泵从市政给水管网（包括生活给水管网、生活饮用水与消防用水合用储水池等）直接吸水时，为防止消防给水系统的水因背压高而倒灌，系统应设置倒流防止器。倒流防止器因构造原因致使水流紊乱，如果安装在水泵吸水管上，其紊乱的水流进入水泵后会增加水泵的气蚀以及局部真空度，对水泵的寿命和性能有很大影响，为此，倒流防止器应安装在水泵出水管上。

694. 稳压泵的设计流量和设计压力应符合哪些规定？

答：稳压泵的设计流量不应小于消防给水系统管网的正常泄漏量；消防给水系统管网的正常泄漏量应根据管道材质、接口形式等确定，当没有管网泄漏量数据时，稳压泵的设计流量宜按消防给水设计流量的 1%—3% 计，且不宜小于 1L/s；稳压泵的设计压力应满足系统自动启动和管网充满水的要求；稳压泵的设计压力应保持系统自动启泵压力设置点处的压力在准工作状态时大于系统设置自动启泵压力值，且增加值宜为 0.07—0.10MPa；稳压泵的设计压力应保持系统最不利点处水灭火设施在准工作状态时的静水压力应大于 0.15MPa。

695. 水喷雾灭火系统和细水雾灭火系统的雾滴粒径有何区别？

答：水喷雾雾滴粒径：额定工作压力下，水雾喷头将水流分解为直径 1mm 以下的水滴并按设计的洒水形状喷出。雾滴体积百分比特征直径 DV0.90 应小于 1mm，也就是说，喷雾液体总体积中，1mm 直径以下雾滴所占体积的百分比不小于 90%。细水雾雾滴粒径：细水雾灭火系统的雾滴粒径小，要求在最小设计工作压力下，经喷头喷出并在喷头轴线向下 1m 处的平面上形成的雾滴直径 DV0.50 小于 200μm、DV0.99 小于 400μm 的水雾滴。其中，雾滴直径 DV0.99 表示喷雾液体总体积中，在该直径以下雾滴所占体积的百分比为 99%，雾滴直径 DV0.50 表示喷雾液体总体积中，在该直径以下雾滴所占体积的百分比为 50%。

696. 水喷雾灭火系统的水雾喷头应符合哪些规定?

答:水喷雾灭火系统的水雾喷头应符合下列规定:应能使水雾直接喷射和覆盖保护对象;与保护对象的距离应小于或等于水雾喷头的有效射程;用于电气火灾场所时,应为离心雾化型水雾喷头;水雾喷头的工作压力,用于灭火时,应大于或等于 0.35MPa;用于防护冷却时,应大于或等于 0.15MPa。

697. 水雾喷头的工作压力用于灭火时不应小于0.35MPa,用于防护冷却时不应小于0.15MPa,为什么?

答:水雾喷头工作压力越高,雾化效果越好。相同供给强度下,良好的雾化效果(更小的雾滴粒径)可提高灭火效率,但更细的雾滴粒径并不利于防护冷却。因此,用于灭火的水雾喷头要求水压较高,而用于防护冷却的水雾喷头水压不宜太高。通常情况下,水雾喷头在压力不低于 0.15MPa 时,可以满足防护冷却要求;在压力不低于 0.35MPa 时,可以满足灭火要求。

698. 为什么细水雾灭火系统细水雾喷放应均匀并完全覆盖保护区域?

答:细水雾灭火系统依靠水雾形成的细小雾滴,充满整个防护空间或包裹并充满保护对象的空隙,通过冷却、窒息等方式进行灭火。与气体灭火不同的是,细水雾的扩散性能较差,有必要在被保护区域形成均匀一致的喷雾强度并完全覆盖保护区域。对于开式系统,其基本要求是要能将细水雾均匀分布并充填防护空间,完全遮蔽保护对象。对于闭式系统,喷头的覆盖面应无空白。

699. 细水雾灭火系统的持续喷雾时间是怎样规定的?

答:对于电子信息系统机房、配电室等电子、电气设备间,图书库、资料库、档案库、文物库、电缆隧道和电缆夹层等场所,应大于或等于 30min;对于油浸变压器室、涡轮机房、柴油发电机房、液压站、润滑油站、燃油锅炉房等含有可燃液体的机械设备间,应大于或等于 20min;对于厨房内烹饪设备及其排烟罩和排烟管道部位,应大于或等于 15s,且冷却水持续喷放时间应大于或等于 15min。

700. 消防产品型式检验报告、型式试验报告、委托试验报告的区别以及与市场准入的关系？

答：（1）消防产品的型式检验，是为验证产品各项技术性能指标与产品标准的符合性所进行的全项目检验。型式检验由国家认可的检验机构进行，依据产品标准规定的技术要求和试验方法，对样品的各项指标进行全部项目检验。型式检验结束后，检验机构出具《检验报告（型式检验）》。型式检验适用于已实施产品标准（国家标准或行业标准）的消防产品，以及进行《消防产品技术鉴定》且资料审查合格的消防产品。（2）消防产品的型式试验，是为了达到认证（包括自愿性认证和强制性认证）目的而进行的试验。型式试验合格，是实施消防产品认证的首要条件。型式试验的检验项目是由认证机构发布的认证规则规定，检验依据为产品标准。型式试验的目的是验证产品是否符合认证规则规定的要求，检验项目不一定是标准全项。型式试验在认证机构指定的检验机构进行。型式试验结束后，检验机构出具《检验报告（型式试验）》。（3）委托检验是企业自愿委托第三方检验机构对产品进行检验。检验机构依据标准或合同约定（检验项目可以是标准或技术文件的全部项目或部分项目）对产品进行检验，委托检验结束后，检验机构出具《试验报告（委托试验）》。（4）列入《强制性产品认证目录》的消防产品，必须取得强制性产品认证后，方可出厂、销售和使用。产品交付和验收时，应提交产品《检验报告（型式试验）》和强制性产品认证证书。列入《自愿性产品认证目录》的消防产品，有两种方式获得市场准入条件：方式一，取得自愿性产品认证后，允许出厂、销售和使用。产品交付和验收时，应提交产品《检验报告（型式试验）》和自愿性认证证书；方式二，未取得认证的产品，取得合格的产品《检验报告（型式检验）》后，也可以出厂、销售和使用。产品交付和验收时，应提交产品《检验报告（型式检验）》。获得认证的消防产品，有工厂检查和证后监督检查，具备较好的质量保证条件，实际应用中，宜选择已获得认证的产品。对于未实施产品认证，但已实施产品标准的消防产品，取得合格的产品《检验报告（型式检验）》后，也可以出厂、销售和使用。产品交付和验收时，应提交产品《检验报告（型式检验）》。对于未实施产品标准（国家标准或行业标准）的消防产品，应取得《消防产品技术鉴定》证书后方可出厂、销售和使用。产品交付和验收时，应提交产品《检验报告（型式试验）》和《消防产品技术鉴定》证书。

第四部分

主要术语

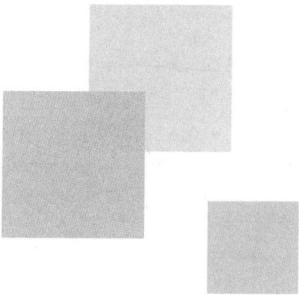

701. 什么是雨淋系统?

答：由开式洒水喷头、雨淋报警阀组等组成，发生火灾时由火灾自动报警系统或传动管控制，自动开启雨淋报警阀组和启动消防水泵，用于灭火的开式系统。

702. 什么是水幕系统?

答：由开式洒水喷头或水幕喷头、雨淋报警阀组或感温雨淋报警阀等组成，用于防火分隔或防护冷却的开式系统。

703. 什么是防火分隔水幕?

答：由开式洒水喷头或水幕喷头、雨淋报警阀组或感温雨淋报警阀等组成，发生火灾时密集喷洒形成水墙或水帘的水幕系统。

704. 什么是防护冷却水幕?

答：由水幕喷头、雨淋报警阀组或感温雨淋报警阀等组成，发生火灾时用于冷却防火卷帘、防火玻璃墙等防火分隔设施的水幕系统。

705. 什么是防护冷却系统?

答：由闭式洒水喷头、湿式报警阀组等组成，发生火灾时用于冷却防火卷帘、防火玻璃墙等防火分隔设施的闭式系统。

706. 什么是自动喷水灭火系统的作用面积?

答：一次火灾中系统按喷水强度保护的最大面积。

707. 什么是快速响应洒水喷头?

答：响应时间指数 $RTI \leq 50$（m·s）$^{0.5}$ 的闭式洒水喷头。

708. 什么是特殊响应洒水喷头？

答：响应时间指数 $50 < RTI \leq 80$（m·s）$^{0.5}$ 的闭式洒水喷头。

709. 什么是标准响应洒水喷头？

答：响应时间指数 $80 < RTI \leq 350$（m·s）$^{0.5}$ 的闭式洒水喷头。

710. 什么是一只喷头的保护面积？

答：同一根配水支管上相邻洒水喷头的距离与相邻配水支管之间距离的乘积。

711. 什么是标准覆盖面积洒水喷头？

答：流量系数 $K \geq 80$，一只喷头的最大保护面积不超过 20 ㎡的直立型、下垂型洒水喷头及一只喷头的最大保护面积不超过 18 ㎡的边墙型洒水喷头。

712. 什么是扩大覆盖面积洒水喷头？

答：流量系数 $K \geq 80$，一只喷头的最大保护面积大于标准覆盖面积洒水喷头的保护面积。

713. 什么是标准流量洒水喷头？

答：流量系数 $K=80$ 的标准覆盖面积洒水喷头。

714. 什么是早期抑制快速响应喷头？

答：流量系数 $K \geq 161$，响应时间指数 $RTI \leq 28 \pm 8$（m·s）$^{0.5}$，用于保护堆垛与高架仓库的标准覆盖面积洒水喷头。

715. 什么是特殊应用喷头？

答：流量系数 $K \geq 161$，具有较大水滴粒径，在通过标准试验验证后，可用于民用建筑和厂房高大空间场所以及仓库的标准覆盖面积洒水喷头，包括非仓库型特殊应用喷头和仓库型特殊应用喷头。

716. 什么是家用喷头？

答：适用于住宅建筑和非住宅类居住建筑的一种快速响应洒水喷头。

717. 何谓消防水源？

答：向水灭火设施、车载或手抬等移动消防水泵、固定消防水泵等提供消防用水的水源，包括市政给水、消防水池、高位消防水池和天然水源等。

718. 什么是高压消防给水系统？

答：能始终保持满足水灭火设施所需的工作压力和流量，火灾时无须消防水泵直接加压的供水系统。

719. 什么是临时高压消防给水系统？

答：平时不能满足水灭火设施所需的工作压力和流量，火灾时能自动启动消防水泵以满足水灭火设施所需的工作压力和流量的供水系统。

720. 什么是低压消防给水系统？

答：能满足车载或手抬移动消防水泵等取水所需的工作压力和流量的供水系统。

721. 什么是高位消防水池？

答：设置在高处直接向水灭火设施重力供水的储水设施。

722. 什么是高位消防水箱？

答：设置在高处直接向水灭火设施重力供应初期火灾消防用水量的储水设施。

723. 什么是干式消火栓系统?

答：平时配水管网内不充水，火灾时向配水管网充水的消火栓系统。

724. 什么是静水压力?

答：消防给水系统管网内水在静止时管道某一点的压力，简称静压。

725. 什么是动水压力?

答：消防给水系统管网内水在流动时管道某一点的总压力与速度压力之差，简称动压。

726. 什么是防烟系统?

答：通过采用自然通风方式，防止火灾烟气在楼梯间、前室、避难层（间）等空间内积聚，或通过采用机械加压送风方式阻止火灾烟气侵入楼梯间、前室、避难层（间）等空间的系统，防烟系统分为自然通风系统和机械加压送风系统。

727. 什么是排烟系统?

答：采用自然排烟或机械排烟的方式，将房间、走道等空间的火灾烟气排至建筑物外的系统，分为自然排烟系统和机械排烟系统。

728. 什么是直灌式机械加压送风?

答：无送风井道，采用风机直接对楼梯间进行机械加压的送风方式。

729. 什么是自然排烟?

答：利用火灾热烟气流的浮力和外部风压作用，通过建筑开口将建筑内的烟气直接排至室外的排烟方式。

730. 什么是自然排烟窗（口）？

答：具有排烟作用的可开启外窗或开口，可通过自动、手动、温控释放等方式开启。

731. 什么是烟羽流？

答：火灾时烟气卷吸周围空气所形成的混合烟气流。烟羽流按火焰及烟的流动情形，可分为轴对称型烟羽流、阳台溢出型烟羽流、窗口型烟羽流等。

732. 什么是轴对称型烟羽流？

答：上升过程不与四周墙壁或障碍物接触，并且不受气流干扰的烟羽流。

733. 什么是阳台溢出型烟羽流？

答：从着火房间的门（窗）梁处溢出，并沿着火房间外的阳台或水平突出物流动，至阳台或水平突出物的边缘向上溢出至相邻高大空间的烟羽流。

734. 什么是窗口型烟羽流？

答：从发生通风受限火灾的房间或隔间的门、窗等开口处溢出至相邻高大空间的烟羽流。

735. 什么是挡烟垂壁？

答：用不燃材料制成，垂直安装在建筑顶棚、梁或吊顶下，能在火灾时形成一定的蓄烟空间的挡烟分隔设施。

736. 什么是储烟仓？

答：位于建筑空间顶部，由挡烟垂壁、梁或隔墙等形成的用于蓄积火灾烟气的空间。储烟仓高度即设计烟层厚度。

737. 什么是清晰高度？

答：烟层下缘至室内地面的高度。

738. 什么是烟羽流质量流量？

答：单位时间内烟羽流通过某一高度的水平断面的质量，单位为 kg/s。

739. 什么是排烟防火阀？

答：安装在机械排烟系统的管道上，平时呈开启状态，火灾时当排烟管道内烟气温度达到 280℃时关闭，并在一定时间内能满足漏烟量和耐火完整性要求，起隔烟阻火作用的阀门。一般由阀体、叶片、执行机构和温感器等部件组成。

740. 什么是排烟阀？

答：安装在机械排烟系统各支管端部（烟气吸入口）处，平时呈关闭状态并满足漏风量要求，火灾时可手动和电动启闭，起排烟作用的阀门。一般由阀体、叶片、执行机构等部件组成。

741. 什么是固定窗？

答：设置在设有机械防烟排烟系统的场所中，窗扇固定、平时不可开启，仅在火灾时便于人工破拆以排出火场中的烟和热的外窗。

742. 什么是可熔性采光带（窗）？

答：采用在 120℃—150℃能自行熔化且不产生熔滴的材料制作，设置在建筑空间上部，用于排出火场中的烟和热的设施。

743. 什么是消防应急照明和疏散指示系统？

答：为人员疏散和发生火灾时仍需工作的场所提供照明和疏散指示的系统。

744. 什么是消防应急灯具？

答：为人员疏散、消防作业提供照明和指示标志的各类灯具，包括消防应急照明灯具和消防应急标志灯具。

745. 什么是A型消防应急灯具？

答：主电源和蓄电池电源额定工作电压均不大于 DC36V 的消防应急灯具。

746. 什么是消防应急照明灯具？

答：为人员疏散和发生火灾时仍需工作的场所提供照明的灯具。

747. 什么是消防应急标志灯具？

答：用图形、文字指示疏散方向，指示疏散出口安全出口、楼层、避难层（间）、残疾人通道的灯具。

748. 什么是应急照明配电箱？

答：为自带电源型消防应急灯具供电的供配电装置。

749. 什么是A型应急照明配电箱？

答：额定输出电压不大于 DC36V 的应急照明配电箱。

750. 什么是应急照明集中电源？

答：由蓄电池储能，为集中电源型消防应急灯具供电的电源装置。

751. 什么是A型应急照明集中电源？

答：额定输出电压不大于 DC36V 的应急照明集中电源。

752. 什么是应急照明控制器？

答：控制并显示集中控制型消防应急灯具、应急照明集中电源、应急照明配电箱及相关附件等工作状态的装置。

753. 什么是集中控制型系统？

答：系统设置应急照明控制器，由应急照明控制器集中控制并显示应急照明集中电源或应急照明配电箱及其配接的消防应急灯具工作状态的消防应急照明和疏散指示系统。

754. 什么是非集中控制型系统？

答：系统未设置应急照明控制器，由应急照明集中电源或应急照明配电箱分别控制其配接消防应急灯具工作状态的消防应急照明和疏散指示系统。

755. 什么是火灾自动报警系统？

答：探测火灾早期特征、发出火灾报警信号，为人员疏散、防止火灾蔓延和启动自动灭火设备提供控制与指示的消防系统。

756. 什么是报警区域？

答：将火灾自动报警系统的警戒范围按防火分区或楼层等划分的单元。

757. 什么是探测区域？

答：将报警区域按探测火灾的部位划分的单元。

758. 什么是联动控制信号？

答：由消防联动控制器发出的用于控制消防设备（设施）工作的信号。

759、什么是联动反馈信号？

答：受控消防设备（设施）将其工作状态信息发送给消防联动控制器的信号。

760. 什么是联动触发信号？

答：消防联动控制器接收的用于逻辑判断的信号。

761. 什么是全淹没二氧化碳灭火系统？

答：在规定的时间内，向防护区喷射一定浓度的二氧化碳，并使其均匀地充满整个防护区的灭火系统。

762. 什么是局部应用二氧化碳灭火系统？

答：向保护对象以设计喷射率直接喷射二氧化碳，并持续一定时间的灭火系统。

763. 什么是二氧化碳灭火浓度？

答：在101kPa大气压和规定的温度条件下，扑灭某种火灾所需二氧化碳在空气与二氧化碳的混合物中的最小体积百分比。

764. 什么是二氧化碳灭火系统设计浓度？

答：由二氧化碳灭火浓度乘以1.7得到的用于工程设计的浓度。

765. 什么是二氧化碳灭火系统的抑制时间？

答：维持设计规定的二氧化碳浓度使固体深位火灾完全熄灭所需的时间。

766. 什么是高压二氧化碳灭火系统？

答：灭火剂在常温下储存的二氧化碳灭火系统。

767. 什么是低压二氧化碳灭火系统？

答：灭火剂在 −18℃—−20℃低温下储存的二氧化碳灭火系统。

768. 什么是均相流？

答：气相与液相均匀混合的二相流。

769. 什么是有管网灭火系统？

答：按一定的应用条件进行设计计算，将灭火剂从储存装置经由干管支管输送至喷放组件实施喷放的灭火系统。

770. 什么是预制灭火系统？

答：按一定的应用条件，将灭火剂储存装置和喷放组件等预先设计、组装成套且具有联动控制功能的灭火系统。

771. 什么是组合分配系统？

答：用一套气体灭火剂储存装置通过管网的选择分配，保护两个或两个以上防护区的灭火系统。

772. 什么是惰化浓度？

答：有火源引入时，在 101kPa 大气压和规定的温度条件下，能抑制空气中任意浓度的易燃可燃气体或易燃可燃液体蒸气的燃烧发生所需的气体灭火剂在空气中的最小体积百分比。

773. 什么是浸渍时间？

答：在防护区内维持设计规定的灭火剂浓度，使火灾完全熄灭所需的时间。

774. 什么是泄压口？

答：灭火剂喷放时，防止防护区内压超过允许压强，泄放压力的开口。

775. 什么是无毒性反应浓度（NOAEL浓度）？

答：观察不到由灭火剂毒性影响产生生理反应的灭火剂最大浓度。

776. 什么是有毒性反应浓度（LOAEL浓度）？

答：能观察到由灭火剂毒性影响产生生理反应的灭火剂最小浓度。

777. 什么是热气溶胶？

答：由固体化学混合物（热气溶胶发生剂）经化学反应生成的具有灭火性质的气溶胶，包括 S 型热气溶胶、K 型热气溶胶和其他型热气溶胶。

778. 什么是泡沫液？

答：可按适宜的混合比与水混合形成泡沫溶液的浓缩液体。

779. 什么是泡沫混合液？

答：泡沫液与水按特定混合比配制成的泡沫溶液。

780. 什么是泡沫预混液？

答：泡沫液与水按特定混合比预先配置成的储存待用的泡沫溶液。

781. 什么是供给强度？

答：单位时间单位面积上泡沫混合液或水的供给量，用"$L/(min \cdot m^2)$"表示。

782. 什么是固定式泡沫灭火系统？

答：由固定的泡沫消防水泵、泡沫比例混合器（装置）、泡沫产生器（或喷头）和管道等组成的灭火系统。

783. 什么是半固定式泡沫灭火系统？

答：由固定的泡沫产生器与部分连接管道，泡沫消防车或机动消防泵与泡沫比例混合器，用水带连接组成的灭火系统。

784. 什么是移动式泡沫灭火系统？

答：由消防车、机动消防泵或有压水源，泡沫比例混合器，泡沫枪、泡沫炮或移动式泡沫产生器，用水带等连接组成的灭火系统。

785. 什么是平衡式比例混合装置？

答：由单独的泡沫液泵按设定的压差向压力水流中注入泡沫液，并通过平衡阀、孔板或文丘里管（或孔板与文丘里管结合），能在一定的水流压力和流量范围内自动控制混合比的比例混合装置。

786. 什么是机械泵入式比例混合装置？

答：由叶片式或涡轮式等水轮机通过联轴节与泡沫液泵连接成一体，经泡沫消防水泵供给的压力水驱动水轮机，使泡沫液泵向水轮机后的泡沫消防水管道按设定比例注入泡沫液的比例混合装置。

787. 什么是泵直接注入式比例混合流程？

答：泡沫液泵直接向系统水流中按设定比例注入泡沫液的比例混合流程。

788. 什么是囊式压力比例混合装置？

答：压力水借助于孔板或文丘里管将泡沫液从密闭储罐胶囊内排出，并按比例与水混合的装置。

789. 什么是吸气型泡沫产生装置？

答：利用文丘里管原理，将空气吸入泡沫混合液中并混合产生泡沫，然后将泡沫以特定模式喷出的装置，如泡沫产生器、泡沫枪、泡沫炮、泡沫喷头等。

790. 什么是非吸气型喷射装置？

答：无空气吸入口，使用水成膜等泡沫混合液，其喷射模式类似于喷水的装置，如水枪、水炮、洒水喷头等。

791. 什么是泡沫消防水泵？

答：为泡沫灭火系统供水的消防水泵。

792. 什么是泡沫液泵？

答：泡沫灭火系统供给泡沫液的泵。

793. 什么是泡沫消防泵站？

答：设置泡沫消防水泵的场所。

794. 什么是泡沫站？

答：不含泡沫消防水泵，仅设置泡沫比例混合装置、泡沫液储罐等的场所。

795. 什么是细水雾？

答：水在最小设计工作压力下，经喷头喷出并在喷头轴线下方 1.0m 处的平面上形成的直径 $DV0.50$ 小于 $200\mu m$，$DV0.99$ 小于 $400\mu m$ 的水雾滴。

796. 什么是细水雾灭火系统？

答：由供水装置、过滤装置、控制阀、细水雾喷头等组件和供水管道组成，能自动和人工启动并喷放细水雾进行灭火或控火的固定灭火系统。简称系统。采用储水容器储水、储气容器进行加压供水的系统。

797. 什么是水喷雾灭火系统？

答：由水源、供水设备、管道、雨淋报警阀（或电动控制阀、气动控制阀）、过滤器和水雾喷头等组成，向保护对象喷射水雾进行灭火或防护冷却的系统。

798. 什么是传动管？

答：利用闭式喷头探测火灾，并利用气压或水压的变化传输信号的管道。

799. 什么是水雾喷头？

答：在一定压力作用下，在设定区域内能将水流分解为直径 1mm 以下的水滴，并按设计的洒水形状喷出的喷头。

800. 什么是干粉灭火系统？

答：由干粉供应源通过输送管道连接到固定的喷嘴上，通过喷嘴喷放干粉的灭火系统。